Topologie algébrique

Yves Félix, Daniel Tanré

Topologie algébrique

DUNOD

11 rue Paul Bert, 92240 Malakoff
www.dunod.com

ISBN 978-2-10-084658-0

Table des matières

Avant-Propos

Savez-vous,

– que, sur la Terre, il existe toujours deux lieux antipodaux ayant même température et même altitude ?

– que si l'on essaie de recouvrir le globe terrestre par 3 fermés, on ne peut éviter que l'un d'entre eux contienne deux points antipodaux ?

– que la plupart des jeux admettent une position d'équilibre dans laquelle aucun des joueurs n'a intérêt à changer sa stratégie ?

– que l'on ne peut peigner une boule de billard chevelue sans éviter un "tourbillon" ?

– qu'il n'existe que cinq polyèdres réguliers en dimension 3 ?

– que si l'on veut recouvrir complètement une chambre à air par des rustines en forme de triangles, il faudra au moins 7 sommets ?

Avec la diversité d'un tel inventaire, on peut imaginer que les preuves font intervenir plusieurs domaines mathématiques mais il n'en est rien. Ces propriétés se démontrent facilement avec les méthodes de ce qui est appelée la Topologie Algébrique et nous le faisons dans ce livre. Appelée parfois la science du caoutchouc, la Topologie Algébrique identifie des objets que l'on peut déformer continûment (sans rupture) de l'un vers l'autre. Bien sûr, avec de telles méthodes, la taille n'importe plus. On ne peut cependant pas identifier tout et c'est souvent le fait que deux objets ne sont pas déformables l'un sur l'autre qui constitue l'information importante. Par exemple, on peut déformer un triangle sur un disque mais, comme on le verra assez vite, on ne peut déformer un pneu sur un globe. Plus formellement, il s'agit d'une identification d'objets par ce que l'on appelle une relation d'équivalence. Comme lorsque l'on considère le modulo 2 d'un nombre entier, et que l'on identifie ainsi tous les nombres pairs entre eux et tous les nombres impairs entre eux, ne voyant plus que deux éléments. Il ne subsiste ainsi qu'une information partielle pour chaque nombre, cette dernière s'avérant plus facile d'utilisation et quelquefois suffisante pour résoudre un problème particulier.

Cette démarche d'identification s'applique aussi bien aux ensembles qu'aux nombres. Par exemple, on peut identifier deux ensembles X et Y s'il existe une bijection entre eux. Lorsque ces ensembles sont munis d'une structure additionnelle, l'identification requiert l'existence d'une bijection compatible avec la structure étudiée :

- pour des espaces topologiques, on impose l'existence d'un homéomorphisme,
- pour des variétés différentiables (plus simplement pour des ouverts de $\mathbb{R}^n$), l'identification est la notion de difféomorphisme.

La structure additionnelle modifie profondément les classes d'isomorphismes. Par exemple,

- on peut montrer que les *ensembles* $\mathbb{R}^n$ et $\mathbb{R}^p$ sont en bijection, pour tout $n \geq 1$ et tout $p \geq 1$,
- si l'on considère deux ouverts U et V de $\mathbb{R}^n$ et $\mathbb{R}^p$ respectivement, reliés par un difféomorphisme $f : U \to V$, alors l'approximation linéaire, $df : \mathbb{R}^n \to \mathbb{R}^p$, est un isomorphisme linéaire, donc on a obligatoirement $n = p$.

Avec l'une des structures, on identifie tous les espaces $\mathbb{R}^n$ entre eux, avec l'autre on en identifie aucun. Qu'en est-il pour les *espaces topologiques* $\mathbb{R}^n$? Peut-on avoir $\mathbb{R}^n$ homéomorphe à $\mathbb{R}^p$ avec $n \neq p$? Abordons cette question par des exemples simples :

- pour $\mathbb{R}$ et $\mathbb{R}^2$, la réponse est non : si $\varphi : \mathbb{R} \to \mathbb{R}^2$ est une application continue, on choisit un point quelconque $a \in \mathbb{R}$ et on considère la restriction $\varphi_a : \mathbb{R}\backslash\{a\} \to \mathbb{R}^2\backslash\{\varphi(a)\}$ de φ. Si φ est un homéomorphisme, il en est de même pour φ_a, ce qui est impossible car $\mathbb{R}\backslash\{a\}$ n'est pas connexe alors que $\mathbb{R}^2\backslash\{\varphi(a)\}$ l'est.
- pour $\mathbb{R}^2$ et $\mathbb{R}^3$ un raisonnement identique ne fonctionne pas car $\mathbb{R}^2\backslash\{a\}$ et $\mathbb{R}^3\backslash\{\varphi(a)\}$ sont tous les deux connexes. On pourrait envisager d'étudier l'image de $\mathbb{R}^2\backslash\Delta$ où Δ est une droite mais l'image d'une droite par une application continue n'est généralement pas une droite et on perd la possibilité d'argumenter comme ci-dessus.

Restons donc avec les espaces privés d'un point. Fixons un point $x_0 \in \mathbb{R}^2\backslash\{a\}$ et un point $y_0 \in \mathbb{R}^3\backslash\{\varphi(a)\}$. Par définition, un lacet d'origine x_0 est un chemin continu de source et but le point x_0. Considérons un tel lacet entourant le point a. En tirant sur les extrémités du lacet, il est impossible de ramener toute la boucle sur le point x_0 sans passer par le point a, tout en restant dans le plan $\mathbb{R}^2$. Par contre, dans $\mathbb{R}^3$ il est possible de ramener cette boucle en x_0 tout en évitant le point $\varphi(a)$. Dans les chapitres 1 et 3, nous formalisons cette idée et donnons une démonstration précise du fait que $\mathbb{R}^2$ n'est pas homéomorphe à $\mathbb{R}^3$. Pour cela, nous sommes amenés à introduire deux notions :

- la déformation continue d'applications continues,
- les lacets d'origine un point.

L'ensemble des lacets, étudiés à déformation continue près, constitue un groupe appelé *groupe fondamental ou groupe de Poincaré* (1895) et noté $\pi_1(X)$. Il est le premier objet d'intérêt de ce cours qui s'articule ainsi.

Le *Chapitre 1* est essentiellement consacré à la preuve que le groupe fondamental du cercle est égal au groupe additif des entiers, $\pi_1(S^1) = \mathbb{Z}$. De ce résultat, nous pouvons déjà déduire plusieurs conséquences :

- une preuve courte du *théorème de D'Alembert* ;
- le *théorème de Brouwer :* toute application continue du disque de $\mathbb{R}^2$ dans lui-même a un point fixe ;
- le *théorème de Borsuk-Ulam :* pour toute application continue f de la sphère S^2 dans le plan $\mathbb{R}^2$, il existe un point $x \in S^2$ tel que $f(x) = f(-x)$. De façon plus imagée : il existe toujours sur la Terre deux points antipodaux ayant même altitude et même température ;
- le *théorème de Lusternik-Schnirelmann :* si la sphère S^2 est recouverte par 3 ensembles fermés, alors l'un d'entre eux contient des points antipodaux ;
- le *théorème de la dimension :* un ouvert de $\mathbb{R}^2$ n'est jamais homéomorphe à un ouvert de $\mathbb{R}^n$, pour $n \neq 2$.

Le *Chapitre 2* est un chapitre de Topologie Générale. Partant des résultats connus des années antérieures, nous introduisons la notion de topologie quotient et d'action de groupe sur un espace topologique. Le but est d'enrichir notre herbier d'espaces et d'obtenir les outils nécessaires à leur étude. Dans ce chapitre, est introduite aussi la notion de surface, définie intuitivement comme un objet à deux dimensions. Nous présentons leur classification en montrant que les surfaces orientables compactes et sans bord sont, à homéomorphisme près, la sphère S^2, le tore T, le tore à 2 trous T_2, etc. À ce moment du cours, nous ne pouvons pas montrer que deux quelconques de ces objets ne sont pas homéomorphes. Pour cela, nous avons besoin de savoir calculer leur groupe fondamental. C'est le théorème de Seifert et Van Kampen introduit au *Chapitre 3* qui nous permet de le faire. Ce Chapitre 3 comporte quelques difficultés d'ordre algébrique, comme la définition d'un groupe par générateurs et relations, mais, une fois celles-ci levées, nous pouvons déterminer le groupe fondamental des surfaces et terminer leur classification commencée au chapitre précédent.

Le calcul de $\pi_1(S^1) = \mathbb{Z}$ mené au Chapitre 1 s'est effectué à partir des propriétés de l'application exponentielle de $\mathbb{R}$ dans S^1. Dans le *Chapitre 4,* nous synthétisons ces propriétés pour en tirer la notion de *revêtement.* Un revêtement est une application continue, $p\colon E \to B$, telle que tout point de B admet un voisinage V vérifiant la propriété suivante : en imaginant V sous la forme d'une assiette, l'image réciproque de V est une pile d'assiettes identiques à V. L'espace B est appelé la base, E l'espace total et l'ensemble des points de E envoyés par p sur un point $x \in B$ donné, la fibre au-dessus de x. Une particularité remarquable des revêtements est que la propriété topologique d'existence du relèvement d'une application est équivalente à une propriété algébrique :

plus précisément, si on se donne un revêtement p et une application continue φ, comme ci-dessous

$$\begin{array}{ccc} & & E \\ & \overset{\tilde{\varphi}}{\nearrow} & \downarrow p \\ Y & \xrightarrow{\varphi} & X, \end{array}$$

il existe une application continue $\tilde{\varphi}$ telle que $p \circ \tilde{\varphi} = \varphi$ si, et seulement si, on a $\varphi_* \pi_1(Y) \subset p_* \pi_1(\tilde{X})$, où φ_* et p_* sont les applications induites par φ et p entre les groupes fondamentaux. Nous démontrons l'existence de nombreux exemples de revêtements à partir de l'action d'un groupe G sur un espace topologique E. Une question naturelle est alors de savoir si tous les revêtements s'obtiennent de cette façon et, une nouvelle fois, nous avons un problème topologique dont la réponse est une caractérisation algébrique, à savoir :

un revêtement $p \colon E \to X$ s'obtient comme quotient de E sous l'action d'un groupe si, et seulement si, $p_* \pi_1(E)$ est un sous-groupe distingué de $\pi_1(X)$. Un tel revêtement est dit galoisien.

Dans un revêtement, deux groupes interagissent, le groupe fondamental $\pi_1(B, x)$, qui permute les éléments de la fibre au-dessus de x, et le groupe des automorphismes du revêtement, qui permute les assiettes dans les piles. Nous étudions en détail cette interaction, en distinguant le cas galoisien, d'un abord assez facile, du cas général, qui fait l'objet de la Section 4.6. Terminons la présentation de ce chapitre clé, en mentionnant que le groupe fondamental sert également à classifier les revêtements, cf. Théorème 4.18, et que la dernière section explicite la classification des revêtements dont le groupe fondamental de la base est finiment présenté, avec l'exemple du nœud de trèfle complètement détaillé lorsque la pile comporte 3 assiettes.

Après ce tour d'horizon du groupe fondamental et de ses implications dans divers problèmes, nous revenons aux applications du calcul de $\pi_1(S^1) = \mathbb{Z}$ présentées dans le Chapitre 1. Pour y éliminer les restrictions de dimension, il nous faut utiliser des structures de dimensions supérieures, comme les triangles ou les tétraèdres. C'est ce que nous faisons avec *l'homologie* qui constitue la deuxième partie de ce livre. En fait, nous avons, non pas un groupe, mais une famille de groupes abéliens, constitués de sommes formelles de points, de chemins, de triangles dans lesquelles on identifie les points qui sont les extrémités d'un chemin, les sommes de chemins qui sont le bord d'un triangle, les sommes de triangles qui sont les faces d'un tétraèdre, etc. Ces groupes se révèlent plus faciles à déterminer que le groupe fondamental et aussi plus faciles à utiliser mais, au départ, ils présentent le paradoxe d'être plus difficiles à introduire car ils nécessitent la formalisation de ces sommes d'objets géométriques. Ce sont les *complexes de chaînes* étudiés au *Chapitre 5*. Nous y développons les techniques nécessaires, en particulier les suites exactes, à la base de la plupart des résultats, et présentons deux complexes de chaînes, le complexe des chaînes simpliciales d'un complexe simplicial et celui des chaînes singulières d'un espace topologique. Les divers complexes étudiés sont définis sur des familles de R-modules, où R est un anneau commutatif. La possibilité de changer l'anneau de référence s'avère très utile et l'anneau $\mathbb{Z}$ y joue un rôle central, permettant de retrouver tous les autres, à travers le théorème des coefficients universels, présenté dans la dernière section.

Au *Chapitre 6*, nous reprenons l'étude de l'homologie singulière introduite au chapitre précédent. Le premier résultat important est le Théorème d'excision ; avec lui, on peut calculer l'homologie d'un espace en en “excisant" une partie, ce qui s'avère très efficace, comme le montre le calcul des groupes d'homologie des sphères. Un deuxième résultat très pratique est l'existence d'une suite exacte longue, dite de Mayer-Vietoris, qui tire profit de l'existence d'un recouvrement par deux ouverts. Ce chapitre comporte également l'identification des homologies simpliciale et singulière associées à un complexe simplicial, et l'introduction d'un nouveau complexe de chaînes issu de la structure cellulaire de certains espaces. Nous montrons également comment une application “transfert" permet de connecter les homologies de l'espace total et de la base d'un revêtement et l'utilisons pour l'homologie, à coefficients dans $\mathbb{Z}/2\mathbb{Z}$, des espaces projectifs réels. Une fois ces prémices mises en place, nous pouvons reprendre les théorèmes du Chapitre 1 et les étendre à une dimension quelconque. Parmi les applications non topologiques de ces résultats, mentionnons les liens étroits entre les équilibres de la théorie des jeux et le théorème du point fixe de Brouwer ; ce sont les équilibres de Nash présentés dans la Section 6.7.

À ce stade, nous disposons d'un côté du groupe fondamental et de l'autre d'une famille de groupes d'homologie mais n'avons pas établi de liens entre eux. Dans le *Chapitre 7*, nous montrons que le premier groupe d'homologie est l'abélianisé du groupe fondamental et nous étendons la construction du groupe fondamental pour obtenir les groupes d'homotopie d'ordre supérieur, dont les éléments sont les classes d'homotopie relative d'applications continues pointées de S^n dans X. Ces groupes contiennent de nombreuses informations mais sont en général très difficiles à calculer. Dans ce Chapitre 7, nous mettons en place les éléments de base de la théorie et leurs interactions, groupes d'homotopie, fibrés localement triviaux, fibrations. Nous présentons ensuite, sans démonstration, quelques résultats fondamentaux, en renvoyant pour les preuves vers des ouvrages plus avancés. Nous terminons par deux thèmes, l'un extérieur à la Topologie montre comment la question de l'existence d'un choix social dans une société fait intervenir le type d'homotopie de l'espace des choix possibles. Le deuxième ouvre une fenêtre sur les espaces de configurations, à la lisière de la Topologie et de la Géométrie.

Ce livre peut être utilisé dans sa totalité pour un enseignement annuel de Topologie algébrique mais il s'adapte très bien à des enseignements semestriels en offrant plusieurs possibilités : un cours classique sur la théorie des revêtements, tel qu'il figure dans la plupart des premières années de Master, constitué des 4 premiers chapitres et de leurs exercices, ou un cours d'introduction à l'homologie, comprenant les deux premiers chapitres et les trois derniers. Il peut également être utilisé pour une présentation équilibrée de l'homologie et de l'homotopie, à partir des 6 premiers chapitres, en limitant le Chapitre 4 à ses premières sections.

La bibliographie est exceptionnellement longue car, en plusieurs endroits, dans le cours lui-même ou au détour d'un exercice, nous avons abordé un possible développement et avons offert au lecteur la possibilité de poursuivre dans cette voie, en consultant les références recommandées. Il est important de noter que certains articles du milieu du vingtième siècle ont apporté une solution non triviale à des problèmes ouverts et sont accessibles aux lecteurs de ce livre. Mentionnons en particulier,

- l'article de J.E. Connett [12] sur les applications périodiques du cercle, dont nous avons extrait les Exercices 4.4, 4.5 et 4.6,
- l'article de S. Kakutani [25] dont la preuve est proposée en exercice et qui a ouvert des développements comme [46],
- le célèbre résultat de J. Nash, [33], et la synthèse écrite par D. Gale, [19], avec l'exemple du jeu de Hex.

Quant aux divers livres figurant dans cette bibliographie, signalons ceux de E.H. Spanier [43], (un magnifique ouvrage de référence), de C. Godbillon, [20], (pour une présentation en français, avec une preuve du Théorème de Seifert et Van Kampen utilisant la théorie des revêtements, ainsi qu'une introduction à la cohomologie des variétés différentiables), de G.E. Bredon, [9], (avec une présentation très ouverte vers la géométrie des variétés) ou de A. Hatcher, [22], dont les chapitres 3 et 4 constituent une suite attrayante pour le lecteur désireux de poursuivre son apprentissage de la Topologie Algébrique. Nous n'avons pas présenté d'aspect historique des notions introduites, le livre de J. Dieudonné, [13], y suppléant de façon exhaustive.

Principales notations utilisées

$X \backslash A$	Complémentaire de A dans X
$\mathcal{S}_n$	Groupe symétrique à n lettres
c_x	Chemin constant sur x
$\overline{A}$	Adhérence de A
$\text{Int}\, A$	Intérieur de A
$\{1\}$ ou 0	Groupe trivial réduit à un élément
$\text{Im}\, f$	Image d'une application
$\text{Ker}\, f$	Noyau d'un homomorphisme
$f \simeq g$	Applications homotopes, 2
$f \simeq g, \quad \text{rel}\, A$	Applications homotopes relativement à A, 2
$[X, Y]$	Ensemble de classes d'homotopie, 2
$X \simeq Y$	Espaces de même type d'homotopie, 3
E^n	Boule de $\mathbb{R}^n$, 4
S^{n-1}	Sphère de dimension $n-1$, 4
$\alpha \simeq \beta \ \text{rel}\, \{0, 1\}$	Lacets homotopes à extrémités fixées, 5
$\overline{\alpha}$	Chemin inverse du chemin α, 5
$\alpha.\beta$	Chemin composé, 5
$\pi_1(X, x_0)$	Groupe fondamental, 8
$\varphi_* = \pi_1(\varphi)$	Homomorphisme induit entre les groupes fondamentaux, 8
exp	Application exponentielle, 11
X/A	Espace quotient de X par A, 32
$X \vee X'$	Bouquet de deux espaces, 35
$X \cup_f e^n$	Attachement d'une cellule, 35
$\text{O}(n)$, $\text{SO}(n)$	Groupes orthogonal et spécial orthogonal, 39
$\text{U}(n)$ et $\text{SU}(n)$	Groupes unitaire et spécial unitaire, 39
$P_n(\mathbb{R})$	Espace projectif réel, 41
$P_n(\mathbb{C})$	Espace projectif complexe, 43
X/G	Espace des orbites, 39
G/H	Espace des classes à gauche, 39
$V_{k,n}(\mathbb{R})$	Variétés de Stiefel, 43
$\text{Vect}_k(\mathbb{R}^n)$	Variétés de Grassmann, 43
K_{lein}	Bouteille de Klein, 46
$M\#N$	Somme connexe, 48
T_g	Tore à g trous, 49
$G_1 * G_2$	Produit libre de deux groupes, 66

$\langle t_1, \ldots, t_n \rangle$	Groupe libre à n générateurs, 67
G_{ab}	Abélianisé du groupe G, 68
$G_1 *_H G_2$	Somme amalgamée de groupes, 68
$C_{p,q}$	Nœud torique, 79
$A(p)$	Groupe des automorphismes d'un revêtement, 86
$\mathrm{Aut}_{\pi_1(X,x)}\, p^{-1}(x)$	Groupe des bijections équivariantes, 102
$N(H)$	Normalisateur d'un sous-groupe, 103
$Z_n(C_*, d)$	Module des cycles de degré n,123
$B_n(C_*, d)$	Module des bords de degré n, 123
$H_*(C_*, d)$	Homologie de (C_*, d), 123
$\langle a_1, \ldots, a_n \rangle$	Enveloppe convexe des points $(a_1, \ldots, a_n)$, 129
Δ^n	Simplexe standard, 130
$\partial\Delta^n$	Bord du simplexe standard, 131
$(C_*(K; R), d)$	Complexe des chaînes simpliciales de K, 132
$H_*(K; R)$	Homologie simpliciale du complexe simplicial K, 132
ε_n^i	i-ème face du simplexe standard, 134
$(S_*(X; R), d)$	Complexe des chaînes singulières de X, 135
$H_*(X; R)$	Homologie singulière de l'espace X, 135
$\widetilde{S}_*(X; R)$	Complexe singulier réduit, 138
$\widetilde{H}_*(X; R)$	Homologie réduite, 138
$\mathrm{Tor}(A, B)$	Tor de deux groupes abéliens, 145
$(sA)_*$	Suspension d'un complexe de chaînes, 151
$(Cf)_*$	Cône sur un morphisme de chaînes, 151
$S_*(X, A; R)$	Complexe des chaînes relatives, 160
$H_*(X, A; R)$	Homologie singulière relative, 160
$[X, A), (Y, B)]$	Ensemble de classes d'homotopie relative, 160
$S_q^{\mathcal{U}}(X; R)$	Complexe des chaînes $\mathcal{U}$-petites, 162
$\deg f$	Degré d'une application $f\colon S^n \to S^n$, 171
$T(S^n)$	Fibré tangent à la sphère, 173
$\mathrm{Cell}_*(X; R)$	Complexe des chaînes cellulaires, 177
$\chi(C_*; \mathbb{k})$	Caractéristique d'Euler-Poincaré, 178
$C(X)$	Cône sur un espace X, 190
ΣX	Suspension d'un espace X, 190
$\pi_n(X, x_0)$	Groupe d'homotopie, 200
$\mathrm{Hur}_n(X)$	Homomorphisme de Hurewicz, 214
$\widetilde{\Sigma} X$	Suspension réduite, 215
$\mathrm{Sp}^n X$	Produit symétrique, 218
$F(X, n)$	Espace des configurations ordonnées, 219
$C(X, n)$	Espace des configurations non ordonnées, 220
Y^X	Topologie compacte ouverte, 224

Chapitre 1

Le groupe de Poincaré

Pour tous les mathématiciens, un carré est différent d'un disque, sauf pour un petit peuple appelé "Topologues" qui, grâce à la notion d'homotopie, ne considèrent les objets qu'à une déformation continue près. Dans ce chapitre, nous introduisons l'homotopie et le groupe fondamental dans le cadre général des espaces topologiques et en établissons les propriétés principales. Nous calculons ensuite le groupe fondamental des sphères S^n pour $n \geq 1$ et en déduisons de nombreuses applications concrètes.

Le cœur de ce chapitre est la détermination du groupe fondamental du cercle. Nous invitons le lecteur à en lire la preuve avec attention ; les principaux ingrédients de la théorie des revêtements y sont présents et nous serviront de guide dans le Chapitre 4.

1.1 HOMOTOPIE

Nous supposons le lecteur familier avec les notions basiques de topologie générale, cf. par exemple le livre de Hervé Queffelec [36]. Un bref rappel des notions principales est aussi présenté dans l'Appendice A. Pour éviter toute confusion, nous indiquons dès à présent que dans ce texte un espace compact est un espace topologique, non nécessairement séparé, dans lequel tout recouvrement ouvert admet un sous-recouvrement fini. Cette définition est en effet celle qui est utilisée dans la plupart des ouvrages de Topologie Algébrique. Rappelons que si X et Y sont deux espaces topologiques, la *topologie produit* sur $X \times Y$ a pour ouverts les réunions d'ouverts du type $O_1 \times O_2$, avec O_1 ouvert de X et O_2 ouvert de Y. Les deux projections p_X et p_Y de $X \times Y$ sur X et sur Y sont alors des applications continues. D'autre part, une application $f\colon Z \to X \times Y$ est continue, si et seulement si, ses composantes $p_X \circ f$ et $p_Y \circ f$ le sont. Rappelons aussi le Théorème de Tychonoff : si X et Y sont compacts, l'espace produit $X \times Y$ est un espace compact, cf. [36, Chapitre II. Section V] ou Exercice A.3. Ces préliminaires étant faits, nous introduisons maintenant le concept principal de ce cours.

Définition 1.1 *Deux applications continues, f et g, d'un espace X vers un espace Y, sont* homotopes *s'il existe une application continue $F\colon X \times [0,1] \to Y$, telle que $F(x,0) = f(x)$ et $F(x,1) = g(x)$. L'application F est appelée* homotopie de f vers g. *Dans la suite, cette relation d'homotopie est notée $f \simeq g$ ou $F\colon f \simeq g$, s'il y a nécessité d'expliciter l'homotopie de f vers g.*

Une homotopie F est donc une déformation continue de l'application f vers l'application g. Commençons par un exemple simple.

Exemple : *Toute application continue non surjective d'un espace X quelconque vers la sphère S^2 est homotope à une application constante de X vers S^2.*
Rappelons que la sphère S^2 est l'ensemble des points de $\mathbb{R}^3$ de norme 1. Soit $f\colon X \to S^2$ une application continue telle que le point $v_0 \in S^2$ ne se trouve pas dans l'image de f. On définit une application continue $F\colon X \times [0,1] \to S^2$ par

$$F(x,t) = \frac{(1-t)f(x) - tv_0}{\|(1-t)f(x) - tv_0\|}.$$

Le point v_0 n'étant pas atteint, l'origine de $\mathbb{R}^3$ n'appartient à aucun des segments d'extrémités $f(x)$ et $-v_0$. L'application F est donc bien définie et continue sur $X \times [0,1]$. Elle vérifie $F(x,0) = f(x)$ et $F(x,1) = -v_0$; c'est une homotopie entre f et l'application constante sur $-v_0$.

Plus généralement, nous imposons à l'homotopie des restrictions sur un sous-espace A de la source, le cas précédent correspondant à $A = \varnothing$.

Définition 1.2 *Deux applications continues f et g, d'un espace X vers un espace Y, égales sur une partie $A \subset X$, sont* homotopes relativement à A *s'il existe une homotopie F entre f et g telle que $F(a,t) = f(a) = g(a)$, pour tout $t \in [0,1]$ et tout $a \in A$. Dans la suite, nous notons $f \simeq g$* rel A *cette relation.*

Proposition 1.3 *Considérons deux espaces topologiques, X et Y, une partie A de X, et une application $\psi\colon A \to Y$. L'homotopie relativement à A est une relation d'équivalence sur l'ensemble des applications continues de X vers Y, coïncidant avec ψ sur A. L'ensemble quotient est noté $[X,Y]$ si $A = \varnothing$.*

Démonstration. Il suffit de vérifier les trois propriétés d'une relation d'équivalence.

– *L'homotopie est réflexive,* l'application définie par $F(x,t) = f(x)$ étant une homotopie relative de f vers f.

– *L'homotopie est symétrique.* Si F est une homotopie relative de f vers g, l'application définie par $F'(x,t) = F(x, 1-t)$ est une homotopie relative de g vers f.
– *L'homotopie est transitive.* Considérons deux homotopies relatives, $F: f \simeq g$ et $G: g \simeq h$, et définissons une application H par

$$H(x,t) = \begin{cases} F(x, 2t) & \text{si} \quad 0 \leq t \leq 1/2, \\ G(x, 2t-1) & \text{si} \quad 1/2 \leq t \leq 1. \end{cases}$$

Le Lemme 1.4 nous assure la continuité de l'application H. Des égalités $H(x,0) = F(x,0) = f(x)$, $H(x,1) = G(x,1) = h(x)$, $H(a,t) = F(a,t) = G(a,t) = f(a) = g(a)$, nous déduisons que H est une homotopie de f vers h relativement à A.

Lemme 1.4 *Considérons deux espaces topologiques, X et Y, F et F' deux fermés de X, $f: F \to Y$ et $f': F' \to Y$ deux applications continues dont les restrictions à l'intersection $F \cap F'$ coïncident. Alors, l'application h, définie sur $F \cup F'$ par $h(x) = f(x)$ si $x \in F$, $h(x') = f'(x')$ si $x' \in F'$, est continue de $F \cup F'$ dans Y.*

Démonstration. Il suffit de constater que l'image réciproque d'un fermé de Y par l'application h est un fermé de X.

Nous utilisons la relation d'homotopie pour identifier des espaces de la façon suivante.

Définition 1.5 *Deux espaces X et Y ont* même type d'homotopie *s'il existe deux applications continues $f: X \to Y$ et $g: Y \to X$ telles que $f \circ g \simeq \mathrm{id}_Y$ et $g \circ f \simeq \mathrm{id}_X$. Cette relation est notée $X \simeq Y$ et les applications f et g sont appelées* équivalences d'homotopie.

Par exemple, deux espaces homéomorphes ont même type d'homotopie.

Exemple : Les deux sous-espaces suivants du plan $\mathbb{R}^2$, $X = S^1$ et $Y = S^1 \cup ([1,2] \times \{0\})$, *ont même type d'homotopie et ne sont pas homéomorphes.*

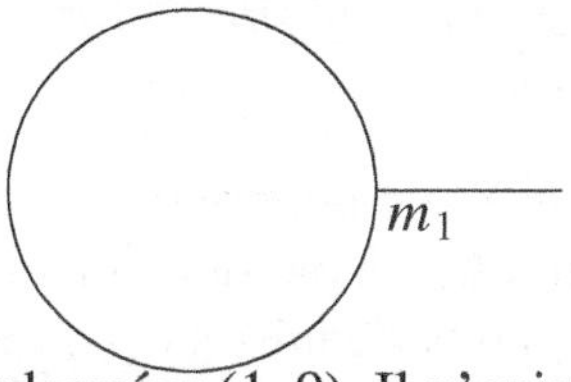

Notons m_1 le point de coordonnées $(1,0)$. Il n'existe pas d'homéomorphisme $f: Y \to X$ car $X - \{f(m_1)\}$ est connexe alors que $Y - \{m_1\}$ ne l'est pas. Pour justifier le fait que ces espaces ont le même type d'homotopie, considérons l'injection canonique $\iota: X \to Y$ et l'application $g: Y \to X$ définie par $g(x) =$

x si $x \in S^1$ et $g(x) = m_1$ si $x \in [1,2] \times \{0\}$. On a $g \circ \iota = \mathrm{id}_X$ et $\iota \circ g \simeq \mathrm{id}_Y$ par l'homotopie $F\colon Y \times [0,1] \to Y$ définie par $F(x,t) = x$ si $x \in S^1$ et $F(x,t) = tx + (1-t)m_1$ si $x \in [1,2] \times \{0\}$.

Exemple : *Les espaces $\mathbb{R}^2 \backslash \{0\}$ et S^1 ont même type d'homotopie.* Considérons l'inclusion canonique $\iota\colon S^1 \to \mathbb{R}^2 \backslash \{0\}$ et l'application $g\colon \mathbb{R}^2 \backslash \{0\} \to S^1$ définie par $g(x) = \dfrac{x}{\|x\|}$. On a $g \circ \iota = \mathrm{id}_{S^1}$ et $\iota \circ g \simeq \mathrm{id}_{\mathbb{R}^2 \backslash \{0\}}$ par l'homotopie $F\colon (\mathbb{R}^2 \backslash \{0\}) \times [0,1] \to \mathbb{R}^2 \backslash \{0\}$ définie par $F(x,t) = tx + (1-t)\dfrac{x}{\|x\|}$.

Définition 1.6 *La* boule de dimension *n est l'espace $E^n = \{x \in \mathbb{R}^n \mid \|x\| \leq 1\}$. Son bord est la* sphère de dimension *$n-1$, $S^{n-1} = \{x \in \mathbb{R}^n \mid \|x\| = 1\}$. Dans le cas $n = 2$, on parle de disque E^2 et de cercle S^1.*

Rappelons que la projection stéréographique induit un homéomorphisme entre la sphère S^2 privée d'un point et le plan $\mathbb{R}^2$, cf. [36, Chapitre VI. Théorème II.9].

Définition 1.7 *Un espace X est* contractile *si l'application identité sur X est homotope à une application constante.*

Exemple : *Un sous-ensemble convexe, C, de $\mathbb{R}^n$ est contractile.* L'homotopie entre l'identité et l'application constante sur le point $x_0 \in C$ est l'application continue $F\colon C \times [0,1] \to C$ définie par $F(x,t) = (1-t)x_0 + tx$. La boule E^n et l'espace $\mathbb{R}^n$ sont donc contractiles pour $n \geq 1$.

Définition 1.8

1. *Une partie A d'un espace X est un* rétracte *de X s'il existe une application continue $r\colon X \to A$ telle que $r \circ \iota = \mathrm{id}_A$, où $\iota\colon A \to X$ est l'injection canonique. L'application r est appelée* rétraction.
2. *Une partie A de X est un* rétracte par déformation *s'il existe une rétraction r telle que $\iota \circ r$ soit homotope à l'identité sur X. Dans ce cas, les applications ι et r sont des équivalences d'homotopie.*

En particulier, un espace X est contractile si, et seulement si, il existe un point $x_0 \in X$ tel que $\{x_0\}$ soit un rétracte par déformation de X. Des exemples précédents et des exercices 1.2 et 1.5, nous déduisons $\{0\} \simeq E^n \simeq \mathbb{R}^n$ et $\mathbb{R}^{n+1} \backslash \{0\} \simeq S^n \simeq S^n \times [0,1]$. La notion de groupe fondamental nous permettra de montrer qu'il n'existe pas d'équivalence d'homotopie entre $\mathbb{R}^n$ et S^1, pour tout $n \geq 1$, ainsi qu'entre S^1 et S^n pour tout $n > 1$.

Exemple : *Le complémentaire de S^1 dans S^3 a le type d'homotopie de S^1*, i.e., $S^3 \backslash S^1 \simeq S^1$. Ecrivons S^3 comme l'ensemble des couples de nombres complexes dont la somme des carrés des modules vaut 1,

$$S^3 = \{ (z_1, z_2) \in \mathbb{C}^2 \mid \|z_1\|^2 + \|z_2\|^2 = 1 \},$$

et S^1 comme le cercle $\{(z, 0) \mid z \in S^1\}$. Le cercle $\{(0, z) \mid z \in S^1\}$ est un rétracte par déformation de $S^3 \backslash S^1$ grâce à l'homotopie $H\colon (S^3 \backslash S^1) \times [0, 1] \to S^3 \backslash S^1$ définie par

$$H((z_1, z_2), t) = \left(tz_1, \sqrt{1 - t^2 \|z_1\|^2} \cdot \frac{z_2}{\|z_2\|} \right).$$

1.2 GROUPE FONDAMENTAL

Définition 1.9 *Soit X un espace topologique, un* chemin *de X est une application continue $\alpha\colon [0, 1] \to X$. Si x_0 est un point de X, un* lacet *de (X, x_0) est un chemin α de X tel que $\alpha(0) = \alpha(1) = x_0$.*

Le groupe fondamental d'un espace topologique X est construit sur un ensemble quotient de lacets de X, l'idée étant de considérer les lacets à déformations continues près.

Définition 1.10 *Considérons deux chemins α et β de X tels que $\alpha(0) = \beta(0)$ et $\alpha(1) = \beta(1)$. Ces chemins sont* homotopes à extrémités fixées *si $\alpha \simeq \beta$ rel $\{0, 1\}$.*

La relation $\alpha \simeq \beta$ rel $\{0, 1\}$ est notée $\alpha \simeq \beta$ et appelée homotopie si aucune confusion n'est possible. Elle signifie l'existence d'une application continue $F\colon [0, 1]^2 \to X$ telle que $F(s, 0) = \alpha(s)$, $F(s, 1) = \beta(s)$, $F(0, t) = \alpha(0) = \beta(0)$, $F(1, t) = \alpha(1) = \beta(1)$, pour tout couple $(s, t) \in [0, 1]^2$. C'est une relation d'équivalence d'après la Proposition 1.3 ; la classe du chemin α est notée $[\alpha]$.

Nous introduisons deux opérations sur l'ensemble des chemins et étudions leur comportement par rapport à la relation d'homotopie.

Définition 1.11

1. *Le* chemin inverse *d'un chemin α de X est le chemin $\overline{\alpha}$ défini par $\overline{\alpha}(s) = \alpha(1 - s)$.*
2. *Le* chemin composé *de deux chemins α et β de X, tels que $\alpha(1) = \beta(0)$, est le chemin $\alpha.\beta$ défini par*

$$(\alpha.\beta)(t) = \begin{cases} \alpha(2t) & si \quad 0 \leq t \leq 1/2, \\ \beta(2t - 1) & si \quad 1/2 \leq t \leq 1. \end{cases}$$

La continuité de l'application $\alpha.\beta$ est une conséquence du Lemme 1.4 ; nous n'expliciterons plus cette propriété dans la suite.

Proposition 1.12 *Soit X un espace topologique.*

1. *Considérons quatre chemins α_1, α_2, β_1 et β_2 de X tels que $\alpha_1(0) = \alpha_2(0)$, $\alpha_1(1) = \alpha_2(1) = \beta_1(0) = \beta_2(0)$ et $\beta_1(1) = \beta_2(1)$.*
   a) Si $\alpha_1 \simeq \alpha_2 \operatorname{rel}\{0,1\}$, alors $\overline{\alpha}_1 \simeq \overline{\alpha}_2 \operatorname{rel}\{0,1\}$.
   b) Si $\alpha_1 \simeq \alpha_2 \operatorname{rel}\{0,1\}$ et $\beta_1 \simeq \beta_2 \operatorname{rel}\{0,1\}$, alors $\alpha_1.\beta_1 \simeq \alpha_2.\beta_2 \operatorname{rel}\{0,1\}$.
2. *Si α_1, α_2, α_3 sont trois chemins de X vérifiant $\alpha_1(1) = \alpha_2(0)$ et $\alpha_2(1) = \alpha_3(0)$, alors $(\alpha_1.\alpha_2).\alpha_3 \simeq \alpha_1.(\alpha_2.\alpha_3) \operatorname{rel}\{0,1\}$.*
3. *Si x est un point de X, on note c_x le chemin constant sur x. Soit α un chemin de X tel que $\alpha(0) = x$ et $\alpha(1) = y$. Alors, on a :*
   a) $c_x.\alpha \simeq \alpha \operatorname{rel}\{0,1\}$ et $\alpha \simeq \alpha.c_y \operatorname{rel}\{0,1\}$,
   b) $\alpha.\overline{\alpha} \simeq c_x \operatorname{rel}\{0,1\}$ et $\overline{\alpha}.\alpha \simeq c_y \operatorname{rel}\{0,1\}$.

Démonstration.

1. a) Si F est une homotopie entre α_1 et α_2, l'application $\overline{F}$ définie par $\overline{F}(s,t) = F(1-s,t)$ est une homotopie entre $\overline{\alpha}_1$ et $\overline{\alpha}_2$.
   b) Notons F l'homotopie de α_1 vers α_2 et G l'homotopie de β_1 vers β_2. Définissons $H\colon [0,1]^2 \to X$ par
   $$H(s,t) = \begin{cases} F(2s,t) & \text{si } 0 \leq s \leq 1/2, \\ G(2s-1,t) & \text{si } 1/2 \leq s \leq 1. \end{cases}$$
   L'application H est continue car $F(1,t) = \alpha_1(1) = \beta_1(0) = G(0,t)$. Elle vérifie $H(0,t) = F(0,t) = \alpha_1(0)$, $H(1,t) = G(1,t) = \beta_1(1)$, $H(s,0) = (\alpha_1.\beta_1)(s)$ et $H(s,1) = (\alpha_2.\beta_2)(s)$. C'est donc une homotopie entre les chemins $\alpha_1.\beta_1$ et $\alpha_2.\beta_2$.
2. Définissons une homotopie entre les chemins $(\alpha_1.\alpha_2).\alpha_3$ et $\alpha_1.(\alpha_2.\alpha_3)$ par
   $$F(s,t) = \begin{cases} \alpha_1\left(\dfrac{4s}{t+1}\right) & \text{si } 0 \leq s \leq \dfrac{t+1}{4}, \\ \alpha_2(4s-1-t) & \text{si } \dfrac{t+1}{4} \leq s \leq \dfrac{t+2}{4}, \\ \alpha_3\left(\dfrac{-2-t+4s}{2-t}\right) & \text{si } \dfrac{t+2}{4} \leq s \leq 1. \end{cases}$$
   Les formules utilisées dans l'écriture de F peuvent se déduire du diagramme ci-dessous, après avoir observé que les segments obliques sont portés par des droites d'équations respectives $t = 4s - 1$ et $t = 4s - 2$.

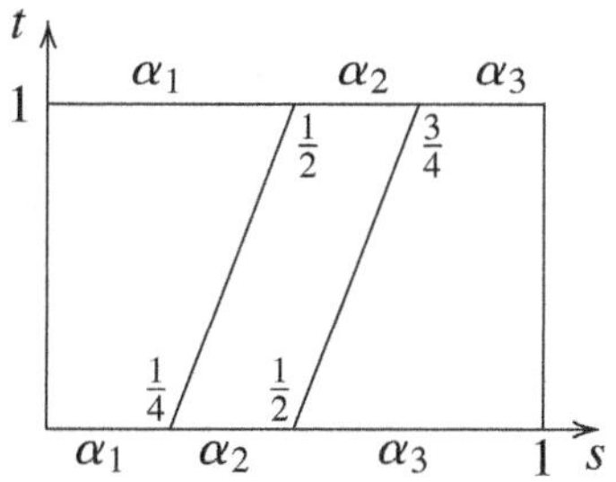

3. a) L'homotopie entre $c_x.\alpha$ et α est donnée par

$$F(s,t) = \begin{cases} x & \text{si} \quad 0 \leq s \leq t/2, \\ \alpha\left(\dfrac{2s-t}{2-t}\right) & \text{si} \quad t/2 \leq s \leq 1. \end{cases}$$

L'homotopie F se visualise comme suit.

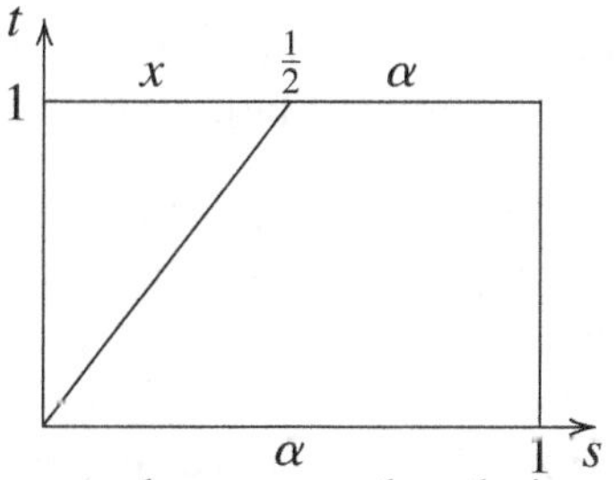

Le raisonnement est analogue pour la relation $\alpha.c_y \simeq \alpha$.

b) L'homotopie entre c_x et le composé $\alpha.\overline{\alpha}$ est donnée par

$$F(s,t) = \begin{cases} \alpha(2s) & \text{si} \quad 0 \leq s \leq t/2, \\ \alpha(t) & \text{si} \quad t/2 \leq s \leq 1-(t/2), \\ \alpha(2-2s) & \text{si} \quad 1-(t/2) \leq s \leq 1. \end{cases}$$

Cette application vérifie :

– $F(s,0) = \alpha(0) = x = c_x(s)$,

– $F(s,1) = \begin{cases} \alpha(2s) & \text{si} \quad 0 \leq s \leq 1/2, \\ \alpha(2-2s) = \overline{\alpha}(2s-1) & \text{si} \quad 1/2 \leq s \leq 1, \end{cases}$

– $F(0,t) = \alpha(0) = x$, et $F(1,t) = \alpha(0) = x$.

C'est donc bien l'homotopie cherchée ; elle se visualise par :

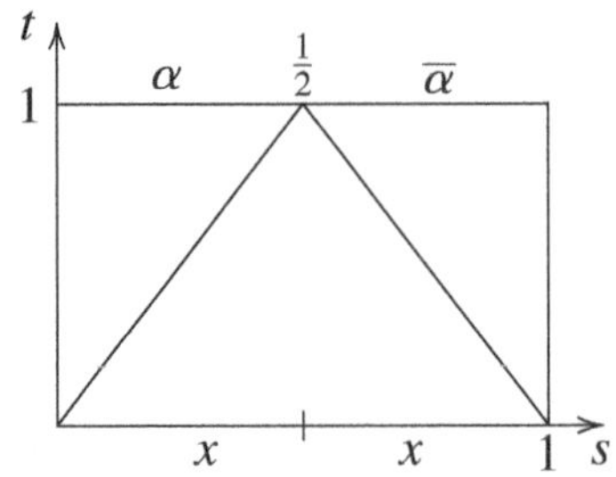

Notons $\pi_1(X, x_0)$ l'ensemble des classes d'équivalence de lacets en (X, x_0) pour la relation d'homotopie, i.e.,

$$\pi_1(X, x_0) = \{[\alpha] \mid \alpha\colon [0,1] \to X,\ \alpha(0) = \alpha(1) = x_0\}.$$

Des résultats obtenus dans la Proposition 1.12, nous déduisons que la composition des chemins induit une structure de groupe sur $\pi_1(X, x_0)$, où l'inverse est donné par $[\alpha]^{-1} = [\overline{\alpha}]$.

Définition 1.13 *Le groupe $\pi_1(X, x_0)$ est appelé* groupe fondamental ou groupe de Poincaré ou encore premier groupe d'homotopie *de l'espace X pointé en x_0.*

Les deux propositions suivantes précisent l'influence d'un changement du point de base x_0 de l'espace X sur le groupe fondamental $\pi_1(X, x_0)$ ainsi que le comportement d'une application continue $\varphi\colon X \to Y$ sur les groupes fondamentaux en X et en Y. Soit γ un chemin de X, d'origine x et d'extrémité y. Définissons un homomorphisme de groupes, $\Phi_\gamma\colon \pi_1(X, x) \to \pi_1(X, y)$, par $\Phi_\gamma([\alpha]) = [\gamma]^{-1}[\alpha][\gamma]$.

Proposition 1.14 *Si l'espace X est connexe par arcs, l'homomorphisme $\Phi_\gamma\colon \pi_1(X, x) \to \pi_1(X, y)$ est un isomorphisme, pour tout couple de points $(x, y) \in X \times X$.*

Démonstration. Vérifions que $\Phi_{\overline{\gamma}}$ est l'inverse de Φ_γ : $(\Phi_{\overline{\gamma}} \circ \Phi_\gamma)([\alpha]) = [\overline{\gamma}]^{-1}[\gamma]^{-1}[\alpha][\gamma][\overline{\gamma}] = [\alpha]$, car $[\overline{\gamma}] = [\gamma]^{-1}$. On montre de même que $(\Phi_\gamma \circ \Phi_{\overline{\gamma}})([\beta]) = [\beta]$, si $[\beta] \in \pi_1(Y, y)$.

Remarque : Dans la preuve précédente, l'isomorphisme construit entre les deux groupes dépend de la classe d'homotopie du chemin γ. *Il n'existe pas de choix canonique de cette classe, donc cet isomorphisme n'est pas canonique.* Deux isomorphismes induits par deux classes différentes de chemin sont cependant conjugués, cf. Exercice 1.10.

Proposition 1.15 *Soit $\varphi\colon X \to Y$ une application continue. Choisissons un point $x_0 \in X$ et notons $y_0 = \varphi(x_0)$ son image. L'application φ induit un homomorphisme de groupes, $\pi_1(\varphi) = \varphi_*\colon \pi_1(X, x_0) \to \pi_1(Y, y_0)$, défini par $\varphi_*([\alpha]) = [\varphi \circ \alpha]$.*

Démonstration. Cette proposition est une conséquence des propriétés déjà établies.

- Si $\alpha_1 \simeq \alpha_2$ au moyen d'une homotopie H, alors $\varphi \circ H$ est une homotopie entre $\varphi \circ \alpha_1$ et $\varphi \circ \alpha_2$.
- Par définition du chemin composé de deux chemins, si α et β sont deux chemins de X tels que $\alpha(1) = \beta(0)$ alors $\varphi \circ (\alpha.\beta) = (\varphi \circ \alpha).(\varphi \circ \beta)$.

Si ψ est une application homotope à φ telle que $\psi(x_0) = \varphi(x_0)$, alors $\varphi \circ \alpha \simeq \psi \circ \alpha$ pour tout lacet α de (X, x_0), donc les applications φ_* et ψ_* coïncident.

Corollaire 1.16 *Considérons deux espaces topologiques X et Y avec points de base, $x_0 \in X$ et $y_0 \in Y$. Les projections canoniques induisent un isomorphisme de groupes*

$$(p_X)_* \times (p_Y)_* \colon \pi_1(X \times Y, (x_0, y_0)) \to \pi_1(X, x_0) \times \pi_1(Y, y_0).$$

Démonstration. L'homomorphisme $(p_X)_* \times (p_Y)_*$ admet un inverse défini par $[\alpha] \times [\beta] \mapsto [\alpha \times \beta]$, avec $(\alpha \times \beta)(t) = (\alpha(t), \beta(t))$.

Par définition, si $\varphi \colon X \to Y$ et $\psi \colon Y \to Z$ sont deux applications continues, les homomorphismes induits vérifient $\psi_* \circ \varphi_* = (\psi \circ \varphi)_*$. Le résultat suivant précise l'homomorphisme induit par une équivalence d'homotopie.

Théorème 1.17 *Si $\varphi \colon X \to Y$ est une équivalence d'homotopie, l'homomorphisme induit $\varphi_* \colon \pi_1(X, x) \to \pi_1(Y, \varphi(x))$ est un isomorphisme. En conséquence, le groupe fondamental d'un espace contractile X, est trivial, i.e., $\pi_1(X, x) = \{1\}$.*

Il existe une différence entre les deux situations : la notion de groupe fondamental nécessite d'avoir fixé un point alors qu'aucun point n'est privilégié dans la définition d'équivalence d'homotopie. Pour démontrer le théorème précédent, nous devons donc préciser comment ces deux notions interagissent.

Lemme 1.18 *Considérons deux applications homotopes, φ et ψ, de X vers Y. Pour tout point $x \in X$, il existe un isomorphisme de groupes, $\chi \colon \pi_1(Y, \psi(x)) \to \pi_1(Y, \varphi(x))$, tel que le diagramme suivant commute :*

$$\begin{array}{ccc} \pi_1(X, x) & \xrightarrow{\varphi_*} & \pi_1(Y, \varphi(x)) \\ & \searrow^{\psi_*} & \uparrow \chi \\ & & \pi_1(Y, \psi(x)). \end{array}$$

Démonstration. Soit $F \colon X \times [0, 1] \to Y$ une homotopie de ψ vers φ et soit $x \in X$. L'application $s \mapsto \gamma(s) = F(x, s)$ étant un chemin d'origine $\psi(x)$ et d'extrémité $\varphi(x)$, nous définissons $\chi = \Phi_\gamma \colon \pi_1(Y, \psi(x)) \to \pi_1(Y, \varphi(x))$

par $\chi([\alpha]) = [\gamma]^{-1}[\alpha][\gamma]$. La Proposition 1.14 nous assure que χ est un isomorphisme de groupes. Il nous faut maintenant établir la commutativité du diagramme de l'énoncé.

Soit β un lacet de X d'origine x, nous allons montrer que les chemins $\overline{\gamma}.(\psi\circ\beta).\gamma$ et $\varphi\circ\beta$ sont homotopes. Pour cela, nous considérons l'application $\Phi\colon [0,1]^2 \to X$ définie par $\Phi(s,t) = F(\beta(s), 1-t)$. Elle vérifie :

- $\Phi(s,0) = F(\beta(s),1) = (\varphi\circ\beta)(s)$,
- $\Phi(s,1) = F(\beta(s),0) = (\psi\circ\beta)(s)$,
- $\Phi(0,t) = \Phi(1,t) = F(x,1-t) = \gamma(1-t) = \overline{\gamma}(t)$.

Visualisons ces égalités en indiquant sur la figure ci-après les valeurs prises par Φ sur le bord du carré.

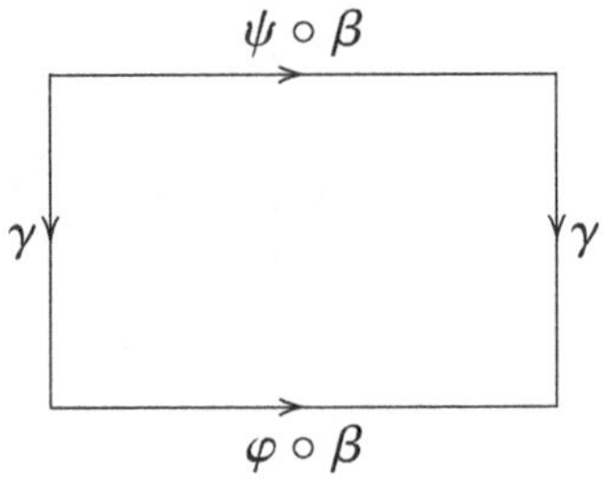

Nous composons Φ avec l'application du carré $[0,1]^2$ dans lui-même envoyant les segments horizontaux sur des chemins comme celui représenté ci-dessous.

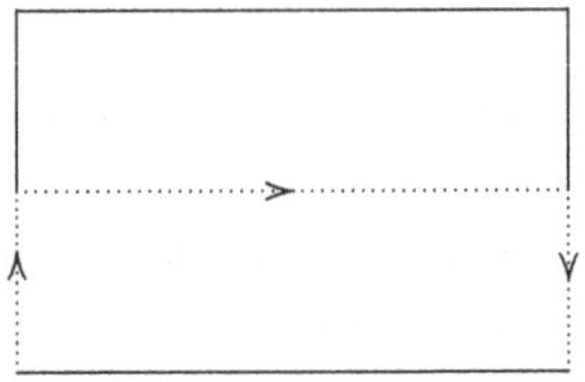

Ce composé est une homotopie à extrémités fixées entre $\varphi\circ\beta$ et $\overline{\gamma}.(\psi\circ\beta).\gamma$.

Dans ce lemme, si $\varphi \simeq \psi$ rel $\{x\}$, le chemin γ choisi est constant d'où $\chi = \mathrm{id}$ et $\varphi_* = \psi_*$.

Démonstration du Théorème 1.17. Si φ est une équivalence d'homotopie, d'inverse homotopique ψ, il suffit d'appliquer ce qui précède aux deux applications homotopes $\psi\circ\varphi$ et id_X pour en déduire l'égalité $\chi\circ(\psi\circ\varphi)_* = \mathrm{id}$. L'application χ étant un isomorphisme, il en est de même pour $(\psi\circ\varphi)_* = \psi_*\circ\varphi_*$. En conséquence, ψ_* est surjective et φ_* est injective. Avec le même argument appliqué à $\varphi\circ\psi$, nous obtenons que φ_* est un isomorphisme.

Proposition 1.19 *Si A est un rétracte de X et $a \in A$, le groupe $\pi_1(A, a)$ s'injecte dans $\pi_1(X, a)$.*

> *Démonstration.* Notons r une rétraction de l'inclusion $\iota : A \to X$. De $r \circ \iota = \mathrm{id}_A$, on déduit $r_* \circ \iota_* = \mathrm{id}$ et le résultat énoncé.

Lorsque X est connexe par arcs, nous écrivons $\pi_1(X)$ au lieu de $\pi_1(X, x_0)$, les groupes correspondants à des points différents étant isomorphes. Cette simplification de notation sera largement utilisée dans la suite de ce livre.

Définition 1.20 *Un espace X est* simplement connexe *s'il est connexe par arcs et si $\pi_1(X) = \{1\}$.*

Un espace contractile étant du type d'homotopie d'un point, tout espace contractile est simplement connexe. En particulier, $\pi_1(\mathbb{R}^n) = \pi_1(E^n) = \pi_1(*) = \{1\}$, pour tout $n \geq 1$. Nous verrons ultérieurement qu'il existe des espaces simplement connexes non contractiles.

1.3 GROUPE FONDAMENTAL DU CERCLE

Le but de cette section est la démonstration du théorème suivant.

Théorème 1.21 *Le groupe fondamental du cercle est le groupe additif des entiers,*

$$\pi_1(S^1) = \mathbb{Z}.$$

Ce résultat implique que le cercle n'est pas contractile et n'a donc pas même type d'homotopie que le plan $\mathbb{R}^2$ ou le disque E^2. La preuve de ce théorème est basée sur une étude approfondie de l'application exponentielle,

$$\exp : \mathbb{R} \to S^1, \text{ définie par } \exp(t) = e^{2i\pi t}.$$

Nous considérons S^1 comme le cercle unité du plan $\mathbb{R}^2$, identifié à $\mathbb{C}$, et choisissons deux points $m_1 = (1, 0)$ et $m_2 = (-1, 0)$ de S^1. Nous recouvrons S^1 par deux ouverts $U_1 = S^1 \backslash \{m_1\}$ et $U_2 = S^1 \backslash \{m_2\}$. Par définition de l'exponentielle, nous constatons

$$\exp^{-1}(U_1) = \bigcup_{n \in \mathbb{Z}}]n-1, n[\text{ et } \exp^{-1}(U_2) = \bigcup_{n \in \mathbb{Z}} \left] n - \frac{1}{2}, n + \frac{1}{2} \right[.$$

Observons que les restrictions $\exp :]n-1, n[\to U_1$ et $\exp :]n-(1/2), n+(1/2)[\to U_2$ sont des homéomorphismes pour tout n.

Un autre ingrédient important de la preuve du Théorème 1.21 est le nombre de Lebesgue d'un recouvrement, que nous énonçons ici et dont la justification est présentée à la fin de cette section.

Proposition 1.22 (Nombre de Lebesgue d'un recouvrement.) *Si (E, d) est un espace métrique compact muni d'un recouvrement ouvert $(O_i)_{i \in I}$, il existe un nombre réel strictement positif ε, tel que toute boule ouverte de rayon ε, $B(x, \varepsilon)$, est contenue dans un des ouverts O_j du recouvrement.*

La preuve du Théorème 1.21 est déclinée suivant plusieurs lemmes.

Lemme 1.23 *Pour toute application continue $\gamma \colon [a, b] \to S^1$ telle que $\gamma(a) = \gamma(b) = m_1$ et tout $k \in \mathbb{R}$ tel que $\exp(k) = m_1$, il existe une unique application continue $\hat{\gamma} \colon [a, b] \to \mathbb{R}$ telle que $\exp \circ \hat{\gamma} = \gamma$ et $\hat{\gamma}(a) = k$,*

$$\begin{array}{ccc} & & \mathbb{R} \\ & \overset{\hat{\gamma}}{\nearrow} & \downarrow \exp \\ [a,b] & \xrightarrow[\gamma]{} & S^1. \end{array}$$

Une telle application $\hat{\gamma}$ est appelée relèvement *de γ.*

Démonstration. Notons ε le nombre de Lebesgue du recouvrement $(\gamma^{-1}(U_1), \gamma^{-1}(U_2))$ de l'intervalle $[a, b]$, cf. Proposition 1.22. Nous décomposons $[a, b]$ en intervalles d'extrémités les points $a = x_0 < x_1 < \ldots < x_n = b$ tels que la longueur de chaque intervalle $[x_i, x_{i+1}]$ soit strictement inférieure à ε. En conséquence, chacune des images, $\gamma([x_i, x_{i+1}])$, est incluse soit dans U_1 soit dans U_2.

Supposons avoir construit une application continue $\hat{\gamma} \colon [a, x_{k-1}] \to \mathbb{R}$ qui relève γ sur cet intervalle. Comme nous l'avons remarqué, l'image de l'intervalle $[x_{k-1}, x_k]$ est incluse soit dans U_1, soit dans U_2 ; supposons-la dans U_2. Nous considérons le diagramme commutatif suivant :

$$\begin{array}{ccc} \{x_{k-1}\} & \xrightarrow{\hat{\gamma}} & \exp^{-1}(U_2) \\ \downarrow & & \downarrow \exp \\ [x_{k-1}, x_k] & \xrightarrow{\gamma} & U_2. \end{array}$$

La valeur $\hat{\gamma}(x_{k-1})$ appartient à un unique intervalle $]n_k - (1/2), n_k + (1/2)[$ de $\exp^{-1}(U_2)$. Nous pouvons donc réécrire le diagramme précédent en :

$$\begin{array}{ccc} \{x_{k-1}\} & \xrightarrow{\hat{\gamma}} &]n_k - (1/2), n_k + (1/2)[\\ \downarrow & & \cong \downarrow \exp \\ [x_{k-1}, x_k] & \xrightarrow{\gamma} & U_2. \end{array}$$

L'application exp: $]n_k-(1/2), n_k+(1/2)[\to U_2$ étant un homéomorphisme, nous pouvons étendre $\hat{\gamma}$ de $\{x_{k-1}\}$ à $[x_{k-1}, x_k]$ par $\exp^{-1}\circ\gamma$. L'existence de $\hat{\gamma}$ est donc établie par induction.

Un raisonnement analogue est utilisé pour son unicité. Supposons avoir construit deux relèvements $\hat{\gamma}$ et $\hat{\gamma}'$ de γ sur $[a,b]$, qui coïncident sur l'intervalle $[a, x_{k-1}]$. Du diagramme ci-dessus, nous déduisons l'égalité des restrictions de $\hat{\gamma}$ et $\hat{\gamma}'$ à l'intervalle $[x_{k-1}, x_k]$. Une induction entraîne l'égalité de $\hat{\gamma}$ et $\hat{\gamma}'$ sur $[a,b]$ tout entier.

Avec les notations de la preuve précédente, de $\exp(\hat{\gamma}(b)) = \exp(\hat{\gamma}(a)) = m_1$, nous déduisons que $\hat{\gamma}(b) - \hat{\gamma}(a)$ est un entier relatif. Par unicité du relèvement, cet entier ne dépend pas du choix de $\hat{\gamma}(a)$, ce qui justifie la définition suivante.

Définition 1.24 *Si* $\gamma\colon [a,b]\to S^1$ *est une application continue telle que* $\gamma(a)=\gamma(b)$ *et si* $\hat{\gamma}\colon [a,b]\to\mathbb{R}$ *est un relèvement de* γ*, le nombre entier* $\hat{\gamma}(b)-\hat{\gamma}(a)$ *est appelé le* degré de γ *et est noté* $\deg\gamma$.

Lemme 1.25 *Si* $f\colon [a,b]\times[0,1]\to S^1$ *est une application continue et si* $k\in\mathbb{R}$ *est tel que* $\exp(k) = f(a,0)$*, il existe une unique application continue* $\hat{f}\colon [a,b]\times[0,1]\to\mathbb{R}$ *telle que* $\exp\circ\hat{f} = f$ *et* $\hat{f}(a,0)=k$.

En conséquence, deux lacets γ, $\gamma'\colon [0,1]\to S^1$*, centrés en* $(1,0)$*, sont homotopes relativement à* $\{0,1\}$ *si, et seulement si, ils ont même degré,* $\deg\gamma = \deg\gamma'$.

Démonstration. En utilisant le nombre de Lebesque du recouvrement $(f^{-1}(U_1), f^{-1}(U_2))$ de $[a,b]\times[0,1]$, nous décomposons le rectangle $[a,b]\times[0,1]$, en N^2 rectangles J_1, $J_2, \ldots, J_{N^2}$, ayant des côtés de longueur $(b-a)/N$ et $1/N$, et tels que $f(J_i)$ est inclus, soit dans U_1 soit dans U_2, pour tout i. Nous ordonnons ces rectangles de sorte que l'on parcourt d'abord la rangée du bas suivant les valeurs croissantes de l'abscisse, puis la deuxième rangée avec le même ordre, et ainsi de suite jusqu'à la rangée supérieure. Supposons avoir construit le relèvement $\hat{f}$ de f sur l'ensemble

$$V_{k-1} = (\{a\}\times[0,1]) \cup \left(\cup_{i=1}^{k-1} J_i\right),$$

visualisé ci-dessous par le diagramme en traits pleins.

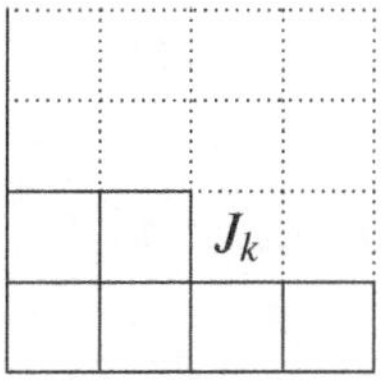

Nous reprenons l'argument du Lemme 1.23 à partir du diagramme

$$\begin{array}{ccc} J_k \cap V_{k-1} & \xrightarrow{\hat{f}} & \exp^{-1}(U_2) \\ \big\downarrow & & \big\downarrow \exp \\ J_k & \xrightarrow{f} & U_2. \end{array}$$

Les carrés J_i ont été ordonnés de sorte que l'intersection $J_k \cap V_{k-1}$ soit connexe ; l'ensemble $\hat{f}(J_k \cap V_{k-1})$ est donc inclus dans un seul intervalle $]n_k - (1/2), n_k + (1/2)[$, d'où le diagramme

$$\begin{array}{ccc} J_k \cap V_{k-1} & \xrightarrow{\hat{f}} &]n_k - (1/2), n_k + (1/2)[\\ \big\downarrow & & \cong \big\downarrow \exp \\ J_k & \xrightarrow{f} & U_2. \end{array}$$

Nous définissons $\hat{f}$ sur J_k par $\hat{f}_{|J_k} = \exp^{-1} \circ f$. La construction de $\hat{f}$ sur $[a, b] \times [0, 1]$ s'ensuit par induction. La preuve de son unicité est similaire.

Donnons-nous maintenant deux chemins $\gamma\colon [0, 1] \to S^1$, $\gamma'\colon [0, 1] \to S^1$, tels que $\gamma(0) = \gamma'(0) = \gamma(1) = \gamma'(1) = (1, 0)$. Notons $\hat{\gamma}$ et $\hat{\gamma}'$ les relevés respectifs tels que $\hat{\gamma}(0) = \hat{\gamma}'(0) = 0$.

• Supposons ces deux chemins homotopes par une homotopie $H\colon [0, 1]^2 \to S^1$ à extrémités fixées. Notons $\hat{H}\colon [0, 1]^2 \to \mathbb{R}$ le relevé de H tel que $\hat{H} = \exp \circ H$ et $\hat{H}(0, 0) = 0$. Remarquons que $\hat{H}(\{1\} \times [0, 1])$ est inclus dans $\mathbb{Z}$, donc, par connexité de $\{1\} \times [0, 1]$, l'application $\hat{H}(1, -)$ est constante sur $[0, 1]$. Nous en déduisons $\hat{\gamma}(1) = \hat{H}(1, 0) = \hat{H}(1, 1) = \hat{\gamma}'(1)$ et $\deg \gamma = \deg \gamma'$, par définition du degré.

• Réciproquement, nous supposons $\deg \gamma = \deg \gamma'$. Les relevés $\hat{\gamma}$ et $\hat{\gamma}'$ sont donc deux chemins de $\mathbb{R}$ ayant mêmes extrémités. L'espace $\mathbb{R}$ étant contractile, il existe une homotopie $H\colon [0, 1]^2 \to \mathbb{R}$ à extrémités fixées entre ces deux relevés, cf. Exercice 1.7. L'application composée, $\exp \circ H\colon [0, 1]^2 \to S^1$, est une homotopie à extrémités fixées entre γ et γ'.

Nous notons $\deg\colon \pi_1(S^1, (1, 0)) \to \mathbb{Z}$ l'application qui associe à une classe de chemins $[\gamma]$ l'entier relatif $\deg \gamma$. Remarquons que si $\hat{\gamma}$ est le relèvement de γ vérifiant $\hat{\gamma}(0) = 0$, le degré de γ est égal à $\hat{\gamma}(1)$. Le Théorème 1.21 est une conséquence du résultat suivant.

Théorème 1.26 *L'application* $\deg\colon \pi_1(S^1, (1, 0)) \to \mathbb{Z}$ *est un isomorphisme de groupes.*

Démonstration. L'application deg a un sens et elle est injective grâce au Lemme 1.25.

Si $n \in \mathbb{Z}$, le chemin γ_n, défini par $\gamma_n(t) = e^{2i\pi nt}$, a pour relèvement l'application $\hat{\gamma}\colon [0,1] \to \mathbb{R}$, $t \mapsto nt$. Le chemin γ_n a donc pour degré n et l'application $\deg\colon \pi_1(S^1, (1,0)) \to \mathbb{Z}$ est surjective.

Il nous reste à vérifier que l'on a un homomorphisme de groupes. Pour cela, considérons deux lacets γ et γ' de S^1, centrés en $(1,0)$. Notons $\hat{\gamma}$ et $\hat{\gamma}'$ les relèvements respectifs tels que $\hat{\gamma}(0) = \hat{\gamma}'(0) = 0$. Définissons une application $\Phi\colon [0,1] \to \mathbb{R}$ par

$$\Phi(t) = \begin{cases} \hat{\gamma}(2t) & \text{si} \quad 0 \leq t \leq 1/2, \\ \hat{\gamma}'(2t-1) + \deg\gamma & \text{si} \quad 1/2 \leq t \leq 1. \end{cases}$$

Il est facile de vérifier que l'application Φ est un relèvement du chemin $\gamma.\gamma'$, valant 0 en $t = 0$. Sa valeur en $t = 1$ est $\hat{\gamma}'(1) + \deg\gamma = \deg\gamma' + \deg\gamma$. Nous avons ainsi démontré l'égalité

$$\deg(\gamma.\gamma') = \deg\gamma + \deg\gamma'.$$

Soit γ un lacet de S^1, d'inverse $\overline{\gamma}$. À partir de $\gamma.\overline{\gamma} \simeq *$, le Théorème 1.26 implique $\deg\,\gamma + \deg\,\overline{\gamma} = 0$.

Remarque : Un raisonnement analogue à celui du Lemme 1.25 montre que si $f\colon [0,1]^n \to S^1$ est une application continue telle que $f(0,\ldots,0) = (1,0)$ et si $k \in \mathbb{Z}$ est un entier relatif fixé, il existe une unique application continue $\hat{f}\colon [0,1]^n \to \mathbb{R}$ telle que $\exp\circ \hat{f} = f$ et $\hat{f}(0,\ldots,0) = k$. Une telle application $\hat{f}$ est appelée *relèvement* de f. (Le cas général est traité dans le Théorème 4.10.)

Terminons cette section avec la démonstration de l'existence du nombre de Lebesgue associé à un recouvrement.

Démonstration de la Proposition 1.22. Effectuons un raisonnement par l'absurde, en supposant vraie la propriété suivante : “Pour tout entier positif n, il existe un point $a_n \in E$ tel que la boule ouverte $B(a_n, 1/n)$ ne soit contenue dans aucun ouvert du recouvrement."

L'espace E étant compact, la suite (a_n) admet une valeur d'adhérence a. Il existe donc un ouvert O_{i_0} et un nombre $\alpha > 0$ tel que $B(a,\alpha) \subset O_{i_0}$. D'autre part, le point a étant valeur d'adhérence, il existe un entier positif p tel que $\frac{1}{p} < \frac{\alpha}{2}$ et $a_p \in B(a,\alpha)$.

De ces propriétés, nous déduisons $B\left(a_p, 1/p\right) \subset B(a,\alpha) \subset O_{i_0}$, ce qui contredit l'hypothèse de départ.

1.4 APPLICATIONS DE $\pi_1(S^1) = \mathbb{Z}$

1.4.1 Théorème de d'Alembert

En utilisant la paramétrisation du cercle en $e^{2i\pi t}$ avec $t \in [0,1]$, nous constatons que la donnée d'une application continue $f\colon [0,1] \to X$ vérifiant $f(0) = f(1)$ équivaut à celle d'une application continue $\tilde{f}\colon S^1 \to X$. Nous pouvons donc parler du degré d'une application de S^1 dans S^1.

Théorème 1.27 *Tout polynôme à coefficients complexes, de degré supérieur ou égal à* 1, *admet une racine complexe.*

Démonstration. Posons $p(z) = z^k + a_{k-1}z^{k-1} + \cdots + a_1 z + a_0$ avec $k \geq 1$. Si le polynôme p n'a pas de racines sur le cercle S^1, nous considérons le lacet $\tilde{p}\colon S^1 \to S^1$, défini par

$$\tilde{p}(z) = \frac{p(z)}{\|p(z)\|}.$$

Distinguons deux cas.

1. *Si le polynôme p n'a pas de racines dans le disque unité ouvert, alors le lacet $\tilde{p}$ est de degré* 0. En effet, l'application $F\colon S^1 \times [0,1] \to S^1$, définie par $F(z,t) = \dfrac{p(tz)}{\|p(tz)\|}$, est une homotopie entre $\tilde{p}$ et l'application constante sur $\dfrac{a_0}{\|a_0\|}$.
2. *Si le polynôme p n'a pas de racines à l'extérieur du disque unité fermé, alors le lacet $\tilde{p}$ est de degré k.* En effet, l'application $G\colon S^1 \times [0,1] \to S^1$, définie par $G(z,t) = \dfrac{t^k p\left(\frac{z}{t}\right)}{\|t^k p\left(\frac{z}{t}\right)\|}$ est une homotopie entre $\tilde{p}$ et l'application $z \mapsto z^k$ de degré k.

Le degré d'un lacet étant défini de façon unique, le polynôme p doit avoir une racine dans $\mathbb{C}$.

1.4.2 Théorème de Brouwer

Rappelons que le disque unité fermé du plan est noté E^2 ; son bord est le cercle S^1 .

Théorème 1.28 *Toute application continue de E^2 dans E^2 admet un point fixe.*

Démonstration. La preuve s'effectue par l'absurde. Soit $f\colon E^2 \to E^2$ une application continue telle que $f(x) \neq x$, pour tout $x \in E^2$. La droite passant par les points x et $f(x)$ est donc parfaitement définie et nous considérons la demi-droite ouverte, d'origine $f(x)$ dirigée vers x. L'intersection de cette demi-droite avec le cercle unité S^1 est notée $r(x)$. Cette association définit une application continue $r\colon E^2 \to S^1$ dont la restriction à S^1 est l'application identité. En conséquence, le cercle S^1 est un rétracte du disque E^2 et nous avons (cf. Proposition 1.19) une injection de $\pi_1(S^1) = \mathbb{Z}$ dans $\pi_1(E^2) = \{1\}$, ce qui est absurde.

1.4.3 Théorème de Borsuk-Ulam

Rappelons que la sphère S^2 est le sous-ensemble de $\mathbb{R}^3$ formé des points de norme 1.

Théorème 1.29 *Pour toute application continue* $f\colon S^2 \to \mathbb{R}^2$*, il existe un point* $x \in S^2$ *tel que* $f(x) = f(-x)$.

Une conséquence imagée de ce résultat est que, sur le globe terrestre, il existe toujours deux points antipodaux ayant même altitude et même température. Avant de le démontrer, nous établissons trois résultats préliminaires d'intérêt propre.

Lemme 1.30 *Soit* $f\colon S^n \to X$ *une application continue. Si* f *admet une extension continue au disque unité fermé,* $\hat{f}\colon E^{n+1} \to X$*, alors* f *est homotope à une application constante. En particulier, si* $X = S^1$ *et* $n = 1$*, le degré de* f *vaut 0.*

Démonstration. Définissons une application continue $F\colon S^n \times [0,1] \to E^{n+1}$ par $F(z,t) = tz$. L'application composée $\hat{f} \circ F\colon S^n \times [0,1] \to X$ vérifie $(\hat{f} \circ F)(z,0) = \hat{f}(0)$ et $(\hat{f} \circ F)(z,1) = \hat{f}(z) = f(z)$. Ainsi f est homotope à l'application constante sur $\hat{f}(0)$.

Lemme 1.31 *Soit* $f\colon S^1 \to S^1$ *une application continue vérifiant* $f(z) = -f(-z)$ *pour tout* $z \in S^1$*. Alors,* f *est de degré impair.*

Démonstration. L'application f peut aussi s'exprimer comme une application $f\colon [0,1] \to S^1$ telle que $f(t+(1/2)) = -f(t)$. Notons $\hat{f}$ un relèvement de f. L'égalité $f(1/2) = -f(0)$ implique que la différence $\hat{f}(1/2) - \hat{f}(0)$ correspond à un nombre de tours complets du cercle plus un demi-tour, c'est-à-dire : $\hat{f}(1/2) - \hat{f}(0) = n + (1/2)$, pour un certain $n \in \mathbb{Z}$. Nous construisons maintenant un autre relèvement $\hat{g}$ de f par :

$$\hat{g}(t) = \begin{cases} \hat{f}(t), & \text{si } \ t \leq 1/2, \\ \hat{f}(1/2) + \hat{f}(t - (1/2)) - \hat{f}(0), & \text{si } \ t \geq 1/2. \end{cases}$$

Il s'ensuit $\deg f = \hat{g}(1) - \hat{g}(0) = 2(\hat{f}(1/2) - \hat{f}(0)) = 2n + 1$.

Lemme 1.32 *Il n'existe pas d'application continue* $f\colon S^2 \to S^1$ *vérifiant* $f(-z) = -f(z)$ *pour tout* $z \in S^2$.

Démonstration. Nous effectuons un raisonnement par l'absurde en supposant qu'une telle application f existe. Nous construisons alors un chemin $\gamma\colon S^1 \to S^1$ par $\gamma(x,y) = f(x,y,0)$. Ce chemin s'étend en une application continue $\hat{\gamma}\colon E^2 \to S^1$ par $\hat{\gamma}(x,y) = f(x,y,\sqrt{1-x^2-y^2})$. D'après le Lemme 1.30, le chemin γ est de degré 0. D'autre part, l'égalité $f(-z) = -f(z)$ implique que γ est de degré impair d'après le Lemme 1.31. Nous avons obtenu une contradiction.

Démontration du Théorème 1.29. Nous effectuons un raisonnement par l'absurde. S'il n'existe pas de point $x \in S^2$ tel que $f(x) = f(-x)$, nous pouvons définir une application continue $g\colon S^2 \to S^1$ par

$$g(x) = \frac{f(x) - f(-x)}{\|f(x) - f(-x)\|}.$$

Une telle application contredit le Lemme 1.32.

1.4.4 Théorème de Lusternik et Schnirelmann

Théorème 1.33 *Si la sphère S^2 est recouverte par trois fermés, A, B, C, alors l'un d'entre eux contient deux points antipodaux.*

Démonstration. Si F est un fermé d'un espace topologique X et $x \in X$, notons $d(x,F)$ la borne inférieure des nombres $d(x,y)$ lorsque y parcourt F. Nous définissons une application continue $g\colon S^2 \to \mathbb{R}^2$ par $g(x) = (d(x,A), d(x,B))$.

D'après le théorème de Borsuk-Ulam, il existe un point $x_0 \in S^2$ tel que $g(x_0) = g(-x_0)$, i.e., $d(x_0,A) = d(-x_0,A)$ et $d(x_0,B) = d(-x_0,B)$. Remarquons que $x_0 \in A$ si, et seulement si, $d(x_0,A) = d(-x_0,A) = 0$, donc si, et seulement si, $-x_0 \in A$. On montre de même que $x_0 \in B$ si, et seulement si, $-x_0 \in B$. Maintenant, si $x_0 \notin A \cup B$, alors $-x_0 \notin A \cup B$, d'où $x_0 \in C$ si, et seulement si, $-x_0 \in C$.

1.4.5 Théorème d'invariance de la dimension

Théorème 1.34 *Si $n \neq 2$, un ouvert U de $\mathbb{R}^2$ ne peut être homéomorphe à un ouvert V de $\mathbb{R}^n$.*

Démonstration. Supposons $n = 1$. Nous retrouvons le raisonnement de l'introduction. Soit x un point de U et D une boule ouverte centrée en $x \in D$. Un homéomorphisme $\varphi\colon U \to V$ avec $V \subset \mathbb{R}$ induit un homéomorphisme entre $D\backslash\{x\}$ et $\varphi(D)\backslash\{\varphi(x)\}$, ce qui est impossible car $D\backslash\{x\}$ est connexe et $\varphi(D)\backslash\{\varphi(x)\}$ ne l'est pas.

Supposons $n \geq 3$. Nous choisissons un point $y \in V$ et un nombre $r > 0$ tel que la boule fermée $B(y, r)$ soit incluse dans V. En particularisant certaines coordonnées, nous avons une boule $E^3 \subset \mathbb{R}^3$ incluse dans $B(y, r)$; notons S^2 le bord de cette boule. S'il existe un homéomorphisme entre V et U, il induit une application injective continue de S^2 dans $\mathbb{R}^2$, ce qui contredit le théorème de Borsuk-Ulam.

1.4.6 Généralisation

L'étude ayant été menée dans le plan à partir de la détermination du groupe fondamental du cercle, nous ne pouvons espérer des résultats en dimension quelconque. Les théorèmes cités se généralisent en plus grande dimension mais leur démonstration nécessite l'introduction de nouvelles notions notamment celle des groupes d'homologie d'un espace X, ce qui sera réalisé au Chapitre 6.

- La sphère S^{n-1} n'est pas un rétracte de la boule E^n. Il s'ensuit un *Théorème de Brouwer* pour les applications continues de E^n dans E^n, cf. Théorème 6.43.
- Pour toute application continue $f : S^n \to \mathbb{R}^n$, il existe un point $x_0 \in S^n$ tel que $f(x_0) = f(-x_0)$. C'est le *Théorème de Borsuk-Ulam,* cf. Corollaire 6.41.
- Si la sphère S^n est recouverte par $(n + 1)$ fermés alors l'un d'entre eux contient deux points antipodaux. C'est le *Théorème de Lusternik-Schnirelmann,* cf. Théorème 6.42.
- Si $m \neq n$, un ouvert U de $\mathbb{R}^m$ ne peut être homéomorphe à un ouvert V de $\mathbb{R}^n$. C'est le *Théorème d'invariance de la dimension,* cf. Théorème 6.27.

1.5 GROUPE FONDAMENTAL DES SPHÈRES S^n POUR $n \geq 2$

La détermination du groupe fondamental du cercle nous a permis de montrer que S^1 n'a pas le même type d'homotopie que $\mathbb{R}^n$. Pour distinguer S^1 des sphères S^n, nous calculons le groupe fondamental de S^n pour $n > 1$ à l'aide d'un cas particulier du Théorème de Seifert et Van Kampen qui fait l'objet du Chapitre 3.

Proposition 1.35 (Petit théorème de Seifert et Van Kampen) *Tout espace topologique connexe par arcs, X, réunion de deux ouverts simplement connexes, U_1 et U_2, d'intersection $U_1 \cap U_2$ connexe par arcs, est simplement connexe.*

Démonstration. Choisissons $x_0 \in U_1 \cap U_2$ et soit $\alpha\colon [0, 1] \to X$ un lacet en x_0. Nous recouvrons $[0, 1]$ par $(\alpha^{-1}(U_1), \alpha^{-1}(U_2))$ et notons ε le nombre de Lebesgue de ce recouvrement. Nous obtenons donc une suite finie $0 = t_0 < t_1 < \ldots < t_k = 1$ telle que, pour tout j, l'image $\alpha([t_j, t_{j+1}])$ est incluse soit dans U_1, soit dans U_2. Quitte à supprimer certains t_j, nous pouvons supposer que, si $\alpha([t_j, t_{j+1}])$ est inclus dans un des ouverts, U_1 ou U_2, alors $\alpha([t_{j+1}, t_{j+2}])$ est inclus dans l'autre.

Remarquons $\alpha(t_j) \in U_1 \cap U_2$ et choisissons un chemin β_j de source x_0, de but $\alpha(t_j)$, ayant son support dans $U_1 \cap U_2$, ce qui est possible car $U_1 \cap U_2$ est connexe par arcs. En particulier, β_0 et β_k sont le chemin constant en x_0. Nous posons $\alpha_j = \beta_j.\alpha_{|[t_j,t_{j+1}]}.\beta_j^{-1}$ et $\tilde{\alpha} = \alpha_0 \ldots \alpha_k$. Par construction, les lacets α et $\tilde{\alpha}$ sont homotopes à extrémités fixées.

D'autre part, chaque α_j est un lacet en x_0 dont le support est entièrement inclus soit dans U_1, soit dans U_2. L'ouvert U_i étant simplement connexe, pour $i = 1, 2$, chaque lacet α_j est homotope dans X au lacet constant sur x_0. Il s'ensuit que α est homotope à ce lacet constant et que le groupe fondamental de X est trivial.

Théorème 1.36 *La sphère S^n est simplement connexe pour $n \geq 2$.*

Démonstration. Soit S^n la sphère unité de $\mathbb{R}^{n+1}$. Notons U_1 (resp. U_2) l'ouvert de S^n constitué des points $(x_1, x_2, \ldots, x_{n+1})$ de S^n tels que $x_{n+1} > -1/2$ (resp. $x_{n+1} < 1/2$). Chacun de ces ouverts est contractile. Par exemple, l'ouvert U_1 se rétracte par déformation sur le pôle Nord de S^n, caractérisé par $x_{n+1} = 1$, de la façon suivante. On définit $G\colon U_1 \times [0, 1] \to \mathbb{R}^{n+1}$ par $G(x_1, \ldots, x_{n+1}, t) = (tx_1, tx_2, \ldots, tx_n, tx_{n+1}+(1-t))$. On vérifie facilement que G ne s'annule pas sur $U_1 \times [0, 1]$, ce qui permet de définir l'homotopie $F\colon U_1 \times [0, 1] \to S^n$ par $F(x_1, \ldots, x_{n+1}, t) = \dfrac{G(x_1, \ldots, x_{n+1}, t)}{\|G(x_1, \ldots, x_{n+1})\|}$.

L'intersection $U_1 \cap U_2$ est homéomorphe au produit $S^{n-1} \times]0, 1[$; elle est donc connexe par arcs. Nous sommes dans les conditions d'application de la Proposition 1.35 et $\pi_1(S^n) = \{1\}$, pour $n \geq 2$.

Dans le cas $n = 1$, on peut introduire les ouverts U_1 et U_2 comme ci-dessus mais l'intersection $U_1 \cap U_2$ n'étant pas un ouvert connexe, le Théorème 1.35 ne s'applique pas.

1.6 EXPRESSIONS ANALYTIQUES DU DEGRÉ D'UN LACET

Dans cette section, nous exprimons le degré d'un lacet de classe $\mathcal{C}^1$ à l'aide d'une intégrale curviligne et comme la somme d'une série. Rappelons d'abord que, par définition, une application $h\colon A \to \mathbb{R}^n$, définie sur un fermé A de $\mathbb{R}^p$ est de classe $\mathcal{C}^1$ s'il existe une extension de classe $\mathcal{C}^1$, de h à un ouvert de $\mathbb{R}^p$ contenant A. Nous utiliserons le résultat suivant.

Proposition 1.37 *Tout lacet continu* $\alpha\colon S^1 \to S^1$ *est homotope à un lacet de classe* $\mathcal{C}^\infty$. *Si* α *et* β *sont deux lacets de classe* $\mathcal{C}^1$*, homotopes, on peut choisir l'homotopie* $F\colon S^1 \times [0,1] \to S^1$ *de classe* $\mathcal{C}^1$.

La preuve de ce résultat utilise des approximations de classe $\mathcal{C}^\infty$ d'applications continues et nécessite des développements qui nous éloignent du thème principal de cet ouvrage. Nous renvoyons donc le lecteur à [9, Corollary 11.9, Page 97] ou à [20, Corollaire 4.11, Page 67] pour une justification de cet énoncé. Précisons qu'un tel résultat reste vrai en remplaçant S^1 par une variété compacte.

Notons ω la forme différentielle définie sur le plan $\mathbb{R}^2$ privé de l'origine $(0,0)$ par

$$\omega = \frac{xdy - ydx}{x^2 + y^2}\,.$$

Théorème 1.38 *Si* $\alpha : [0,1] \to S^1$ *est un lacet de classe* $\mathcal{C}^1$*, le nombre* $I(\alpha)$*, défini par*

$$I(\alpha) = \frac{1}{2\pi}\int_\alpha \omega\,,$$

vérifie les propriétés suivantes.

1. *Si* $\beta\colon [0,1] \to S^1$ *est un lacet de classe* $\mathcal{C}^1$ *homotope à* α*, alors* $I(\alpha) = I(\beta)$.
2. $I(\alpha) = \deg\alpha$.

Démonstration. Soit F une homotopie de classe $\mathcal{C}^1$ entre α et β. On note comme d'habitude $F^*\omega$ l'image inverse de ω sur le carré $[0,1]^2$. C'est une forme différentielle fermée et le théorème de Green-Riemann implique

$$\int_{\partial[0,1]^2} F^*\omega = \int_{[0,1]^2} F^*(d\omega) = 0\,.$$

D'autre part, sur deux faces du bord, F est l'application constante, et donc $F^*\omega$ est nulle sur ces faces. Sur les deux autres faces, $F^*\omega$ est respectivement égale à $\alpha^*\omega$ et à $\beta^*\omega$, d'où l'égalité :

$$0 = \int_{\partial[0,1]^2} F^*\omega = \int_{[0,1]} \alpha^*\omega - \int_{[0,1]} \beta^*\omega = I(\alpha) - I(\beta)\,.$$

Pour montrer que I est le degré, il suffit maintenant de le vérifier sur les courbes $\alpha_n(t) = (\cos 2\pi nt, \sin 2\pi nt)$ qui engendrent le groupe fondamental du cercle. Dans ce cas, on a :

$$I(\alpha_n) = \frac{1}{2\pi}\int_{\alpha_n} xdy - ydx = \frac{1}{2\pi}\int_0^1 2\pi n dt = n = \deg\alpha_n\,.$$

Le degré peut aussi s'exprimer en terme d'intégrale complexe.

Corollaire 1.39 *Si* $\alpha : [0,1] \to S^1$ *est un lacet de classe* $\mathcal{C}^1$, *on a*

$$\deg \alpha = \frac{1}{2\pi i}\int_\alpha \frac{dz}{z}.$$

Démonstration. En posant $z = x + iy$, on a :

$$\frac{dz}{z} = d(\ln(x^2+y^2)) + i\,\frac{xdy - ydx}{x^2+y^2}\,,$$

ce qui implique

$$\frac{1}{2\pi i}\int_\alpha \frac{dz}{z} = \frac{1}{2\pi}\int_\alpha \frac{xdy - ydx}{x^2+y^2} = \deg \alpha.$$

Nous décrivons maintenant le degré d'un lacet $\alpha \colon S^1 \to S^1$, de classe $\mathcal{C}^1$, comme la somme d'une série obtenue à partir des coefficients de Fourier de α. Remarquons d'abord que la donnée d'une fonction $f \colon S^1 \to \mathbb{C}$ équivaut à celle d'une fonction 2π-périodique, $\varphi \colon \mathbb{R} \to \mathbb{C}$, la correspondance entre les deux étant l'égalité $\varphi(t) = f(e^{it})$. Dans la suite de ce paragraphe, nous identifions ces deux fonctions et notons $f(t)$ à la place de $f(e^{it})$, comme il est d'usage dans ce contexte. Pour les résultats sur les séries de Fourier utilisés ci-après, nous renvoyons le lecteur au livre de W. Rudin [38, Chapitre 4].

Rappelons que toute fonction continue $f \colon S^1 \to \mathbb{C}$ est la somme de sa série de Fourier

$$f(t) = \sum_{n\in\mathbb{Z}} c_n(f)e^{int}, \text{ avec } c_n(f) = \frac{1}{2\pi}\int_{-\pi}^{\pi} f(t)e^{int}\,dt.$$

Si on se donne deux fonctions continues $f,\ g \colon S^1 \to \mathbb{C}$, un résultat important de la théorie est le théorème de Parseval qui s'exprime par l'égalité

$$\sum_{n\in\mathbb{Z}} c_n(f)\,\overline{c_n(g)} = \frac{1}{2\pi}\int_{-\pi}^{\pi} f(t)\,\overline{g(t)}\,dt.$$

Rappelons aussi que si $f \colon S^1 \to \mathbb{C}$ est de classe $\mathcal{C}^1$, la série de Fourier de la fonction dérivée f' est obtenue en dérivant terme à terme la série de Fourier de f,

$$f'(t) = \sum_{n\in\mathbb{Z}} in\,c_n(f)e^{int}, \text{ autrement dit, } c_n(f') = in\,c_n(f).$$

Dans [10], H. Brézis montre que le degré d'une application de classe $\mathcal{C}^1$, $\alpha \colon S^1 \to S^1$, s'obtient à partir de ses coefficients de Fourier de la façon suivante.

Théorème 1.40 *Si* $\alpha\colon S^1 \to S^1$ *est de classe* C^1, *alors* $\deg \alpha = \sum_{n\in\mathbb{Z}} n\|c_n(\alpha)\|^2$.

Démonstration. Le Corollaire 1.39 s'écrit ici

$$\deg \alpha = \frac{1}{2i\pi}\int_{-\pi}^{\pi} \frac{\alpha'(t)}{\alpha(t)}\,dt = \frac{1}{2i\pi}\int_{-\pi}^{\pi} \alpha'(t)\,\overline{\alpha(t)}\,dt.$$

Appliquons à cette dernière expression le théorème de Parseval rappelé ci-dessus pour obtenir,

$$\deg \alpha = \sum_{n\in\mathbb{Z}} \frac{c_n(\alpha')\,\overline{c_n(\alpha)}}{i} = \sum_{n\in\mathbb{Z}} n\|c_n(\alpha)\|^2.$$

Signalons que cette formule ne s'étend pas aux lacets continus, comme l'ont montré J. Bourgain et G. Kozma, cf. [7].

EXERCICES

Exercice 1.1 Considérons deux applications, f_1 et f_2, de X vers Y et deux applications, g_1 et g_2, de Y vers Z.

1) Si $f_1 \simeq f_2$, montrer $g_1 \circ f_1 \simeq g_1 \circ f_2$.

2) Si $f_1 \simeq f_2$ et $g_1 \simeq g_2$, montrer $g_1 \circ f_1 \simeq g_2 \circ f_2$.

Exercice 1.2 Montrer que les espaces suivants ont même type d'homotopie :

1) $\mathbb{R}^{n+1} \backslash \{0\}$ et la sphère S^n,

2) le cercle S^1 et une couronne $\{x \in E^2 | \|x\| \geq u\}$, avec $u \in]0, 1[$,

3) un espace X et le produit $X \times [0, 1]$,

4) l'espace $\mathbb{R}^{n+1}$ privé de deux points et la réunion de deux sphères S^n tangentes en un point.

Exercice 1.3 Considérons deux espaces X et Y ayant le même type d'homotopie. Montrer que si X est connexe par arcs il en est de même pour Y.

Exercice 1.4 Notons $\iota \colon A \hookrightarrow X$ l'inclusion d'une partie A d'un espace topologique séparé X. Montrer que si une rétraction $r \colon X \to A$ existe alors A est fermé dans X.

Exercice 1.5 Démontrer les propriétés suivantes :

1) le disque E^2 se rétracte par déformation sur son centre ;

2) tout sous-espace étoilé de $\mathbb{R}^n$ est contractile. (Rappelons que C est étoilé s'il existe un point $x_0 \in C$ tel que le segment $[x_0, x]$ soit inclus dans C pour tout $x \in C$.)

Exercice 1.6 Notons $S^1 \vee S^1_{(2,0)}$ l'espace défini par

$$S^1 \vee S^1_{(2,0)} = \left\{(x_1, y_1) \in \mathbb{R}^2 \mid x_1^2 + y_1^2 = 1\right\} \bigcup \left\{(x_2, y_2) \in \mathbb{R}^2 \mid (x_2 - 2)^2 + y_2^2 = 1\right\}.$$

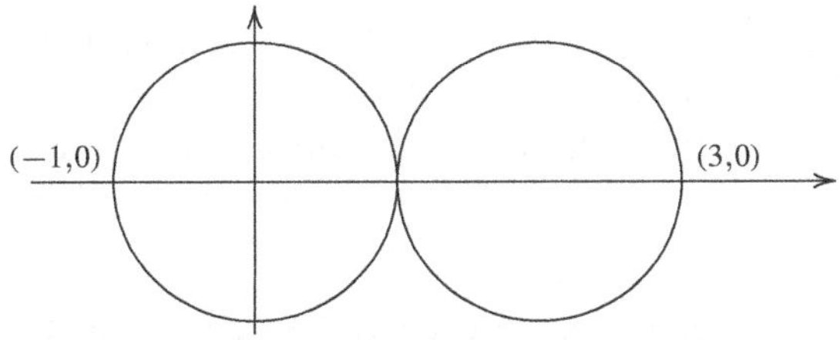

1) Montrer que $S^1 \vee S^1_{(2,0)}$ se rétracte sur le cercle unité S^1 de centre $(0, 0)$. (Nous verrons ultérieurement qu'il ne s'agit pas d'un rétracte par déformation.)

2) On pose $X = S^1 \vee S^1_{(2,0)} \setminus \{(-1, 0), (3, 0)\}$. Montrer que $\{(1, 0)\}$ est un rétracte par déformation de X.

Exercice 1.7 Montrer les propriétés suivantes.

1) Un espace X est contractile si, et seulement si, il a le type d'homotopie d'un point.

2) Si f et g sont deux applications continues d'un espace Y vers un espace contractile X, alors f est homotope à g.

3) Soit E^{n+1} la boule unité de $\mathbb{R}^{n+1}$ de bord la sphère unité S^n. Fixons un point x_0 de S^n et considérons une application continue $f : S^n \to X$. Montrer que les conditions suivantes sont équivalentes :

a) f est homotope à une application constante ;

b) il existe une application continue $g : E^{n+1} \to X$ dont la restriction à S^n est égale à f,

c) f est homotope à l'application constante sur x_0, relativement à $\{x_0\}$; (On prendra garde au fait qu'il existe des espaces contractiles pour lesquels l'application identité n'est pas homotope à une application constante sur un point x_0, *relativement à* $\{x_0\}$.)

Exercice 1.8 Donner un exemple d'application injective (resp. surjective), $f : X \to Y$, n'induisant pas un homomorphisme injectif (resp. surjectif) entre les groupes fondamentaux.

Exercice 1.9 Un groupe topologique est un groupe, G, muni d'une topologie pour laquelle les applications $G \times G \to G$, $(x, y) \mapsto xy$, et $G \to G$, $x \mapsto x^{-1}$, sont continues. Montrer que le groupe fondamental $\pi_1(G, e)$ d'un groupe topologique G est toujours abélien. (On pourra utiliser la multiplication de deux chemins α et β définie par la loi de G, i.e., $(\alpha \bullet \beta)(t) = \alpha(t)\beta(t)$.)

Exercice 1.10 Soit X un espace topologique connexe par arcs et x, y deux points de X. Considérons deux chemins de X, γ_1, γ_2, de source x, de but y et les isomorphismes $\Phi_{\gamma_1}, \Phi_{\gamma_2}\colon \pi_1(X,x) \to \pi_1(X,y)$ définis dans la Proposition 1.14. Montrer que $\Phi_{\gamma_1} = \Phi_{\gamma_2}$ si, et seulement si, la classe $[\gamma_2.\overline{\gamma_1}]$ commute avec tous les éléments de $\pi_1(X,x)$. En déduire une condition nécessaire et suffisante pour que l'isomorphisme $\Phi_\gamma\colon \pi_1(X,x) \to \pi_1(X,y)$ ne dépende pas du choix du chemin γ.

Exercice 1.11 Énoncer et démontrer un Théorème de Borsuk-Ulam pour une application continue $g\colon S^1 \to \mathbb{R}$.

Exercice 1.12 Notons E^2 le disque unité fermé de $\mathbb{R}^2$, de bord le cercle S^1. Soit $h\colon E^2 \to \mathbb{R}^2$ une application continue telle que $h(-z) = -h(z)$ pour tout $z \in S^1$. Montrer qu'il existe un point $(x,y) \in E^2$ tel que $h(x,y) = (0,0)$.

Exercice 1.13 Soit $\mathrm{Gl}(n,\mathbb{R})$ le groupe des matrices réelles $n \times n$ inversibles et $\mathrm{O}(n)$ le groupe orthogonal. Notons $g\colon \mathrm{Gl}(n,\mathbb{R}) \to \mathrm{O}(n)$ le procédé d'orthonormalisation de Gram-Schmidt. Montrer que g est une application continue et définit une équivalence d'homotopie. Déterminer les composantes connexes de $\mathrm{O}(2)$ et leur groupe fondamental. En déduire $\pi_1(\mathrm{Gl}(2,\mathbb{R}),\mathrm{id})$.

Exercice 1.14 Si X est un espace topologique, l'espace des configurations de 2 points dans X est le sous-espace $F(X,2)$ du produit $X \times X$, constitué des couples (x,y) tels que $x \neq y$. Montrer que $F(S^1,2)$ est homéomorphe à $S^1 \times (S^1 \backslash \{(1,0)\})$. Calculer $\pi_1(F(S^1,2))$ et expliciter un générateur de ce groupe.

SOLUTION DES EXERCICES

Exercice 1.2 On utilise les homotopies suivantes.

1) $F(x,t) = tx + (1-t)\dfrac{x}{\|x\|}$.

2) $F(re^{i\theta},t) = (t + (1-t)r)e^{i\theta}$.

3) $F(x,t,s) = (x,st)$.

4) On peut supposer $X = \mathbb{R}^{n+1}\backslash\{a,-a\}$ et les deux sphères de centres respectifs a et $-a$, tangentes en 0. D'abord, on rétracte par déformation $\mathbb{R}^{n+1}\backslash\{a,-a\}$ sur la réunion des deux boules délimitées par les deux sphères de la façon suivante : pour tout $x \in \mathbb{R}^{n+1}$, $x \neq 0$, on note x' le point d'intersection de la demi-droite $[Ox)$ avec une des deux sphères. Si x appartient à l'une des boules, on pose $F(x,t) = x$ et $F(x,t) = (1-t)x + tx'$ sinon. Ensuite, pour chacune des boules, on envoie tout l'intérieur, sauf leur centre, sur le bord S^{n-1}, comme dans le point **1)** de cet exercice.

Exercice 1.3 Notons $\psi \colon X \to Y$ et $\varphi \colon Y \to X$ des équivalences d'homotopie inverses l'une de l'autre, à homotopie près. Si $(y_1, y_2) \in Y \times Y$, il existe un chemin γ de X, de source $\varphi(y_1)$ et de but $\varphi(y_2)$. Le chemin $\psi \circ \gamma$ relie les points $\psi(\varphi(y_1))$ et $\psi(\varphi(y_2))$. Il reste à utiliser l'homotopie entre $\psi \circ \varphi$ et l'identité pour relier, par des chemins, $\psi(\varphi(y_1))$ et $\psi(\varphi(y_2))$ à y_1 et y_2 respectivement.

Exercice 1.4 Soit $x \in X\backslash A$. En utilisant la continuité de r et la séparation de X, on trouve un voisinage V de x et un voisinage W de $r(x)$ tels que $r(V) \subseteq W$ et $V \cap W = \varnothing$. Remarquons que ces deux propriétés entraînent qu'aucun point de V n'est laissé fixe par r d'où $V \subseteq X\backslash A$ et A est fermé.

Exercice 1.5

1) On choisit l'homotopie $F(re^{i\theta},t) = tre^{i\theta}$.

2) Il suffit d'adapter la preuve faite dans le cas où C est connexe, cf. Page 4.

Exercice 1.6

1) Considérer la projection, $x \mapsto x/\|x\|$, sur le cercle unité S^1 de centre $(0,0)$.

2) Si $z_1 \in S^1 \backslash \{(-1,0)\}$ et $z_2 \in S^1_{(2,0)} \backslash \{(3,0)\}$, nous posons $z_1 = x_1 + iy_1 = e^{i\theta_1}$, avec $\theta_1 \in]-\pi, \pi[$ et $z_2 = x_2 + iy_2 = 2 + e^{i\theta_2}$, avec $\theta_2 \in]0, 2\pi[$. Nous définissons ensuite $F\colon X \times [0,1] \to X$ par $F(z_1, t) = e^{it\theta_1}$ et $F(z_2, t) = 2 + e^{i((1-t)\pi + t\theta_2)}$.

Exercice 1.7

1) Si X a le type d'homotopie d'un espace réduit à un point $\{*\}$, notons $\varphi\colon X \to \{*\}$ et $\psi\colon \{*\} \to X$ des équivalences d'homotopie inverses l'une de l'autre, à homotopie près. L'identité sur X est alors homotope à l'application constante $\psi \circ \varphi$.

Réciproquement, supposons que $F\colon X \times [0,1] \to X$ est une homotopie entre l'identité et l'application constante sur $x_0 \in X$. Notons respectivement $\iota\colon \{x_0\} \to X$ et $\rho\colon X \to \{x_0\}$ l'injection canonique et la projection. Nous constatons que $\rho \circ \iota$ est l'identité sur $\{x_0\}$ et que F est une homotopie entre $\iota \circ \rho$ et l'identité sur X.

2) Utiliser la transitivité de la relation d'homotopie.

3) Supposons f homotope à l'application constante sur $x_0 \in X$ par une homotopie F. On définit $g\colon E^{n+1} \to X$ par $g(x) = x_0$, si $0 \leq \|x\| \leq 1/2$, et $g(x) = F\left(\frac{x}{\|x\|}, 2 - 2\|x\|\right)$, si $1/2 \leq \|x\| \leq 1$.

Si l'extension $g\colon E^{n+1} \to X$ existe, on construit une homotopie relative, $F\colon S^n \times [0,1] \to X$, par $F(x,t) = g((1-t)x + ta)$, où a est un point quelconque fixé de S^n.

Exercice 1.8

Considérer l'inclusion canonique $S^1 \hookrightarrow E^2$ et la projection $[-1,1] \to S^1$, $t \mapsto e^{2i\pi t}$.

Exercice 1.9

Si α et β sont deux lacets de (G, e), on définit F de $[0,1]^2$ dans G par $F(s,t) = \alpha(s)\beta(t)$. Sur le bord du carré $[0,1]^2$, l'application F vaut $F(0,t) = F(1,t) = \beta(t)$, $F(s,0) = F(s,1) = \alpha(s)$. En utilisant un argument explicité dans la preuve du Lemme 1.18, nous en déduisons que $\beta.\alpha.\overline{\beta}.\overline{\alpha}$ est homotope à l'application constante sur l'élément neutre e de G.

Une démonstration alternative s'organise comme suit, cf. aussi l'Exercice 4.7.

– Si F est une homotopie entre α et α', G une homotopie entre β et β', alors l'application $(t,s) \mapsto F(t,s)G(t,s)$ est une homotopie entre $\alpha \bullet \beta$ et $\alpha' \bullet \beta'$.

– De $\alpha \simeq \alpha.c_e \simeq c_e.\alpha$ et $\beta \simeq c_e.\beta \simeq \beta.c_e$, on déduit $\alpha \bullet \beta \simeq (\alpha.c_e) \bullet (\beta.c_e) \simeq \alpha.\beta$ et $\alpha.\beta \simeq (c_e.\alpha) \bullet (\beta.c_e) \simeq \beta.\alpha$.

Exercice 1.10

Il suffit d'appliquer la définition de $\Phi_\gamma([\alpha]) = [\gamma]^{-1}[\alpha][\gamma]$ dans l'égalité $\Phi_{\gamma_1}([\alpha]) = \Phi_{\gamma_2}([\alpha])$. En conséquence, Φ_γ est indépendant du chemin γ si, et seulement si, le groupe $\pi_1(X, x)$ est abélien.

Exercice 1.11 Le Théorème de Borsuk-Ulam pour le cercle S^1 s'énonce : *Pour toute application continue $g\colon S^1 \to \mathbb{R}$, il existe un point $z \in S^1$ tel que $g(z) = g(-z)$.*

Utilisons une démonstration par l'absurde en supposant $g(-z) \neq g(z)$, pour tout $z \in S^1$. Nous construisons alors une application continue $\varphi\colon S^1 \to \{-1, +1\}$ par :

$$\varphi(z) = \frac{g(z) - g(-z)}{|g(z) - g(-z)|}.$$

L'espace S^1 étant connexe, l'application φ est constante. Si elle est constante sur 1, nous obtenons $g(z) - g(-z) = |g(z) - g(-z)| > 0$, d'où $g(z) > g(-z)$ pour tout $z \in S^1$. En particularisant tour à tour, $z = 1$ et $z = -1$, nous en déduisons : $g(1) > g(-1) > g(1)$, ce qui est impossible. Si l'application φ est constante sur -1, un raisonnement analogue donne également une contradiction. En conclusion, il existe un point $z \in S^1$ pour lequel $g(z) = g(-z)$.

Exercice 1.12 Si $h(x, y) \neq (0, 0)$ pour tout $(x, y) \in E^2$, on construit une application $\overline{\psi}\colon E^2 \to S^1$ par $\overline{\psi}(x, y) = \dfrac{h(x, y)}{\|h(x, y)\|}$. Notons ψ la restriction de $\overline{\psi}$ au bord S^1 du disque E^2. Nous obtenons une contradiction, l'application ψ étant à la fois de degré nul car admettant une extension au disque (cf. Lemme 1.30), et de degré impair d'après le Lemme 1.31.

Exercice 1.13 Un élément de $\mathrm{Gl}(n, \mathbb{R})$ correspond à une base $\mathcal{E} = (e_1, \dots, e_n)$ de $\mathbb{R}^n$. La base orthonormale associée à $\mathcal{E}$ par le procédé de Gram-Schmidt est la base $(u_1, \dots, u_n)$ définie par

$$u_{p+1} = \frac{e_{p+1} - \sum_{i=1}^{p} \langle e_{p+1}, u_i \rangle u_i}{\|e_{p+1} - \sum_{i=1}^{p} \langle e_{p+1}, u_i \rangle u_i\|}.$$

C'est clairement une application continue qui fait de $\mathrm{O}(n)$ un rétracte de $\mathrm{Gl}(n, \mathbb{R})$. Si $t \in [0, 1]$, on vérifie que $(te_i + (1 - t)u_i)_{1 \leq i \leq n}$ est une base de $\mathbb{R}^n$. Le groupe $\mathrm{O}(n)$ est donc un rétracte par déformation de $\mathrm{Gl}(n, \mathbb{R})$.

Notons SO(2) le sous-groupe de O(2) formé des matrices à déterminant égal à 1. L'application

$$e^{it} \mapsto \begin{pmatrix} \cos 2\pi t & \sin 2\pi t \\ \sin 2\pi t & \cos 2\pi t \end{pmatrix}$$

induit un homéomorphisme $S^1 \cong \mathrm{SO}(2)$, donc SO(2) est connexe par arcs et $\pi_1(\mathrm{SO}(2)) = \mathbb{Z}$. Nous pouvons également démontrer directement que SO(2) est connexe par arcs en considérant les chemins

$$u \mapsto \begin{pmatrix} \cos 2\pi t u & \sin 2\pi t u \\ \sin 2\pi t u & \cos 2\pi t u \end{pmatrix}$$

joignant un élément quelconque de SO(2) à la matrice identité.

L'application définie par $f \mapsto g$, avec $g(e_1) = -f(e_1)$, $g(e_2) = f(e_2)$, est un homéomorphisme de SO(2) sur le sous-espace $\mathrm{O}^-(2)$ de O(2), constitué des matrices à déterminant égal à -1. On en déduit la connexité par arcs de $\mathrm{O}^-(2)$ et $\pi_1(\mathrm{O}^-(2)) = \mathbb{Z}$. (Rappelons que les éléments de SO(2) sont les rotations centrées en l'origine et les éléments de $\mathrm{O}^-(2)$ les réflexions orthogonales par rapport à des droites passant par l'origine.)

L'application $\det : \mathrm{O}(2) \to \mathbb{Z}_2$ étant surjective, le groupe O(2) n'est pas connexe. D'après ce qui précède, il a deux composantes connexes, qui sont SO(2) et $\mathrm{O}^-(2)$.

De l'existence d'une rétraction par déformation entre $\mathrm{O}(n)$ et $\mathrm{Gl}(n, \mathbb{R})$, nous déduisons $\pi_1(\mathrm{Gl}(2, \mathbb{R}), \mathrm{id}) = \mathbb{Z}$.

Exercice 1.14 L'application $(a, b) \mapsto (a, ba^{-1})$ envoie $F(S^1, 2)$ dans le produit $S^1 \times \left(S^1 \backslash \{(1, 0)\}\right)$. Elle est continue, d'inverse l'application continue $(a, b) \mapsto (a, ba)$. On a donc un homéomorphisme $F(S^1, 2) \cong S^1 \times \left(S^1 \backslash \{(1, 0)\}\right)$ et $F(S^1, 2)$ est connexe par arcs. L'espace $S^1 \backslash \{(1, 0)\}$ étant contractile, le Corollaire 1.16 implique $\pi_1(F(S^1, 2)) = \mathbb{Z}$. Un générateur de ce groupe est donné par $t \mapsto (e^{it}, ie^{it})$.

Chapitre 2

Constructions d'espaces

Dans ce chapitre, nous construisons des espaces nouveaux à partir d'espaces connus, en utilisant des quotients, des recollements ou des actions de groupes. Nous obtenons ainsi les exemples classiques de la topologie et de la géométrie comme les espaces projectifs ou les variétés de Stiefel et de Grassmann. C'est sur eux que nous testerons dans les chapitres ultérieurs l'efficacité des théorèmes permettant le calcul des invariants algébriques associés. Leur description en espaces cellulaires ou en complexes simpliciaux aidera à cette détermination. La dernière section est consacrée aux surfaces topologiques dont nous présentons la classification à homéomorphisme près.

2.1 TOPOLOGIE QUOTIENT

Si X est un espace topologique, Y un ensemble et $f\colon X \to Y$ une application, nous pouvons utiliser f pour construire une topologie sur Y. Parmi les topologies possibles, nous nous intéressons à celles pour lesquelles f est continue et, parmi elles, à celle qui contient le plus grand nombre possible d'ouverts. On l'appelle *la plus fine.*

Proposition 2.1 *Si X est un espace topologique, Y un ensemble et $f\colon X \to Y$ une application, la* topologie image *de X par f est définie par*

$$U \text{ est un ouvert de } Y \text{ si, et seulement si, } f^{-1}(U) \text{ est un ouvert de } X.$$

Si Y est muni de la topologie image, l'application $f\colon X \to Y$ est continue. De plus, une application $g\colon Y \to Z$ de but un espace topologique Z est continue si, et seulement si, $g \circ f\colon X \to Z$ l'est.

En prenant pour g l'application identité sur Y, on constate que la topologie image est bien la topologie la plus fine rendant continue l'application $f\colon X \to Y$.

Démonstration. De $f^{-1}(U_1 \cap U_2) = f^{-1}(U_1) \cap f^{-1}(U_2)$ et $f^{-1}(\cup_{i \in I} U_i) = \cup_{i \in I} f^{-1}(U_i)$, lorsque $U_i \subset Y$, nous déduisons que cet ensemble d'ouverts est stable à l'intersection finie et à la réunion quelconque. Il contient évidemment l'ensemble vide et l'ensemble Y ; c'est donc une topologie sur Y. Par construction, l'application $f : X \to Y$ est continue.

Si $g : Y \to Z$ est continue, $g \circ f$ l'est. Supposons maintenant $g \circ f$ continue. Pout tout ouvert U de Z, $g^{-1}(U)$ est un ouvert de Y car $f^{-1}g^{-1}(U) = (g \circ f)^{-1}(U)$ est un ouvert de X. Donc $g : Y \to Z$ est continue.

Exemple : Si X est un espace topologique et R une relation d'équivalence sur l'ensemble X, on munit l'ensemble des classes d'équivalence X/R de la topologie image pour la surjection canonique $q : X \to X/R$. L'espace X/R s'appelle alors *l'espace quotient de X par la relation d'équivalence R*. La surjection canonique $q : X \to X/R$ est continue et vérifie la propriété suivante : pour toute application continue $f : X \to Y$, compatible avec la relation d'équivalence (i.e., xRy implique $f(x) = f(y)$), il existe une unique application continue $\overline{f} : X/R \to Y$ telle que $f = \overline{f} \circ q$.

Exemple : Soit X un espace et A une partie de X. On définit une relation d'équivalence R sur X ayant pour classes d'équivalence la partie A et les singletons $\{x\}$ pour $x \notin A$. Le quotient se note X/A et s'appelle *l'espace obtenu en identifiant A à un point* ou encore en écrasant A en un point. Les sphères et boules de $\mathbb{R}^n$ peuvent se déduire les uns des autres par ce procédé. On peut montrer que $(X/A) \times [0,1]$ est homéomorphe à $(X \times [0,1])/(A \times [0,1])$. Cette preuve est assez technique et, pour ne pas rompre le fil du texte, nous l'avons développée dans l'Exercice A.3.

Proposition 2.2 *Pour tout $n \geq 1$, il existe des homéomorphismes :*

1. $E^n/S^{n-1} \cong S^n$,
2. $S^{n-1} \times [0,1]/S^{n-1} \times \{0\} \cong E^n$.

Démonstration. 1) On construit une application continue $f : E^n \to S^n$ par les formules

$$f(x) = \begin{cases} (2x, \sqrt{1 - \|2x\|^2}), & \text{si } \|x\| \leq \frac{1}{2}, \\ (\alpha_x x, -\sqrt{1 - \|\alpha_x x\|^2}), & \text{si } \|x\| \geq \frac{1}{2}, \end{cases}$$

avec $\alpha_x = 4 - 4\|x\|$. L'application f envoie la sphère S^{n-1} sur le point $(0, -1)$. Elle s'étend donc en une application continue $\overline{f} : E^n/S^{n-1} \to S^n$, que l'on vérifie facilement être une bijection. Finalement $\overline{f}$ est une application bijective, continue, de source un espace compact, de but un espace topologique séparé ; c'est donc un homéomorphisme.

Dans le cas $n = 2$, l'homéomorphisme peut être visualisé comme suit. On place le disque E^2 dans le plan $z = 0$ de $\mathbb{R}^3$. On pousse ensuite verticalement sur le centre du disque pour le transformer en un bol. Il est maintenant clair que si on identifie tous les points du bord du bol en un point, on obtient une sphère S^2.

2) Notons $q\colon S^{n-1} \times [0, 1] \to (S^{n-1} \times [0, 1])/(S^{n-1} \times \{0\})$ la surjection canonique et considérons l'application $f\colon S^{n-1} \times [0, 1] \to E^n$, définie par $f(x, t) = tx$. Cette dernière est continue et compatible avec la relation d'équivalence car tous les points $(x, 0)$ sont envoyés sur le même point. Il existe donc une application continue (cf. Proposition 2.1),

$$\overline{f}\colon S^{n-1} \times [0, 1]/S^{n-1} \times \{0\} \to E^n,$$

telle que $\overline{f} \circ q = f$. Remarquons maintenant que $\overline{f}$ est continue, bijective, de source un espace compact, de but un espace topologique séparé ; c'est donc un homéomorphisme.

En général, la topologie quotient n'est pas séparée. Sur l'intervalle $[-1, 1]$ de $\mathbb{R}$, définissons la relation d'équivalence R par xRy si, et seulement si, $x = -y$ et $x \neq 1$, $x \neq -1$. Dans l'espace quotient, on ne peut séparer les classes $\{1\}$ et $\{-1\}$ par deux voisinages d'intersection vide.

Définition 2.3 *Le* graphe d'une relation d'équivalence *R, définie sur un ensemble X, est la partie du produit $X \times X$ constituée des couples d'éléments en relation par R,*

$$\Gamma = \{(x, y) \in X \times X \mid xRy\}.$$

La nature du graphe est reliée à la séparation de l'espace quotient.

Proposition 2.4 *Soit X un espace topologique séparé muni d'une relation d'équivalence R. Si l'espace quotient X/R est séparé, alors le graphe Γ de R est fermé dans $X \times X$.*

Démonstration. Remarquons qu'un espace topologique est séparé si, et seulement si, sa diagonale, $\Delta = \{(x, x) \mid x \in X\}$, est fermée dans $X \times X$. Le graphe Γ étant l'image réciproque de la diagonale de X/R par l'application canonique $q \times q\colon X \times X \to X/R \times X/R$, il est fermé dans $X \times X$ dès que la topologie quotient X/R est séparée.

Proposition 2.5 *Considérons un espace topologique séparé X muni d'une relation d'équivalence R telle que les conditions suivantes soient vérifiées.*

1. *Pour tout $x \in X$, le saturé $q^{-1}(q(x))$ de $\{x\}$ est compact dans X.*
2. *Le saturé d'un fermé de X est fermé.*

Alors, l'espace quotient X/R est séparé.

Démonstration. Considérons deux classes d'équivalence distinctes $[x]$ et $[y]$. Les sous-ensembles $q^{-1}[x]$ et $q^{-1}[y]$ étant compacts et disjoints, il existe (cf. Exercice A.3) deux ouverts U et V de X tels que $q^{-1}[x] \subset U$, $q^{-1}[y] \subset V$ et $U \cap V = \varnothing$. Ceci n'entraîne pas que $q(U)$ et $q(V)$ sont disjoints ; nous devons utiliser l'hypothèse 2 pour cela.

Les complémentaires $F = X \backslash U$ et $G = X \backslash V$ étant fermés, ont des saturés $\overline{F}$ et $\overline{G}$ fermés. Les complémentaires $U' = X \backslash \overline{F}$ et $V' = X \backslash \overline{G}$ sont donc ouverts, saturés, inclus dans U et V respectivement, d'où $U' \cap V' = \varnothing$. Il est maintenant facile de vérifier que $q(U')$ et $q(V')$ sont deux ouverts disjoints du quotient X/R, contenant respectivement $[x]$ et $[y]$.

Ce résultat fournit une condition suffisante de séparation pour X/A.

Corollaire 2.6 *Si l'espace X est séparé et si A est une partie compacte de X, alors l'espace quotient X/A est séparé.*

2.2 ESPACES CELLULAIRES

Dans la section précédente, nous avons construit des espaces Y à partir d'un espace X en identifiant un sous-espace de X à un point ou, plus généralement, à l'aide d'une relation d'équivalence sur X. Nous allons maintenant construire de nouveaux espaces en recollant deux espaces X et X' suivant une partie commune. La situation générale est la suivante.

Supposons avoir deux applications continues, $f\colon A \to X$ et $f'\colon A \to X'$. On forme alors, à partir de l'espace topologique somme $X \amalg X'$, l'espace quotient

$$X \cup_A X' := (X \amalg X')/R,$$

où R est la relation d'équivalence engendrée par $f(a)Rf'(a)$, pour tout $a \in A$. Remarquons que, par abus de notation, nous ne gardons pas f et f' dans la notation $X \cup_A X'$, mais cette opération dépend en fait du choix de f et f'. Notons $j_X\colon X \to X \cup_A X'$ l'application qui associe à un élément $x \in X$ sa classe dans le quotient. Nous définissons de même $j_{X'}\colon X' \to X \cup_A X'$. Ces deux applications sont continues et vérifient

$j_X \circ f = j_{X'} \circ f'$. Elles satisfont également la *propriété universelle* suivante, conséquence directe de la propriété universelle de l'espace topologique quotient.

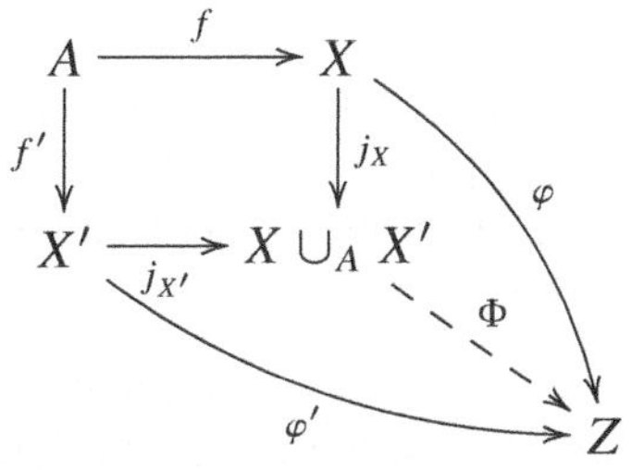

Pour tout couple d'applications continues, $\varphi\colon X \to Z$, $\varphi'\colon X' \to Z$, telles que $\varphi \circ f = \varphi' \circ f'$, il existe une unique application continue $\Phi\colon X \cup_A X' \to Z$ telle que $\Phi \circ j_X = \varphi$ et $\Phi \circ j_{X'} = \varphi'$.

La description de la sphère S^3 comme la réunion de deux tores pleins le long de leur bord est un exemple de cette situation, cf. Exercice 2.1.

> **Exemple :** Le *bouquet,* $X \vee X'$, *de deux espaces* X *et* X' est construit comme suit : on choisit deux points $x \in X$ et $x' \in X'$. On effectue maintenant la construction précédente à partir des applications $\{x\}\colon \{*\} \to X$ et $\{x'\}\colon \{*\} \to X'$ qui envoient le point $*$ sur x et x' respectivement. L'Exercice 1.6 est un exemple de bouquet de deux cercles.

La situation de plus grand intérêt pour la suite est celle de *l'attachement d'une* n*-cellule le long d'une application* $f\colon S^{n-1} \to X$. Elle correspond au cas particulier où f' est l'inclusion de S^{n-1} dans E^n. On note $X \cup_f e^n = X \cup_{S^{n-1}} E^n$ et on dit que $X \cup_f e^n$ est obtenu en ajoutant une n-cellule à X le long de f. L'application f s'appelle *application d'attachement de la cellule.* L'image de E^n se note e^n et s'appelle la *n-cellule ajoutée.* Soit $\overline{f}\colon E^n \to X \cup_f e^n$ l'application induite, sa restriction à l'intérieur de E^n est un homéomorphisme sur son image appelée *cellule ouverte.* En utilisant la Proposition 2.2, on constate que si l'application d'attachement $f\colon S^{n-1} \to X$ est constante, l'espace $X \cup_f e^n$ est homéomorphe au bouquet $X \vee S^n$.

Définition 2.7 *Un* espace cellulaire fini *est un espace obtenu à partir d'un ensemble fini de points par ajout itératif d'une nombre fini de cellules. Les points de départ sont appelés les* 0*-cellules.*

L'écriture d'un espace comme espace cellulaire n'est pas unique. Par exemple, le cercle S^1 peut s'obtenir

– à partir d'un point en ajoutant une 1-cellule, ce qui donne la représentation

$S^1 =$ 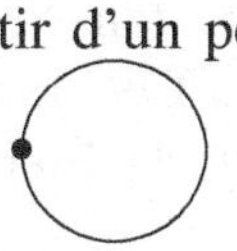

– et à partir de S^0 en ajoutant deux 1-cellules, i.e., $S^1 =$ .

Exemples :

1. L'exemple précédent se généralise en dimensions supérieures : une sphère de dimension n est un espace cellulaire avec deux p-cellules pour tout p, $0 \leq p \leq n$. C'est aussi un espace cellulaire ayant une 0-cellule et une n-cellule, cf. Proposition 2.2.

2. Un *bouquet de n cercles,* C_n, est la réunion de n cercles reliés tous ensemble en un seul point. Ainsi C_1 est le cercle usuel, C_2 est un huit, C_3 a la forme d'un trèfle à trois feuilles. En général, C_n est un espace cellulaire avec une 0-cellule et n 1-cellules.

3. Soit P un polygone plein ayant un nombre pair d'arêtes $2n$. On considère l'espace quotient S de P par une relation d'équivalence qui est triviale à l'intérieur et identifie les arêtes deux par deux. (Ce sont les surfaces étudiées dans la Section 2.4. Par exemple, les figures 2.2 et 2.4 illustrent cette situation dans le cas $n = 2$.) Si tous les sommets du bord sont identifiés, ce bord se réalise sous la forme d'un bouquet de cercles C_n. Considérons maintenant l'application de S^1 dans le bord de P consistant à le parcourir dans le sens horlogique. Alors clairement $S = C_n \cup_f e^2$ et l'espace S s'obtient à partir d'un bouquet de n cercles par l'ajout d'une 2-cellule.

Les espaces du type $Y = X \cup_f e^n$ satisfont une propriété remarquable appelée *propriété d'extension des homotopies.*

Théorème 2.8 *Si $g \colon Y = X \cup_f e^n \to Z$ et $H \colon X \times [0,1] \to Z$ sont des applications continues telles que $H(x,0) = g(x)$ pour x dans X, alors g et H s'étendent en une application continue $G \colon Y \times [0,1] \to Z$, telle que $G(y,0) = g(y)$ pour $y \in Y$ et $G(x,t) = H(x,t)$ pour $x \in X$ et $t \in [0,1]$.*

Démonstration. Les espaces $X \times [0,1]$ et $Y \times \{0\}$ étant deux sous-espaces de $Y \times [0,1]$, les applications g et H définissent ensemble une application continue $R \colon (X \times [0,1]) \cup_{X \times \{0\}} (Y \times \{0\}) \to Z$. Si nous montrons l'existence d'une rétraction $r \colon Y \times [0,1] \to (X \times [0,1]) \cup (Y \times \{0\})$, l'application G cherchée s'obtiendra par $G = R \circ r$.

A partir du point de coordonnées $(0,\ldots,0,2)$, on projette le cylindre $E^n \times [0,1]$ sur sa face latérale et sa base, ce qui donne une application $p \colon E^n \times [0,1] \to S^{n-1} \times [0,1] \cup_{S^{n-1} \times \{0\}} E^n \times \{0\}$, dont la restriction à $S^{n-1} \times [0,1] \cup_{S^{n-1} \times \{0\}} E^n \times \{0\}$ est l'identité. Elle fait donc de $S^{n-1} \times [0,1] \cup_{S^{n-1} \times \{0\}} E^n \times \{0\}$ un rétracte de $E^n \times [0,1]$. Étendons-la en une rétraction de $(X \cup_f e^n) \times [0,1]$ sur $(X \times [0,1]) \cup_{X \times \{0\}} ((X \cup_f e^n) \times \{0\})$, avec l'identité sur $X \times [0,1]$.

Comme corollaire nous déduisons le fait intéressant suivant.

Corollaire 2.9 *Si Y est obtenu à partir d'un espace contractile X par l'ajout itéré d'un nombre fini de cellules, la projection $q\colon Y \to Y/X$ est une équivalence d'homotopie.*

Démonstration. Comme X est contractile, l'identité sur X est homotope à une application constante, par une homotopie H. Avec une application itérée du Théorème 2.8, l'homotopie H peut être étendue en une homotopie $G\colon Y \times [0,1] \to Y$ entre l'application identité et une autre application qui envoie X sur un point. Partons de cette dernière application et notons G_t sa restriction à $Y \times \{t\}$.

Comme $G_t(X) \subset X$, l'application G_t induit une application $\overline{G}_t\colon Y/X \to Y/X$ rendant commutatif le diagramme

$$
\begin{array}{ccc}
Y & \xrightarrow{G_t} & Y \\
{\scriptstyle q}\downarrow & & \downarrow{\scriptstyle q} \\
Y/X & \xrightarrow{\overline{G}_t} & Y/X
\end{array}
$$

L'application G_1, envoyant X sur un point, se factorise à travers Y/X : il existe donc une application continue $g\colon Y/X \to Y$ telle que $G_1 = g \circ q$. Comme G_1 est homotope à $G_0 = \mathrm{id}$, $g \circ q$ est homotope à l'identité.

Comme q est surjectif, de $q \circ g \circ q = q \circ G_1 = \overline{G}_1 \circ q$, on déduit $q \circ g = \overline{G}_1$. Les applications $\overline{G}_t$ formant une application continue $\overline{G}\colon (Y/X) \times [0,1] \to Y/X$, $x \mapsto \overline{G}_t(x)$, (cf. Exercice A.3) l'application $\overline{G}_1$ est homotope à $\overline{G}_0$ qui est l'identité. On en déduit $q \circ g$ homotope à l'identité et les applications g et q sont donc des équivalences d'homotopie inverses l'une de l'autre.

L'ajout d'une cellule est une opération homotopique.

Proposition 2.10 *Si $f, g\colon S^{n-1} \to X$ sont des applications homotopes, alors les espaces $X \cup_f e^n$ et $X \cup_g e^n$ ont même type d'homotopie.*

Ainsi, si l'application d'attachement $f\colon S^{n-1} \to X$ est homotopiquement triviale, l'espace $X \cup_f e^n$ a le type d'homotopie du bouquet $X \vee S^n$.

Démonstration. Notons H une homotopie entre f et g avec $H(u,0) = f(u)$ et $H(u,1) = g(u)$. Décomposons le disque E^n en un disque central de rayon $1/2$ et une couronne, homéomorphe à $S^{n-1} \times [0,1]$ par l'application $\varphi\colon S^{n-1} \times [0,1] \to E^n$, $\varphi(x,t) = \dfrac{1+t}{2}x$.

Nous en déduisons une application $h\colon X \cup_g e^n \to X \cup_f e^n$, égale à l'identité sur X, envoyant le disque de rayon $1/2$ inclus dans E^n sur le disque E^n par une homothétie de rapport 2 et envoyant la couronne dans X au moyen de l'homotopie H. Plus précisément ceci donne pour $a \in E^n$, si $\|a\| \leq \frac{1}{2}$, alors $h(a) = 2a \in E^n$. Par contre si $\|a\| \geq \frac{1}{2}$, alors $h(a) = H\left(\frac{a}{\|a\|}, 2\|a\| - 1\right) \in X$. En utilisant l'homotopie inverse, on construit une application $h'\colon X \cup_f e^n \to X \cup_g e^n$. Le composé $h' \circ h\colon X \cup_g e^n \to X \cup_g e^n$ est égal à l'identité sur X et prend les valeurs suivantes sur E^n,

$$h'(h(a)) = \begin{cases} 4a & \text{si} \quad \|a\| \leq 1/4, \\ H\left(\dfrac{a}{\|a\|}, 2 - 4\|a\|\right) & \text{si} \quad 1/4 \leq \|a\| \leq 1/2, \\ H(\left(\dfrac{a}{\|a\|}, 2\|a\| - 1\right) & \text{si} \quad 1/2 \leq \|a\| \leq 1. \end{cases}$$

On définit une homotopie $K : (X \cup_g e^n) \times [0,1] \to X \cup_g e^n$, entre $h' \circ h$ et l'identité, par l'identité sur X et

$$K(a,u) = \begin{cases} \dfrac{4a}{4-3u} & \text{si} \quad 0 \leq \|a\| \leq \dfrac{4-3u}{4}, \\ H\left(\dfrac{a}{\|a\|}, 5 - 4\|a\| - 3u\right) & \text{si} \quad \dfrac{4-3u}{4} \leq \|a\| \leq \dfrac{2-u}{2}, \\ H\left(\dfrac{a}{\|a\|}, 2\|a\| - 1\right) & \text{si} \quad \dfrac{2-u}{2} \leq \|a\| \leq 1. \end{cases}$$

La construction de l'homotopie entre $h \circ h'$ et l'identité sur $X \cup_f e^n$ est similaire.

2.3 ACTIONS DE GROUPES

2.3.1 Définitions et propriétés

Définition 2.11 *Un groupe topologique est un groupe G, muni d'une topologie pour laquelle les applications de multiplication $G \times G \to G$ et d'inverse $G \to G$ sont continues.*

Exemples :

1. Le cercle S^1 est un groupe topologique pour la multiplication des nombres complexes.
2. L'espace vectoriel $\mathbb{R}^n$ est un groupe topologique pour l'addition.

3. Les groupes de matrices sont aussi des groupes topologiques. Par exemple, les matrices orthogonales d'ordre n forment un groupe noté $\mathrm{O}(n)$ pour la multiplication des matrices. Toute matrice pouvant être vue comme un tableau de n^2 nombres, on a une injection de $\mathrm{O}(n)$ dans $\mathbb{R}^{n^2}$. Avec la topologie induite, $\mathrm{O}(n)$ devient un groupe topologique. Il en est de même du sous-groupe $\mathrm{SO}(n)$ formé des matrices orthogonales à déterminant $+1$. Remplaçant $\mathbb{R}$ par $\mathbb{C}$, et le produit scalaire de $\mathbb{R}^n$ par la forme hermitienne canonique de $\mathbb{C}^n$, nous obtenons les groupes topologiques unitaire $\mathrm{U}(n)$ et spécial unitaire, $\mathrm{SU}(n)$.

Définition 2.12 *Une* action (à gauche) d'un groupe topologique G sur un espace topologique X *est une application continue* $G \times X \longrightarrow X$, $(g, x) \mapsto g \cdot x$ *vérifiant* $1 \cdot x = x$ *et* $(g_1 g_2) \cdot x = g_1 \cdot (g_2 \cdot x)$ *pour tout* x *de* X *et tout* (g_1, g_2) *dans* $G \times G$.

On définit de même les actions à droite comme des applications continues de $X \times G \longrightarrow G$. La seule différence est dans la relation $x \cdot (g_1 g_2) = (x \cdot g_1) \cdot g_2$. Remarquons que toute action à gauche induit une action à droite par $x \cdot g = g^{-1} \cdot x$. Dans la suite de cette section, les énoncés et leurs démonstrations sont écrits pour des actions à gauche ; l'adaptation aux actions à droite est immédiate.

L'espace des orbites X/G est le quotient de X par la relation d'équivalence $x \sim gx$ pour tout $x \in X$ et $g \in G$. Associer à chaque élément x son orbite, Gx, définit une application continue $q\colon X \longrightarrow X/G$. L'action est dire *transitive* si pour tout $(x, y) \in X \times X$, il existe un $g \in G$ avec $g \cdot x = y$, ce qui équivaut à X/G est un singleton.

Exemples :

1. Le groupe topologique S^1 agit sur la sphère S^2 par rotations horizontales.
2. Le groupe des matrices carrées inversibles d'ordre n, $\mathrm{Gl}(n, \mathbb{R})$, avec la topologie induite de $\mathbb{R}^{n^2}$, agit sur $\mathbb{R}^n$ par multiplication. L'espace des orbites se réduit à deux points, la classe de 0 et la classe $[x]$ d'un élément non nul. L'espace des orbites n'est pas séparé, car 0 appartient à l'adhérence de $[x]$.
3. Si H est un sous-groupe de G, alors H agit à gauche sur G par $H \times G \rightarrow G$, $(h, g) \mapsto hg$. L'espace des orbites est le quotient de G par la relation d'équivalence $g_1 \sim g_2$ si, et seulement si, il existe $h \in H$ avec $g_1 = hg_2$, i.e., $g_1 g_2^{-1} \in H$. Les éléments de ce quotient sont donc les classes à droite Hg avec $g \in G$.
4. Un sous-groupe H de G agit aussi à droite sur G par $G \times H \rightarrow G$, $(g, h) \mapsto gh$. L'espace des orbites est le quotient de G par la relation d'équivalence $g_1 \sim g_2$ si, et seulement si, il existe $h \in H$ avec $g_1 = g_2 h$, i.e., $g_2^{-1} g_1 \in H$. Le quotient est noté G/H ; ses éléments sont les classes à gauche gH avec $g \in G$.

Si G est un sous-groupe distingué, on a $Hg = gH$ pour tout $g \in G$ et les deux espaces quotients coïncident. De plus, l'application $(g_1H)(g_2H) \mapsto g_1g_2H$ est bien définie sur G/H et induit sur ce dernier une structure de groupe, cf. Page 67 pour une justification plus détaillée.

Proposition 2.13 *Soit G un groupe agissant sur un espace X. Notons $q\colon X \to X/G$ l'application quotient.*

1. *Si X est compact, alors X/G est compact.*
2. *L'application q est ouverte, i.e., l'image d'un ouvert est un ouvert.*
3. *Si X et G sont compacts et séparés, il en est de même pour X/G.*

Démonstration. La propriété (1) est immédiate.

(2) Si U est un ouvert de X, remarquons d'abord que gU est ouvert, pour tout $g \in G$, comme image d'un ouvert par l'homéomorphisme $\varphi_g\colon X \to X$, $\varphi_g(x) = gx$. De $q^{-1}q(U) = \cup_{g\in G}\, gU$, nous déduisons donc que $q(U)$ est ouvert dans X/G.

(3) La diagonale $\Delta = \{(x, x) \mid x \in X\}$ est un fermé de $X \times X$ car X est séparé. C'est donc un compact car X est compact. Le graphe $\Gamma = \{(x, g \cdot x) \mid x \in X, g \in G\}$ de la relation d'équivalence associée à l'action de G est l'image de $G \times \Delta$ par l'application continue $\varphi\colon G \times (X \times X) \to (X \times X)$, $\varphi(g, (x, y)) = (x, g \cdot y)$. Il est donc compact et fermé dans $X \times X$. Considérons deux classes d'équivalence distinctes $[x]$ et $[y]$. L'espace X étant séparé et le graphe Γ étant fermé, il existe deux ouverts U et V de X tels que $x \in U$, $y \in V$, $U \cap V = \varnothing$ et $U \times V \subset (X \times X)\backslash\Gamma$. Les saturés de U et V étant des ouverts, $q(U)$ et $q(V)$ sont des ouverts de X/R. Si $[z] \in q(U) \cap q(V)$, alors il existe $u \in U$ et $v \in V$ tels que $u \in zG$ et $v \in zG$, d'où $(u, v) \in \Gamma$. Ceci est impossible car $(U \times V) \cap \Gamma = \varnothing$. Il s'ensuit $q(U) \cap q(V) = \varnothing$ et l'espace X/R est séparé.

Exemple : Si G est un groupe topologique compact séparé et H un sous-groupe fermé, alors par la proposition précédente, G/H est un espace topologique compact séparé.

Définition 2.14 *Si le groupe topologique G opère sur un espace X, le* stabilisateur *d'un point $x \in X$ est le sous-groupe G_x de G constitué des éléments g tels que $g \cdot x = x$. L'opération est dite* libre *si $G_x = \{e\}$, pour tout $x \in X$.*

Proposition 2.15 *Si un groupe topologique compact G opère transitivement sur un espace séparé X, le quotient G/G_x de G par le stabilisateur en $x \in X$ est homéomorphe à X, pour tout $x \in X$.*

Démonstration. Fixons $x \in X$. Vérifions d'abord que l'application $\varphi_x : G \to X$, $\varphi_x(g) = g \cdot x$ induit une application continue $\overline{\varphi}_x : G/G_x \to X$. En effet, deux éléments g, g' de G sont équivalents si, et seulement si, $g^{-1}g' \in G_x$, ce qui équivaut à $(g^{-1}g') \cdot x = x$ et $g \cdot x = g' \cdot x$. Il reste à appliquer la propriété universelle de la topologie quotient.

L'application induite $\overline{\varphi}_x$ est injective par construction et surjective car l'action est transitive. Le quotient G/G_x étant compact et l'espace X séparé, l'application $\overline{\varphi}_x$ est un homéomorphisme.

Exemple : Le groupe orthogonal $\mathrm{O}(n)$ agit transitivement sur la sphère S^{n-1} et le stabilisateur d'un point est le sous-groupe $\mathrm{O}(n-1)$, où $A \in \mathrm{O}(n-1)$ est identifié à $\begin{pmatrix} A & 0 \\ 0 & 1 \end{pmatrix} \in \mathrm{O}(n)$. La Proposition 2.15 implique l'existence d'un homéomorphisme $\mathrm{O}(n)/\mathrm{O}(n-1) \cong S^{n-1}$. La surjection canonique $\mathrm{O}(n) \to \mathrm{O}(n)/\mathrm{O}(n-1)$ s'identifie alors à l'application $\mathrm{O}(n) \to S^{n-1}$ qui envoie la matrice A sur sa première colonne. On montre de même l'existence des homéomorphismes $\mathrm{SO}(n)/\mathrm{SO}(n-1) \cong S^{n-1}$ et $\mathrm{U}(n)/\mathrm{U}(n-1) \cong S^{2n-1} \cong \mathrm{SU}(n)/\mathrm{SU}(n-1)$.

2.3.2 Exemples

Définition 2.16 L'espace projectif réel de dimension n, $P_n(\mathbb{R})$, *est l'espace topologique quotient de* S^n *pour l'action du groupe* $\mathbb{Z}_2$ *définie par* $(-1) \cdot x = -x$.

L'espace $P_n(\mathbb{R})$ est donc un espace séparé, compact et connexe.

Exemple : *L'espace* $P_1(\mathbb{R})$ *est homéomorphe au cercle* S^1. En effet, l'application $z \mapsto z^2$ du cercle dans lui-même induit une application continue bijective de $P_1(\mathbb{R})$ dans S^1. C'est un homéomorphisme avec l'argument usuel.

Proposition 2.17 *L'espace projectif réel,* $P_n(\mathbb{R})$, *est homéomorphe aux espaces suivants.*

1. *L'espace des droites de* $\mathbb{R}^{n+1}$ *passant par l'origine, i.e., l'espace quotient* $(\mathbb{R}^{n+1}\backslash\{0\})/(\mathbb{R}\backslash\{0\})$, *où le groupe multiplicatif* $\mathbb{R}\backslash\{0\}$ *agit par homothétie.*
2. *L'espace quotient* E^n/R, *où* R *est la relation d'équivalence définie par* $x = y$ *ou* ($x \in S^{n-1}$ *et* $x = -y$).
3. *L'espace cellulaire* $P_{n-1}(\mathbb{R}) \cup_{q_{n-1}} e^n$, *où* $q_{n-1} : S^{n-1} \to P_{n-1}(\mathbb{R})$ *est la surjection canonique.*

Démonstration.

1. L'injection canonique $\iota\colon S^n \to \mathbb{R}^{n+1}\backslash\{0\}$ et son inverse homotopique j, défini par $j(x) = \dfrac{x}{\|x\|}$, induisent deux applications continues inverses l'une de l'autre entre les espaces quotients $P_n(\mathbb{R})$ et $(\mathbb{R}^{n+1}\backslash\{0\})/(\mathbb{R}\backslash\{0\})$.
2. L'application $f_n\colon E^n \to S^n$, définie par $f_n(x_1, \ldots, x_n) = (x_1, \ldots, x_n, \sqrt{1 - \sum_{i=1}^n x_i^2})$ induit une application continue bijective de $E^n/R \to P_n(\mathbb{R})$. C'est un homéomorphisme avec l'argument usuel.
3. L'espace obtenu en attachant une n-cellule à $P_{n-1}(\mathbb{R}) = S^{n-1}/\mathbb{Z}_2$ par l'application canonique q_{n-1} est, par construction, l'espace quotient de E^n pour l'identification $x \sim -x$ si $x \in S^{n-1}$. Il s'agit de E^n/R qui est homéomorphe à $P_n(\mathbb{R})$ d'après le point précédent.

Nous avons déjà remarqué que l'espace $P_1(\mathbb{R})$ est homéomorphe à S^1. Avec la proposition précédente, l'espace $P_2(\mathbb{R})$ est homéomorphe à un disque E^2 dans lequel deux points opposés du bord ont été identifiés. La proposition suivante donne une interprétation de l'espace $P_3(\mathbb{R})$.

Proposition 2.18 *L'espace $P_3(\mathbb{R})$ est homéomorphe à* SO(3).

Démonstration. D'après la Proposition 2.17, l'espace projectif $P_3(\mathbb{R})$ est homéomorphe à E^3/R. Construisons une application $h\colon E^3 \to \mathrm{SO}(3)$ de la façon suivante : l'origine O de la boule est envoyée sur la matrice identité, et si $x \neq 0$, $h(x)$ désigne la rotation d'axe (Ox), orienté de O vers x, et d'angle $\pi\|x\|$. L'application h est bien continue. Vérifions qu'elle est surjective. Si θ est une rotation d'axe (Ox), orienté de O vers x avec $x \in E^3$, et d'angle $\alpha \leq \pi$, alors $\theta = h\left(\dfrac{\alpha}{\pi\|x\|}x\right)$. Par contre si l'angle α est supérieur ou égal à π, on a $\theta = h\left(\dfrac{2\pi - \alpha}{\pi\|x\|}x\right)$. Les rotations d'angle π sont images de deux points opposés du bord, les autres d'un seul point. L'application h passe donc au quotient et définit un homéomorphisme entre E^3/R et SO(3).

Définition 2.19 L'espace projectif complexe de dimension $2n$, $P_n(\mathbb{C})$, *est l'espace topologique quotient de* $S^{2n+1} = \{(z_1, \ldots, z_{n+1}) \in \mathbb{C}^{n+1} \mid \sum_{i=1}^{n+1} \|z_i\|^2 = 1\}$ *pour l'action du groupe* S^1 *définie par la multiplication complexe,* $z \cdot (z_1, \ldots, z_{n+1}) = (zz_1, \ldots, zz_{n+1})$.

L'espace $P_n(\mathbb{C})$ est donc un espace séparé, compact et connexe.

Exemple : *L'espace $P_1(\mathbb{C})$ est homéomorphe à la sphère S^2*, cf. Exercice 2.12.

Nous laissons au lecteur l'adaptation de la Proposition 2.17 au cas complexe.

Proposition 2.20 *L'espace projectif complexe $P_n(\mathbb{C})$ est homéomorphe aux espaces suivants.*

1. *L'espace des droites complexes de $\mathbb{C}^{n+1}$ passant par l'origine, i.e., $(\mathbb{C}^{n+1}\backslash\{0\})/(\mathbb{C}\backslash\{0\})$, où le groupe multiplicatif $\mathbb{C}\backslash\{0\}$ agit par homothétie.*
2. *L'espace quotient E^{2n}/R, où R est la relation d'équivalence définie par $x = y$ ou ($x \in S^{2n-1}$ et il existe $\lambda \in S^1$ tel que $x = \lambda y$).*
3. *L'espace cellulaire $P_{n-1}(\mathbb{C}) \cup_{q_{n-1}} e^{2n}$, où $q_{n-1}\colon S^{2n-1} \longrightarrow P_{n-1}(\mathbb{C})$ est la surjection canonique.*

Définition 2.21 *La* variété de Stiefel réelle, *$V_{k,n}(\mathbb{R})$, est l'espace des k-repères orthonormés de $\mathbb{R}^n$,*

$$V_{k,n}(\mathbb{R}) = \{(a_1, \ldots a_k) \mid a_i \in \mathbb{R}^n \text{ et } \langle a_i, a_j\rangle = \delta_{i,j}\},$$

muni de la topologie induite.

Le groupe $\mathrm{O}(n)$ agit transitivement sur $V_{k,n}(\mathbb{R})$; le stabilisateur en un point $(a_1 \ldots, a_k)$ est le groupe des transformations orthogonales de l'espace vectoriel orthogonal à l'espace engendré par $(a_1, \ldots, a_k)$, c'est-à-dire c'est le groupe $\mathrm{O}(n-k)$. Il en est de même pour le groupe $\mathrm{SO}(n)$ avec des stabilisateurs isomorphes à $\mathrm{SO}(n-k)$. On en déduit l'existence d'homéomorphismes

$$V_{k,n}(\mathbb{R}) \cong \mathrm{O}(n)/\mathrm{O}(n-k) \cong \mathrm{SO}(n)/\mathrm{SO}(n-k).$$

En particulier, $V_{1,n}(\mathbb{R})$ est homéomorphe à la sphère S^{n-1}. On introduit de la même façon les variétés de Stiefel complexes, $V_{k,n}(\mathbb{C})$, homéomorphes à $\mathrm{U}(n)/\mathrm{U}(n-k)$ et $\mathrm{SU}(n)/\mathrm{SU}(n-k)$.

Définition 2.22 *Notons $\mathrm{Vect}_k(\mathbb{R}^n)$ l'ensemble des sous-espaces vectoriels de dimension k dans $\mathbb{R}^n$. La* variété de Grassmann réelle *est l'espace $\mathrm{Vect}_k(\mathbb{R}^n)$ muni de la topologie quotient induite par l'application surjective $\rho\colon V_{k,n}(\mathbb{R}) \longrightarrow \mathrm{Vect}_k(\mathbb{R}^n)$ associant à un repère le sous-espace engendré.*

Lorsque $k = 1$, nous retrouvons l'espace des droites de $\mathbb{R}^n$ et $\mathrm{Vect}_1(\mathbb{R}^n) = P_{n-1}(\mathbb{R})$. L'espace $\mathrm{Vect}_k(\mathbb{R}^n)$ s'écrit aussi comme quotient de groupes de matrices.

Proposition 2.23 *Il existe un homéomorphisme $\mathrm{Vect}_k(\mathbb{R}^n) \cong \mathrm{O}(n)/(\mathrm{O}(k) \times \mathrm{O}(n-k))$, où $\mathrm{O}(k) \times \mathrm{O}(n-k)$ est le sous-groupe de $\mathrm{O}(n)$ formé des matrices de la forme*

$$\begin{pmatrix} A & 0 \\ 0 & B \end{pmatrix}$$

avec $A \in \mathrm{O}(k)$ *et* $B \in \mathrm{O}(n-k)$.

Démonstration. A toute matrice A de $\mathrm{O}(n)$, on associe l'espace vectoriel $\gamma(A)$ engendré par les k premières colonnes de A. L'application γ est continue car elle se compose de la restriction aux k premières colonnes du composé $\mathrm{O}(n) \to V_{k,n}(\mathbb{R}) \to \mathrm{Vect}_k(\mathbb{R}^n)$. L'application passe clairement au quotient et définit une application continue surjective

$$\overline{\gamma}\colon \mathrm{O}(n)/(\mathrm{O}(k)\times \mathrm{O}(n-k)) \to \mathrm{Vect}_k(\mathbb{R}^n)\,.$$

Montrons qu'elle est aussi injective. Si $\gamma(A) = \gamma(B)$, alors les k premières colonnes engendrent le même espace vectoriel et il existe une matrice $P \in \mathrm{O}(n)$, située dans l'image de $\mathrm{O}(k)$, telle que A et BP ont même k premières colonnes. D'autre part, les $n-k$ dernières colonnes de A et B, donc de BP, engendrent aussi le même espace vectoriel, à savoir $\gamma(A)^{\perp}$. Il existe donc aussi une matrice $Q \in \mathrm{O}(n)$, située dans l'image de $\mathrm{O}(n-k)$, telle que $A = BPQ$. L'injectivité de $\overline{\gamma}$ découle de $A = BPQ$, avec $PQ \in \mathrm{O}(k)\times \mathrm{O}(n-k)$.

Nous avons obtenu une application bijective, de source un espace compact, le résultat provient maintenant du Lemme 2.24 avec l'argument usuel.

Lemme 2.24 *L'espace topologique* $\mathrm{Vect}_k(\mathbb{R}^n)$ *est séparé.*

Nous extrayons la preuve de [31, Page 57] où nous renvoyons le lecteur pour des compléments sur les propriétés des espaces $\mathrm{Vect}_k(\mathbb{R}^n)$.

Démonstration. Soit $a \in \mathbb{R}^n$ fixé. On définit une application continue $\varphi_a\colon V_{k,n}(\mathbb{R}) \to \mathbb{R}$ par $\varphi_a(x_1,\dots,x_k) = \langle a,a\rangle - \langle a,x_1\rangle^2 - \cdots - \langle a,x_k\rangle^2$. Observons que $\varphi_a(x_1,\dots,x_k)$ représente le carré de la distance de a au sous-espace de $\mathbb{R}^n$ engendré par $(x_1,\dots,x_k)$. Elle passe donc au quotient en une application continue $\overline{\varphi}_a\colon \mathrm{Vect}_k(\mathbb{R}^n) \to \mathbb{R}$.

Si V_1 et V_2 sont deux sous-espaces distincts de $\mathrm{Vect}_k(\mathbb{R}^n)$, on choisit $a \in \mathbb{R}^n$ tel que $a \in V_1$ et $a \notin V_2$. La fonction $\overline{\varphi}_a$ prenant des valeurs distinctes en V_1 et V_2, on peut séparer V_1 et V_2 par deux ouverts disjoints obtenus comme image réciproque de deux ouverts disjoints contenant $\overline{\varphi}_a(V_1)$ et $\overline{\varphi}_a(V_2)$.

2.4 SURFACES

Cette section est consacrée aux surfaces ; elle contient une présentation d'exemples et le théorème de classification, cf. Théorème 2.27.

2.4.1 Définition – Exemples

Définition 2.25 *Une* variété topologique *de dimension n est un espace topologique séparé, dans lequel tout point a un voisinage homéomorphe à un disque ouvert de* $\mathbb{R}^n$. *Pour* $n = 2$, *on parle de* surface.

Ainsi, le plan et tout ouvert du plan sont des surfaces. Dans la suite, nous considérons essentiellement des surfaces compactes, connexes. L'hypothèse de *séparation* n'est pas une conséquence de l'existence de voisinages homéomorphes à un disque. Pour s'en convaincre, il suffit de considérer deux copies du disque E^2 que l'on identifie l'une à l'autre en tout point, sauf en leurs centres. Tout point du quotient admet un voisinage homéomorphe au disque mais l'espace quotient n'est pas séparé.

Une *représentation planaire d'une surface* est un polygone possédant un nombre pair de côtés, appelés *arêtes*, munis d'une identification deux à deux, tel que l'espace quotient soit homéomorphe à la surface. L'identification des arêtes est représentée par une étiquette et une orientation. Nous détaillons ce concept dans le paragraphe 2.4.3 et l'illustrons maintenant avec quelques exemples caractéristiques.

Exemples :

1. La sphère S^2 est une surface compacte et connexe par arcs. Le point (2) de la Proposition 2.20 appliqué à $P_1(\mathbb{C}) = S^2$ permet de représenter la sphère comme l'espace quotient d'un disque dont on a identifié les points diamétralement opposés du bord. Nous la représentons par la Figure 2.1.
Choisissons un sommet du bord et déplaçons nous le long de ce bord dans le sens horlogique. Nous notons, dans l'ordre où nous les rencontrons, les étiquettes des arêtes, en ajoutant un exposant +1 ou -1 suivant que l'orientation de l'arête correspond ou non au sens de la rotation. Nous avons ainsi associé à la représentation planaire un mot dont les lettres sont les étiquettes des arêtes et leurs inverses.

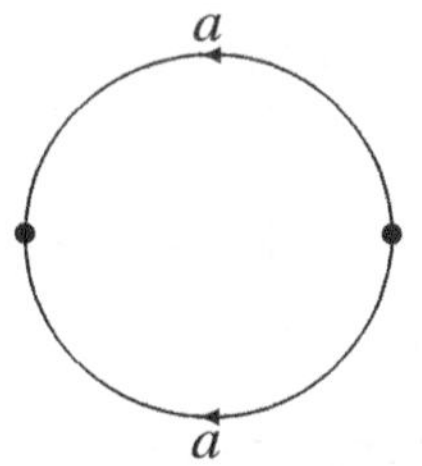

Figure 2.1 Représentation planaire de la sphère S^2, codée par aa^{-1}.

2. Le *tore*, $T^2 = S^1 \times S^1$, s'obtient à partir du carré $[0, 1] \times [0, 1]$ en identifiant d'une part les points $(x, 0)$ et $(x, 1)$ et d'autre part les points $(0, y)$ et $(1, y)$, pour tout x et tout y. On obtient ainsi la Figure 2.2, que l'on code en suivant la procédure décrite dans le cas de la sphère.

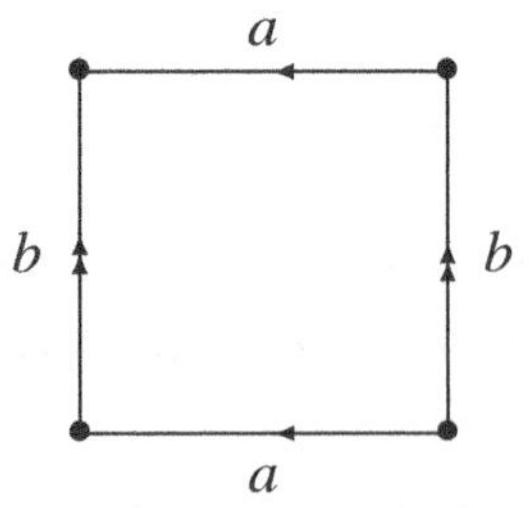

Figure 2.2 Représentation planaire du Tore $S^1 \times S^1$, codée par $aba^{-1}b^{-1}$.

Pour représenter le tore dans l'espace $\mathbb{R}^3$, on identifie les arêtes a, ce qui donne un cylindre. Il reste à identifier les deux cercles provenant des arêtes b, comme explicité dans la Figure 2.3.

Figure 2.3 Le Tore $S^1 \times S^1$

3. La *bouteille de Klein*, K_{lein} s'obtient à partir du carré $[0, 1] \times [0, 1]$ en identifiant d'une part les points $(x, 0)$ et $(x, 1)$ et d'autre part les points $(0, y)$ et $(1, 1 - y)$, pour tout x et tout y, comme sur la Figure 2.4.

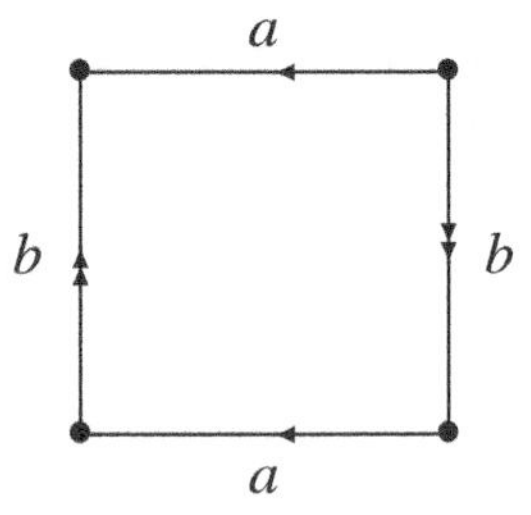

Figure 2.4 Représentation planaire de la bouteille de Klein, codée par $aba^{-1}b$.

Cette surface n'est pas un objet situé dans $\mathbb{R}^3$. Pour la réaliser, nous identifions les deux arêtes a et obtenons un cylindre mais les deux cercles du bord de ce cylindre ne peuvent plus être juxtaposées comme dans le cas du tore car ils ont des orientations incompatibles. Pour les identifier, il nous faut "traverser" la surface du cylindre. La Figure 2.5 est une projection d'une

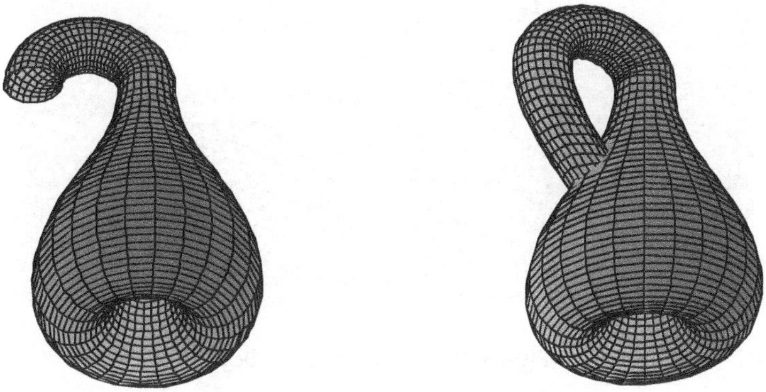

Figure 2.5 La bouteille de Klein

figure de $\mathbb{R}^4$. Il faut imaginer que, dans $\mathbb{R}^4$, le cylindre ne se recoupe pas ; ce qui apparaît comme un cercle d'intersection est en fait la projection de deux cercles disjoints de $\mathbb{R}^4$.

4. Le *plan projectif réel*, $P_2(\mathbb{R})$, est une autre surface compacte et connexe par arcs. La Proposition 2.17 appliquée dans le cas $n = 2$ nous permet de représenter cet espace comme le quotient d'un disque E^2 dans lequel on a identifié les points du bord diamétralement opposés, cf. Figure 2.6.

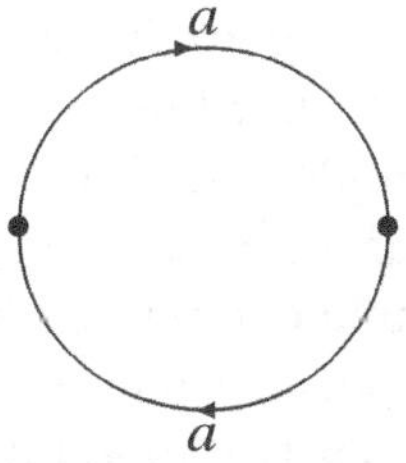

Figure 2.6 Représentation planaire du plan projectif $P_2(\mathbb{R})$, codée par $aa = a^2$.

Sa représentation comme objet de $\mathbb{R}^3$ avec une auto-intersection est beaucoup plus difficile à appréhender que dans le cas de la bouteille de Klein. La représentation donnée dans la Figure 2.7 est due à Boy [8] ; elle se trouve à l'entrée de l'institut de Mathématiques d'Oberwolfach.
Nous ne détaillons ni ne justifions cette représentation ici. Le lecteur qui en cherche une explication imagée pourra consulter "Le Topologicon" de Jean-Pierre Petit, [35].

Figure 2.7 La surface de Boy

Dans les représentations planaires introduites ci-dessus, les sommets des divers polygones, figurés par le symbole •, sont identifiés en un seul point.

2.4.2 Somme connexe

La *somme connexe de deux surfaces* permet de “recoller" deux surfaces pour en créer une troisième. Décrivons ce procédé.

On se donne deux surfaces compactes et connexes, M et N, sur lesquelles on choisit deux points m et n respectivement, ainsi que des voisinages de ces points, U_m et U_n, homéomorphes au disque ouvert $D \subset \mathbb{R}^2$, de rayon 1 et centré en l'origine. Notons $\varphi_m \colon U_m \to D$ et $\varphi_n \colon U_n \to D$ ces deux homéomorphismes, V_m et V_n les images réciproques par φ_m et φ_n du disque ouvert de rayon $1/2$ centré en l'origine. On forme alors la réunion disjointe des complémentaires $M \backslash V_m \amalg N \backslash V_n$ et on y on identifie le bord de V_m au bord de V_n par $\varphi_m^{-1}(x) \sim \varphi_n^{-1}(x)$ pour tout $x \in D$ de module $1/2$. Le résultat s'appelle la somme connexe de M et de N et est noté $M\#N$. Nous étudions les surfaces à homéomorphismes près et notons $M = N$ si deux surfaces sont homéomorphes. La sphère S^2, étant la réunion de deux disques, est élément neutre pour la somme connexe, i.e., $S\#S^2 = S$.

On peut montrer que la construction précédente, à homéomorphisme près, ne dépend pas des choix de m, n, U_m, U_n, φ_m et φ_n. (Le lecteur peut en trouver une justification dans [26, Pages 98-106].) À partir de là, il est facile de vérifier que l'opération “somme connexe” est commutative et associative, i.e., $M\#N = N\#M$ et $M\#(N\#P) = (M\#N)\#P$. Développons cette opération dans le cas de deux tores, ce qui nous fournit une première approche de démonstration par “couper-coller”.

Exemple : Somme connexe de deux tores. En utilisant la représentation planaire du tore, l'espace obtenu en enlevant à un tore l'intérieur d'un disque a pour représentation planaire, à homéomorphisme près :

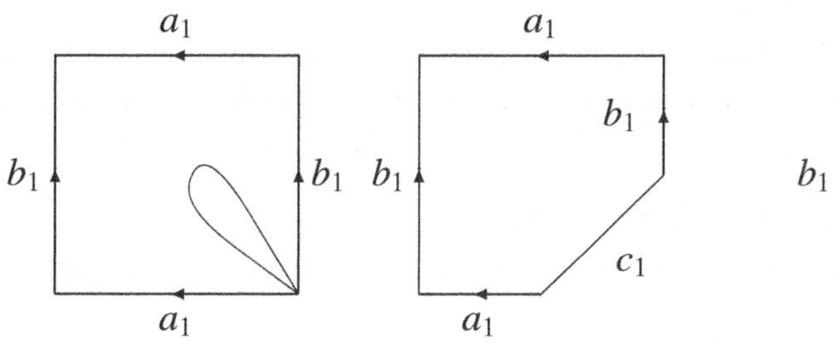

La somme connexe de deux tores s'obtient donc en prenant deux copies de cet espace,

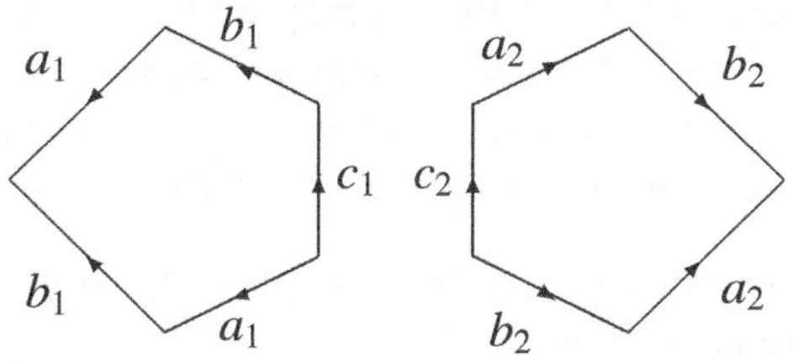

que l'on recolle en identifiant les arêtes c_1 et c_2. On obtient alors la Figure 2.8.

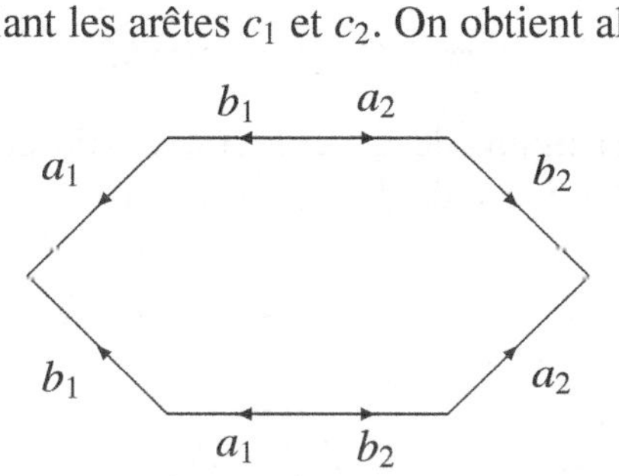

Figure 2.8 Représentation planaire du tore à deux trous, codée en $a_1b_1a_1^{-1}b_1^{-1}a_2b_2a_2^{-1}b_2^{-1}$.

Plus généralement, nous effectuons la somme connexe d'un nombre fini de tores.

Définition 2.26 *On appelle alors* tore à g trous, T_g, *la somme connexe de g copies du tore. Elle est codée par* $a_1b_1a_1^{-1}b_1^{-1}\dots a_nb_na_n^{-1}b_n^{-1}$.

Un tore à g trous peut également être vu comme une sphère à laquelle on a ajouté g anses, ne se recoupant pas.

Nous pouvons répéter cette opération de somme connexe de deux surfaces avec deux plans projectifs ou en mêlant plan projectif et tore. Nous trouvons, cf. Exercice 2.9 :

$$P_2(\mathbb{R})\#P_2(\mathbb{R}) = K_{lein} \text{ et } P_2(\mathbb{R})\#T_1 = P_2(\mathbb{R})\#P_2(\mathbb{R})\#P_2(\mathbb{R}).$$

Ce type de résultat amène à penser que les surfaces compactes connexes peuvent s'exprimer comme sommes connexes de quelques surfaces particulières. C'est le théorème de classification qui occupe la fin de ce chapitre.

Théorème 2.27 *Toute surface compacte, connexe, est homéomorphe à la sphère* S^2*, ou à un tore à g trous, ou à une somme connexe de plans projectifs.*

2.4.3 Complexe simplicial de dimension 2

La preuve du théorème de classification nécessite la notion de triangulation d'une surface que nous développons dans ce paragraphe. Précisons d'abord le vocabulaire utilisé. L'expression *arête* désigne un segment et ses extrémités, appelées *sommets*. Les faces d'une arête sont l'arête elle-même ou une quelconque de ses extrémités. Les faces d'un triangle sont lui-même, ou l'une des faces des arêtes de son bord.

Définition 2.28 *Un* complexe simplicial K, *de dimension 2, est une réunion de points, d'arêtes et de triangles tels que :*

1. *si* $s \in K$, *toutes les faces de* s *sont aussi dans* K *;*
2. *si* $s_1 \in K$, $s_2 \in K$, *alors* $s_1 \cap s_2$ *est soit vide, soit une face commune à* s_1 *et* s_2.

Par exemple, la figure de gauche et celle du centre ne sont pas des complexes simpliciaux mais la figure de droite en est un.

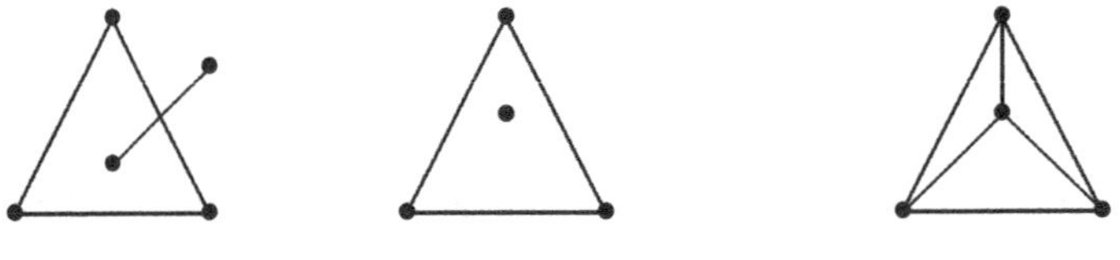

Définition 2.29 *Une* triangulation d'une surface S *est un complexe simplicial de dimension 2 homéomorphe à* S.

Le tétraèdre est une triangulation de la sphère. Une autre triangulation est donnée par le bord d'un cube dans lequel toute face est décomposée en deux triangles.

Par un résultat classique de Rado (1925, [37]), toute surface compacte peut être triangulée au moyen d'un complexe simplicial de dimension 2, ayant un nombre fini de triangles et dans lequel toute arête est le bord d'exactement deux triangles. Une preuve assez courte se trouve dans [14] ; une autre, plus accessible, figure dans le livre de E. Moise, cf. [32]. Bien que ceci dépasse le cadre de ce livre, mentionnons qu'un résultat analogue est vrai en dimension 3 mais n'est plus vrai en dimension 4.

À partir de ce théorème de Rado, nous allons donner à chaque surface compacte connexe une représentation planaire, comme nous l'avons fait pour les premiers exemples de surfaces. Dans la suite, nous ne distinguons pas la surface d'un complexe simplicial qui lui est homéomorphe. Illustrons cette notion de triangulation dans le cas d'un tore, à partir de sa représentation planaire. Dans la figure ci-après, le dessin situé à gauche n'est pas une triangulation du tore (justifier !), contrairement au dessin de droite qui en est une.

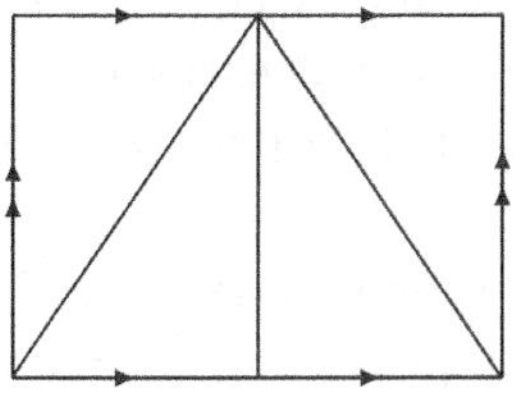

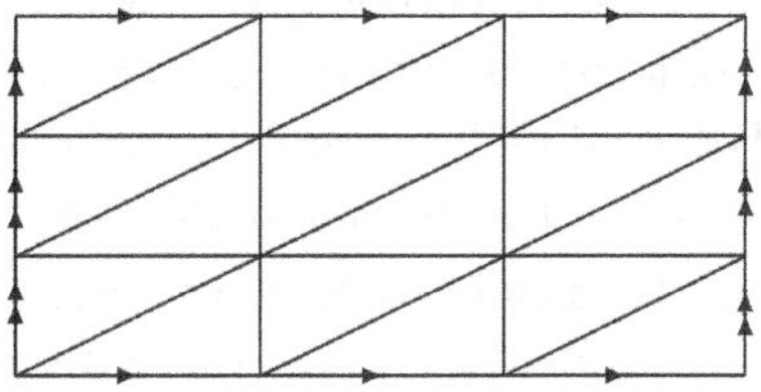

La surface apparaît comme le résultat d'un assemblage de triangles, chaque arête étant la face d'exactement deux triangles. Observons que, si v est un sommet de la triangulation, l'ensemble des triangles ayant v comme sommet peut-être muni d'un ordre cyclique $T_0, T_1, \ldots, T_{p-1}, T_p = T_0$ tel que T_i et T_{i+1} ont une arête en commun, pour tout i, $0 \leq i \leq p-1$.
En effet, le fait que chaque arête soit commune à deux triangles nous impose que les triangles contenant v se regroupent ainsi mais pourquoi une seule série de tels triangles ? C'est une conséquence de la définition de surface. Supposons, par l'absurde, que v appartienne à deux séries de triangles disposés ainsi,

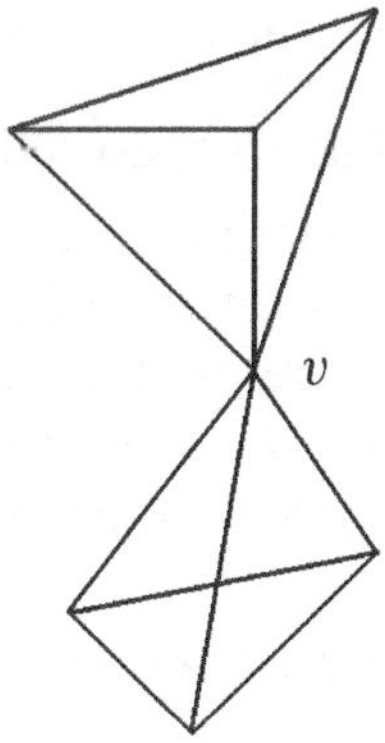

Dans ce cas, le sommet v ne peut admettre de voisinage ouvert, homéomorphe à un disque, car tout voisinage de v auquel on ôte le point v n'est pas connexe.

Munissons les arêtes d'étiquettes orientées $a_1, \ldots, a_n$, puis découpons la surface le long de ces arêtes ; nous obtenons ainsi un ensemble de triangles disjoints. L'étiquetage des arêtes va nous permettre de reconstruire l'espace en recollant suivant la même orientation deux arêtes ayant la même étiquette.

Partons d'un premier triangle et recollons un second triangle le long d'une arête commune. Ensuite prenons un triangle ayant au moins une arête commune avec l'ensemble déjà constitué et recollons celle-ci le long d'exactement une arête. En itérant le processus, la remarque précédente nous garantit une figure plane. D'autre part, un triangle est homéomorphe à un disque et l'ajout d'un autre triangle ayant une arête en commun est aussi homéomorphe à un disque. À la fin du processus, on obtient donc un polygone dont les arêtes doivent être identifiées deux à deux pour reconstruire l'espace. Nous l'appelons *modèle planaire de la surface.*

Intéressons-nous au bord de ce polygone. Choisissons un sommet de ce bord et un sens de rotation. On associe alors au polygone un mot du type $a_{i_1}^{\varepsilon_1} \cdots a_{i_m}^{\varepsilon_m}$ obtenu en notant dans l'ordre rencontré les étiquettes avec un exposant $+1$ ou -1 suivant que l'orientation de l'arête correspond ou non au sens de la rotation. (Cet étiquetage a déjà été illustré dans les exemples de la sphère, du tore, de la bouteille de Klein et du plan projectif.) Si on change de point de base, on obtient le même mot à une permutation cyclique près. Changer l'orientation transforme le mot en son inverse. *Ce mot, défini à permutation cyclique près et à inverse près, s'appelle le mot associé à la surface.* Il détermine entièrement la surface car il caractérise le polygone et les paires d'arêtes orientées à identifier.

Remarquons qu'une surface peut être représentée par plusieurs mots. Ainsi le lecteur vérifiera que le tore peut aussi être représenté par le mot $acbc^{-1}a^{-1}b^{-1}$.

Définition 2.30 *Le mot associé à une surface est* réduit, *si lors de la réalisation de la surface à partir du polygone, tous les sommets sont identifiés.*

On vérifie que le mot $aba^{-1}b^{-1}$ est réduit mais pas le mot $acbc^{-1}a^{-1}b^{-1}$.

Nous allons maintenant établir une série de propriétés de ces mots, qui vont contribuer à la preuve du théorème de classification. Dans la suite, les lettres minuscules a, b, c, $d \ldots$ désignent des arêtes et les lettres majuscules A, B, C, $D \ldots$ des mots formés à partir d'arêtes. *Deux mots ou leurs polygones associés sont dits équivalents* s'ils correspondent à des surfaces homéomorphes ; nous notons $\sim$ cette relation entre mots.

Commençons par étudier l'effet de la somme connexe sur le mot associé aux surfaces.

Lemme 2.31 *Le mot associé à une somme connexe de deux surfaces est le produit des mots associés aux deux surfaces.*

Démonstration. Comme dans l'exemple $T_1 \# T_1$, pour effectuer la somme connexe de deux surfaces S_1 et S_2, nous enlevons de chaque polygone un disque ouvert situé à l'intérieur du polygone et dont le bord touche le bord du polygone en un seul point qui est un sommet. Si A_1 est le mot associé à la surface S_1 et c le bord du disque, alors le mot associé à la surface privée du disque est $A_1 c$. Si on recolle les deux surfaces le long de c, le mot associé à la somme connexe est bien le produit $A_1 A_2$ des mots associés aux surfaces S_1 et S_2.

Lemme 2.32 *Tout mot Aaa^{-1} est équivalent au mot A, si $A \neq \varnothing$.*

Démonstration. Cette situation correspond à la somme connexe avec une sphère. Nous avons déjà remarqué qu'une telle opération ne modifie pas la surface, ce qui correspond en terme de graphe planaire à la transformation suivante.

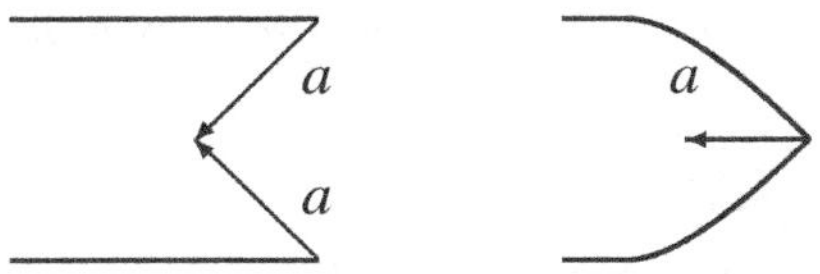

Lemme 2.33 *Tout polygone P est équivalent à une sphère ou à un polygone dont tous les sommets sont identifiés.*

Démonstration. Supposons que P n'est pas une sphère et supposons qu'il existe une arête a dont les sommets v_0 et v_1 ne sont pas identifiés.

Notons b l'arête adjacente à v_1 ; celle-ci ne peut être a (sinon v_0 et v_1 seraient identifiés) et nous pouvons la supposer différente de a^{-1} grâce au Lemme 2.32. Traçons l'arête c comme sur le dessin ci-contre et cherchons la deuxième occurrence de b dans le bord du polygone.

Nous coupons suivant c et recollons suivant b. Dans le nouveau polygone, il existe un élément en moins parmi les sommets identifiés à v_1 et un élément en plus parmi les sommets identifiés à v_0. On réitère l'opération jusqu'à obtenir une seule classe de sommets identifiés.

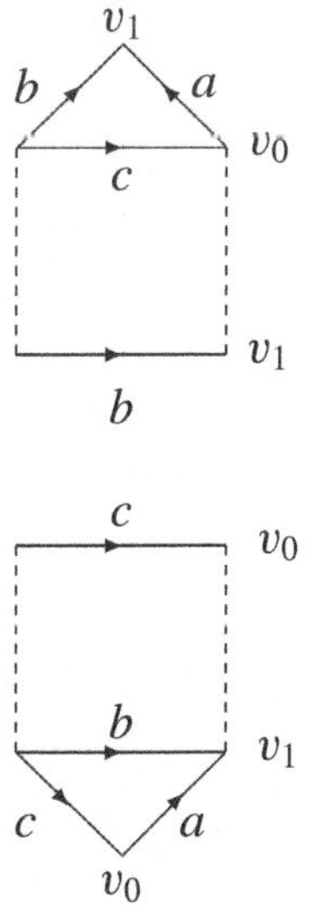

Le résultat suivant prépare le terrain à l'apparition des composantes en tore dans la somme connexe.

Lemme 2.34 *Si le mot C associé à un polygone réduit est de la forme* $AaBa^{-1}$ *avec* $C \neq aa^{-1}$*, alors il existe une arête b dans B avec b ou* b^{-1} *dans A.*

Démonstration. Dans C chaque lettre apparaît deux fois avec des exposants $+1$ ou -1. Si toute lettre apparaissant dans B y apparaît deux fois, alors il en est de même dans A. Lors de la réalisation géométrique, une arête de A est ainsi identifiée avec une arête de A, et il en est de même pour les arêtes de B. En conséquence l'origine et l'extrémité de l'arête a ne sont jamais identifiées. Le polygone n'est donc pas réduit, ce qui contredit l'hypothèse.

Nous arrivons maintenant au cœur de la preuve du théorème de classification.

Proposition 2.35 *La relation d'équivalence sur les mots vérifie les propriétés suivantes.*

1. $AaBaC \sim CAB^{-1}dd$,
2. $AaBbCa^{-1}Db^{-1} \sim BADCdcd^{-1}c^{-1}$,
3. $A(aba^{-1}b^{-1})Bcc \sim B^{-1}f^2e^2A^{-1}g^2$.

Démonstration. On procède par "couper-coller", comme dans les lemmes précédents.

1. La lettre C peut être intégrée à la lettre A par changement d'origine. On introduit l'arête d et on coupe suivant elle. Ensuite, on recolle suivant a comme dans les dessins suivants.

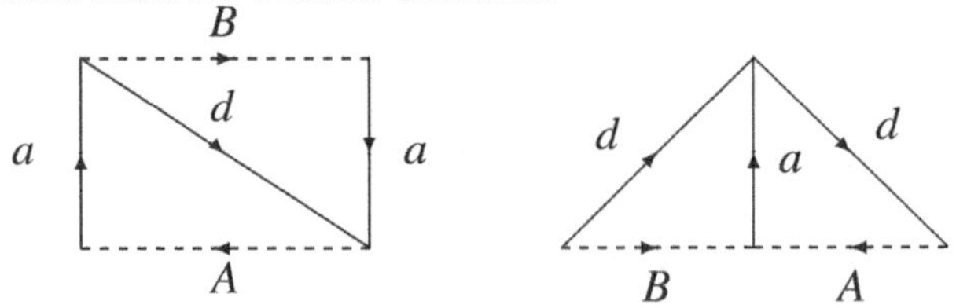

2. On procède en plusieurs étapes. On introduit l'arête c et on coupe suivant elle. Ensuite on recolle suivant b.

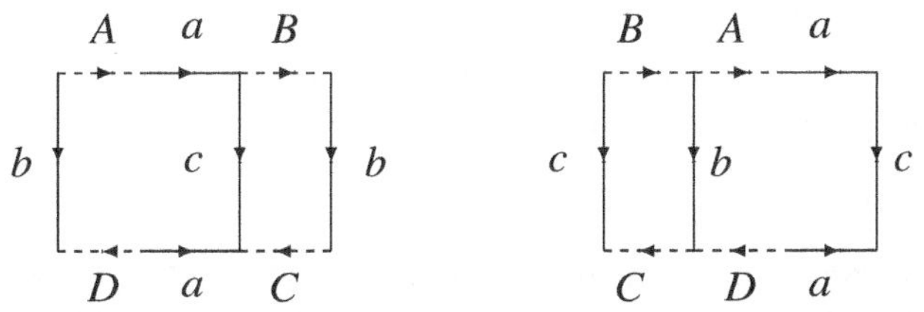

On introduit l'arête d et on coupe suivant elle. Ensuite, on recolle suivant a.

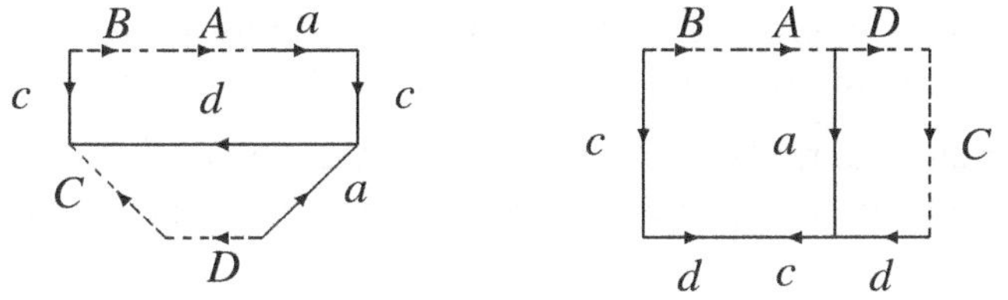

3. On introduit l'arête d et on coupe suivant elle. Ensuite, on recolle le long de c.

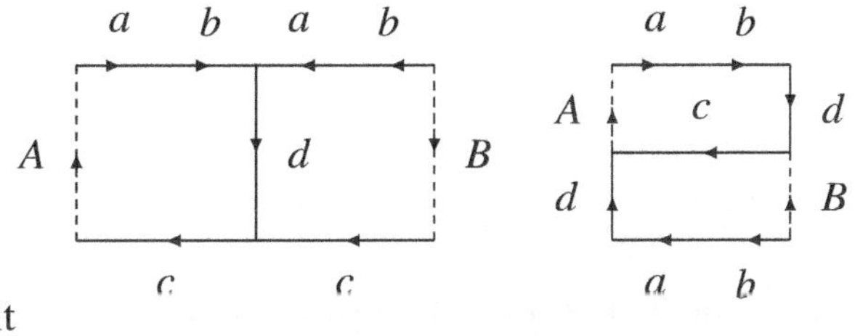

On en déduit

$$Aaba^{-1}b^{-1}Bc^2 \sim AabdB^{-1}bad.$$

On applique ensuite plusieurs fois la première propriété de cette proposition ; nous soulignons l'arête qui joue le rôle de l'arête a dans l'énoncé de (1).

$$\begin{aligned} A\underline{a}bdB^{-1}b\underline{a}d &\sim dA\underline{b}^{-1}Bd^{-1}\underline{b}^{-1}e^2 \\ &\sim e^2\underline{d}A\underline{d}B^{-1}f^2 \\ &\sim B^{-1}f^2e^2A^{-1}g^2. \end{aligned}$$

Dans cette proposition, la première condition regroupe les arêtes avec la même étiquette et la même orientation ; elle fait apparaître les composantes en espaces projectifs dans la somme connexe. La deuxième regroupe les arêtes avec la même étiquette et des orientations opposées ; elle donne naissance aux composantes en tores. La troisième contient le fait que $P_2(\mathbb{R})\#T_1$ est homéomorphe à $P_2(\mathbb{R})\#P_2(\mathbb{R})\#P_2(\mathbb{R})$.

Démonstration du Théorème 2.27. Il résulte directement de la Proposition 2.35 que tout mot est équivalent à l'un des mots suivants,

- aa^{-1},
- $(a_1 b_1 a_1^{-1} b_1^{-1}) \cdots (a_g b_g a_g^{-1} b_g^{-1})$,
- $c_1^2 \cdots c_n^2$.

Avec la description du mot associé à une somme connexe, les surfaces associées sont respectivement la sphère, le tore T_g et une somme connexe de n copies du plan projectif. Dans le chapitre suivant, nous montrerons que deux quelconques des décompositions trouvées ne sont pas homéomorphes.

Terminons par la présentation du ruban de Möbius qui fournit une décomposition intéressante du plan projectif.

Exemple : Le ruban de Möbius est l'espace quotient du carré $[0, 1] \times [0, 1]$ par la relation d'équivalence engendrée par $(0, x) \sim (1, 1 - x)$.

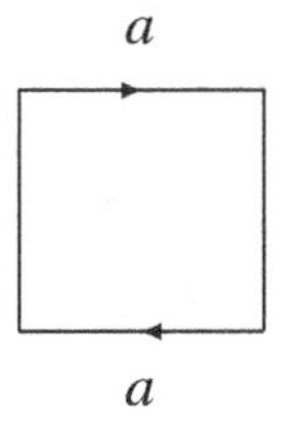

L'espace obtenu n'est pas une surface car les points $(0, y)$ ou $(1, y)$ n'admettent pas de voisinage homéomorphe à un disque mais à un demi-disque. On dit qu'ils forment le bord de la surface ; celui-ci est un cercle et si on attache une 2-cellule le long de ce cercle, on obtient le plan projectif réel, cf. la solution de l'Exercice 2.9. On montre également que la réunion de deux rubans de Möbius le long de ce bord est la bouteille de Klein, cf. Exercice 2.8.

EXERCICES

Exercice 2.1 Notons A et B les parties de la sphère S^n, $n = p + q$, définies par

$$A = \left\{ X = (x_1, \ldots, x_{n+1}) \in S^n \mid x_1^2 + \ldots x_p^2 \geq \frac{1}{2} \right\}$$

$$B = \left\{ X = (x_1, \ldots, x_{n+1}) \in S^n \mid x_1^2 + \ldots x_p^2 \leq \frac{1}{2} \right\}$$

Montrer que l'on a des homéomorphismes $A \cong S^{p-1} \times E^{q+1}$ et $B \cong E^p \times S^q$. En déduire que la sphère S^3 est la réunion de deux tores pleins, $S^1 \times E^2$.

Exercice 2.2 Montrer que les groupes topologiques SO(n), U(n), SU(n) sont compacts et connexes et que le groupe topologique O(n) est compact et a deux composantes connexes.

Exercice 2.3 Soit G un groupe topologique séparé et H un sous-groupe de G.

1) Montrer que l'espace des orbites G/H est séparé si, et seulement si, H est fermé dans G.

2) Si H est un sous-groupe distingué de G, l'ensemble quotient G/H est un groupe pour la loi mult($[g], [g']$) $= [gg']$, l'inverse d'un élément étant donné par inv($[g]$) $=$ $[g^{-1}]$. Montrer que les applications mult: $G/H \times G/H \to G/H$ et inv: $G/H \to G/H$ sont continues.

Exercice 2.4 Soit G un groupe topologique séparé et H un sous-groupe **discret** de G (i.e., H muni de la topologie induite est un espace topologique discret). Notons $q\colon G \to G/H$ la surjection canonique.

1) Exhiber deux voisinages W et V de e tels que $W \cap H = \{e\}$, $V = V^{-1}$ et $V.V^{-1} \subseteq W$ Montrer que les parties $(hV)_{h \in H}$ de G sont disjointes deux à deux.

2) Montrer que H est un fermé de G. En déduire que G/H est séparé.

3) Si l'espace topologique G est connexe, montrer que tout élément de H commute avec tout élément de G. En déduire que H est commutatif.

4) Supposons H distingué dans G. Montrer que la classe $[e] \in G/H$ admet un voisinage U tel que $q^{-1}(U) = \cup_i U_i$, où les parties U_i sont disjointes deux à deux et la restriction $q_{|U_i}\colon U_i \to U$ est un homéomorphisme pour tout i. En déduire qu'il en est de même pour tout $[g] \in G/H$. (On choisira $U = q(V)$, où V est le voisinage de la question **1**).)

Exercice 2.5 Montrer que l'application qui associe à un espace vectoriel son orthogonal induit un homéomorphisme entre $\mathrm{Vect}_k(\mathbb{R}^n)$ et $\mathrm{Vect}_{n-k}(\mathbb{R}^n)$.

Exercice 2.6 L'espace unitaire tangent à une sphère S^n, $T(S^n)$, est le sous-espace de $\mathbb{R}^{n+1} \times \mathbb{R}^{n+1}$ formé des couples $(\vec{x}, \vec{y})$, avec $\vec{x} \in S^n$ et $\vec{y}$ de norme 1, orthogonal à $\vec{x}$. Montrer que $T(S^2)$ est homéomorphe à $P_3(\mathbb{R})$.

Exercice 2.7 Donner une triangulation du tore faisant intervenir 7 sommets. Faire de même pour le plan projectif en utilisant seulement 6 sommets.

Exercice 2.8 Montrer que si l'on recolle deux rubans de Möbius le long de leur bord, on obtient une bouteille de Klein.

Exercice 2.9 Montrer que la bouteille de Klein est homéomorphe à $P_2(\mathbb{R})\#P_2(\mathbb{R})$ et que la somme connexe $T_1\#P_2(\mathbb{R})$ est homéomorphe à la somme connexe de trois copies du plan projectif réel.

Exercice 2.10 Soit S une surface représentée par un mot de la forme $A(ab)C(ab)D$. Montrer que cette surface peut aussi être représentée par le mot $AuCuD$.

Exercice 2.11 Le groupe symétrique d'ordre 2, $\mathcal{S}_2$, agit sur $X \times X$ par permutation des facteurs. On note $\mathrm{Sp}^2(X)$ l'espace des orbites pour cette action. Montrer que l'application qui associe, à chaque couple de points du cercle, le point d'intersection des tangentes issues de ces points, définit un homéomorphisme entre $\mathrm{Sp}^2(S^1)$ et le ruban de Möbius. (On pourra utiliser l'Exercice 2.8.)

Exercice 2.12 Dans $\mathbb{R}^3$, notons f l'inverse de la projection stéréographique, de source le plan d'équation $x_3 = -1$ et de but la sphère unité, centrée à l'origine et privée du point $(0, 0, 1)$.

1) Donner une expression analytique de f.

2) Construire une application $g\colon \mathbb{C}^2\backslash\{0\} \to S^2$ dont la restriction à $\mathbb{C} \times \{1\}$ est l'application f. En déduire l'existence d'un homéomorphisme entre $P_1(\mathbb{C})$ et S^2.

SOLUTION DES EXERCICES

Exercice 2.1 On définit $\varphi\colon A \to S^{p-1} \times E^{q+1}$ par

$$\varphi(x_1, \ldots, x_{n+1}) = \left(\frac{(x_1, \ldots, x_p)}{\sqrt{x_1^2 + \ldots + x_p^2}}, (\sqrt{2}\, x_{p+1}, \ldots, \sqrt{2}\, x_{n+1}) \right).$$

On vérifie que φ est bien définie, bijective et continue. On procède de même pour B. La conclusion provient du fait que $A \cup B = S^n$ et $A \cap B \cong S^{p-1} \times S^q$, d'où

$$S^n \cong E^p \times S^q \cup_{S^{p-1}\times S^q} S^{p-1} \times E^{q+1}.$$

Exercice 2.2 Toute matrice $A \in \mathrm{U}(n)$ vérifie $AA^* = I_n$, où A^* est la matrice adjointe. Il s'ensuit $\|a_{ij}^2\| = a_{ij}\overline{a}_{ij} \leq \sum_{k=1}^{n} \overline{a}_{ik} a_{ik} = 1$. Ainsi $\mathrm{U}(n)$ est borné par n pour la norme $\|A\| = \sqrt{\sum_{i,j} \|a_{ij}\|^2}$. Le groupe $\mathrm{U}(n)$ étant aussi fermé dans $\mathbb{R}^{n^2}$, il est compact pour la topologie induite.

Si $A \in \mathrm{U}(n)$, il existe $H \in \mathrm{U}(n)$ telle que $B = HAH^{-1}$ est une matrice diagonale, i.e., $B = (b_{kl})$ avec $b_{kl} = \delta_{kl} e^{2i\pi\lambda_l}$, $\lambda_l \in \mathbb{R}$. L'application $t \mapsto H^{-1}(\delta_{kl} e^{2i\pi t \lambda_l})H$ est un chemin d'origine la matrice identité et de but A. L'espace $\mathrm{U}(n)$ est donc connexe par arcs. Ces deux arguments s'adaptent aisément aux autres groupes de l'énoncé. Le groupe O(2) a déjà été étudié dans l'Exercice 1.13.

Exercice 2.3

1) Si l'espace quotient G/H est séparé, alors $\{[e]\}$ est fermé dans G/H donc $H = q^{-1}([e])$ est fermé dans G par continuité de q. Pour la réciproque, il suffit d'adapter la preuve du point 3 de Proposition 2.13 après avoir remarqué que le graphe Γ est fermé comme image réciproque de H par l'application continue $G \times G \to G$, $(g, g') \mapsto g'g^{-1}$.

2) Soit W un voisinage ouvert de $[gg']$ dans G/H. Par continuité de l'application q, l'ensemble $q^{-1}(W)$ est un voisinage ouvert de gg'. Par continuité de la multiplication de G, il existe des voisinages ouverts U de g et U' de g' tels que $\mathrm{mult}(U \times U') \subseteq q^{-1}(W)$. D'après la Proposition 2.13, $q(U)$ et $q(U')$ sont des voisinages ouverts de $[g]$ et $[g']$ dans G/H. Par définition de la loi dans G/H, on a $\mathrm{mult}(q(U) \times q(U')) = q(\mathrm{mult}(U \times U')) \subseteq q(q^{-1}(W)) = W$. On procède de même pour l'application $[g] \mapsto [g^{-1}]$ à partir d'un voisinage ouvert W de $[g^{-1}]$ dans G/H.

Exercice 2.4

1) Le sous-groupe H étant discret, il existe un voisinage ouvert W de e dans G tel que $W \cap H = \{e\}$ ($e \in H$!). Par continuité de l'application $(g', g) \mapsto g'g^{-1}$ il existe un voisinage V' de e tel que $V'V'^{-1} \subseteq W$. Le passage à l'inverse étant un homéomorphisme de G dans G, le sous-ensemble V'^{-1} est un voisinage de e. Il suffit donc de prendre $V = V' \cap V'^{-1}$ pour avoir $V = V^{-1}$ et $VV^{-1} \subseteq W$.

Montrons que h_1V et h_2V sont disjoints si $h_1 \neq h_2$. On procède par l'absurde en supposant l'existence de $z \in h_1V \cap h_2V$. Il existe donc deux éléments distincts (sinon $h_1 = h_2$!) $v_1 \in V$ et $v_2 \in V$ tels que $z = h_1v_1 = h_2v_2$, d'où $v_1v_2^{-1} = h_1^{-1}h_2 \in VV^{-1} \cap H \subseteq W \cap H$. On obtient une contradiction avec le choix de W.

2) Soit g un point adhérent à H. Si $g \notin H$, le voisinage gV de g doit contenir deux points *distincts* h_1, h_2 de H. On en déduit l'existence de $v_1 \in V$ et $v_2 \in V$ tels que $h_1 = gv_1$ et $h_2 = gv_2$. On obtient alors une contradiction avec le choix de W car $h_1^{-1}h_2 = v_1^{-1}g^{-1}gv_2 = v_1^{-1}v_2 \in VV^{-1} \cap H \subseteq W \cap H = \{e\}$. La séparation de l'espace G/H découle de l'exercice précédent.

3) Soit $h \in H$ un élément fixé, on note $\varphi_h\colon G \to H$ l'application qui, à $g \in G$, associe $ghg^{-1}h^{-1}$. Cette application est continue, de source un espace topologique connexe et de but un espace discret ; elle est donc constante. L'élément e étant envoyé sur e, l'application φ_h est constante sur e et h commute à tout élément de G. En particulier, h commute à tout élément de H, donc le groupe H est commutatif.

4) Notons $U = q(V)$ où V est le voisinage construit en **1)**. Par définition de la relation d'équivalence, on a $q^{-1}(U) = q^{-1}(q(V)) = \cup_{h\in H}hV$. Étudions la restriction $q_{|hV}\colon hV \to U$. On sait que $q\colon G \to G/H$ est continue et ouverte ; il suffit donc de démontrer que $q_{|hV}$ est bijective pour avoir établi qu'elle est un homéomorphisme. Elle est surjective car $q(hV) = q(h)q(V) = q(V) = U$. Il reste à établir l'injectivité. Si $v_1 \in V$ et $v_2 \in V$ sont tels que $q(hv_1) = q(hv_2)$, alors $hv_2(hv_1)^{-1} = hv_2v_1^{-1}h^{-1} \in H$ d'où $v_2v_1^{-1} \in H$. Par construction de V et W, on a $v_2v_1^{-1} \in VV^{-1} \cap H \subseteq W \cap H = \{e\}$ d'où l'on tire $v_1 = v_2$.

Pour $[g] \in G/H$, le raisonnement est identique avec $U = q(gV)$. À partir des propriétés établies dans cet exercice, nous invitons le lecteur à démontrer le Lemme 1.23 lorsque $q\colon G \to G/H$ remplace l'application exponentielle. Cette étude est reprise, sous une forme plus générale, dans le Corollaire 4.13.

Exercice 2.5 L'espace $\mathrm{Vect}_k(\mathbb{R}^n)$ est homéomorphe à $O(n)/O(k) \times O(n-k)$ par l'homéomorphisme qui associe à chaque matrice l'espace vectoriel engendré par ses k premières colonnes. On définit de même un homéomorphisme entre $\mathrm{Vect}_{n-k}(\mathbb{R}^n)$ et $O(n)/O(k) \times O(n-k)$, en associant à chaque matrice l'espace engendré par ses $n-k$ dernières colonnes. Le composé $\mathrm{Vect}_k(\mathbb{R}^n) \to \mathrm{Vect}_{n-k}(\mathbb{R}^n)$ est un homéomorphisme associant à chaque espace vectoriel son orthogonal.

Exercice 2.6 Le résultat provient du fait suivant : pour tout couple de vecteurs unitaires orthogonaux, $\vec{x}$ et $\vec{y}$, il existe un unique vecteur unitaire, $\vec{z} = \vec{x} \wedge \vec{y}$, tel que les vecteurs $(\vec{x}, \vec{y}, \vec{z})$ forment un élément de SO(3).

Exercice 2.7

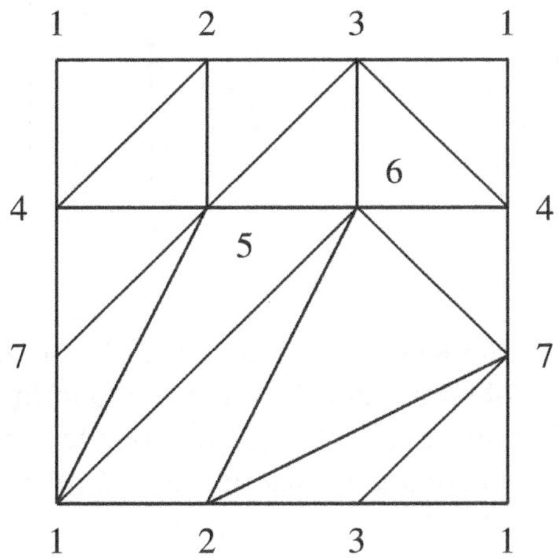

Figure 2.9 Triangulation du Tore avec 7 sommets.

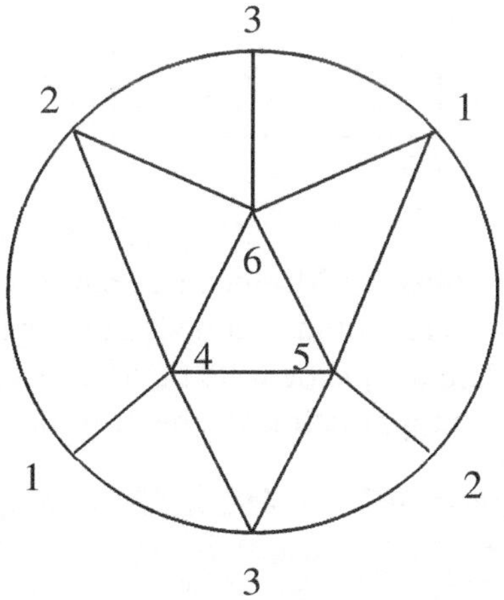

Figure 2.10 Triangulation du plan projectif avec 6 sommets.

Exercice 2.8 Découpons une bouteille de Klein suivant les traits en pointillé. La partie centrale obtenue est un ruban de Möbius. En recollant les deux bandes externes suivant b, nous obtenons un deuxième ruban de Möbius. Nous avons donc démontré que la bouteille de Klein s'obtient en recollant deux rubans de Möbius suivant leur bord, $K_{lein} = M \cup_{\partial M} M$.

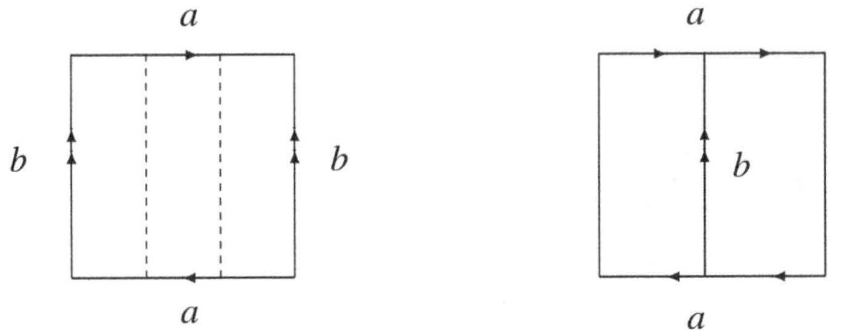

Exercice 2.9 La bouteille de Klein se représente par le mot $aba^{-1}b$ qui, d'après la Proposition 2.35, est équivalent au mot f^2e^2 représentant la somme connexe de deux plans projectifs. Le lecteur peut également démontrer cette assertion par une méthode de “couper-coller”. On commence par découper le plan projectif suivant les traits en pointillé.

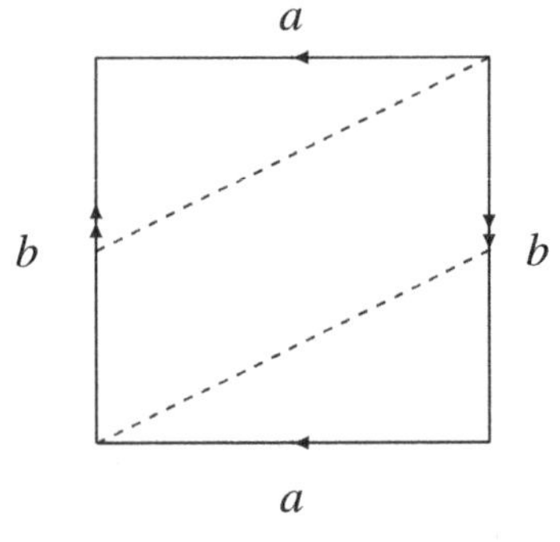

La partie médiane est un ruban de Möbius. Les parties extérieures étant recollées suivant a, l'arête b peut alors être éliminée et nous obtenons un disque. En conclusion, dans $P_2(\mathbb{R})$, on peut choisir un disque de telle façon que son complémentaire soit un ruban de Möbius. On en déduit, par définition de la somme connexe,

$$P_2(\mathbb{R})\#P_2(\mathbb{R}) = M \cup_{\partial M} M = K_{lein}.$$

Le mot associé à la somme connexe d'un tore et d'un plan projectif est $aba^{-1}b^{-1}cc$, mot équivalent à $d^2e^2f^2$ d'après la Proposition 2.35. Ce dernier mot représente la somme connexe de trois plans projectifs, ce qui termine la preuve. Là aussi, nous invitons le lecteur à établir une preuve directe par "couper-coller", en s'inspirant du point 3) de la Proposition 2.35.

Exercice 2.10 Dans un polygone représentant la surface avec comme mot $A(ab)C(ab)D$, on joint l'origine de a à l'extrémité de b au moyen d'une arête u. On coupe ensuite le long de u et on recolle le long de a. L'arête b peut alors être simplifiée et on obtient le résultat.

Exercice 2.11 Considérons la sphère de rayon 1 de $\mathbb{R}^3$ centrée au point $(0, 0, 1)$ et notons E^2_- la calotte inférieure de la sphère, c'est-à-dire la partie formée des points (x, y, z) avec $z \leq 1$. On considère la projection centrale du plan horizontal $z = 0$ sur E^2_- à partir du point $(0, 0, 1)$. L'image de toute droite est un demi-arc de grand-cercle rencontrant le bord de E^2_- en deux points opposés.

On dessine le cercle unité C dans le plan $z = 0$. Si x et y sont deux points de ce cercle, on trace les tangentes en ces points et les demi-arcs de grand cercle associés sur E^2_-. Ces tangentes ont un seul point d'intersection dans $P_2(\mathbb{R})$, vu comme le quotient de E^2_- par la relation d'équivalence identifiant deux points opposés du bord. En effet, si x et y sont diamétralement opposés, on a deux points d'intersection diamétralement opposés sur le bord de E^2_-, qui donnent donc un seul point dans $P_2(\mathbb{R})$. Si $x = y$, on a une seule tangente et, par continuité, on choisit comme image la projection sur E^2_- du point x. Notons C' le cercle image de C et D' l'intérieur du disque associé. La construction précédente définit un homéomorphisme entre $\mathrm{Sp}^2(S^1)$ et $P_2(\mathbb{R})\setminus D'$. D'après l'Exercice 2.8, ce dernier espace est homéomorphe à un ruban de Möbius.

Exercice 2.12 On pose

$$\begin{aligned} f(x_1, x_2, -1) &= \left(\frac{4x_1}{x_1^2 + x_2^2 + 4}, \frac{4x_2}{x_1^2 + x_2^2 + 4}, \frac{x_1^2 + x_2^2 - 4}{x_1^2 + x_2^2 + 4} \right), \\ g(z_1, z_2) &= \left(\frac{4z_1\bar{z}_2}{\|z_1\|^2 + 4\|z_2\|^2}, \frac{\|z_1\|^2 - 4\|z_2\|^2}{\|z_1\|^2 + 4\|z_2\|^2} \right). \end{aligned}$$

Si $\lambda \in \mathbb{C}\setminus\{0\}$, l'application g vérifie $g(\lambda z_1, \lambda z_2) = g(z_1, z_2)$; elle définit donc une application continue $\overline{g}\colon P_2(\mathbb{C}) \to S^2$. Sa restriction à $\mathbb{C} \times \{1\}$ est l'application f. L'application $\overline{g}$ est donc bijective ; c'est un homéomorphisme avec l'argument usuel.

Chapitre 3

Le Théorème de Seifert et Van Kampen

Les deux principaux outils pour le calcul du groupe fondamental d'un espace sont le théorème de Seifert et Van Kampen et la théorie des revêtements. Dans ce chapitre nous énonçons et démontrons le théorème de Seifert et Van Kampen ; la théorie des revêtements est décrite dans le Chapitre 4.

Le cadre naturel du théorème de Seifert et Van Kampen est celui de la théorie combinatoire des groupes. Nous décrivons donc, dans une première section, les éléments de base de cette théorie. Nous présentons ensuite le théorème de Seifert et Van Kampen et l'utilisons pour le calcul du groupe fondamental de nombreux espaces. Comme application, nous achevons le théorème de classification des surfaces en montrant que la sphère, les tores à g trous et les sommes connexes de plans projectifs sont distincts deux à deux car leurs groupes fondamentaux sont deux à deux non isomorphes. Nous montrons également que tout groupe de présentation finie est le groupe fondamental d'un complexe cellulaire fini de dimension 2. En exercices, nous déterminons le groupe fondamental des espaces projectifs, des espaces lenticulaires, du complémentaire d'un nœud torique et de certains entrelacs.

3.1 PRODUITS LIBRES ET SOMMES AMALGAMÉES DE GROUPES

Nous supposons connues les définitions et propriétés des groupes abéliens, en particulier les groupes abéliens libres, la somme directe de groupes abéliens et les propriétés universelles qu'ils vérifient. Le groupe fondamental d'un espace n'étant généralement pas abélien, nous ne pouvons nous limiter à ce cadre et nous introduisons les outils basiques du cadre non commutatif. Le but principal de cette section est la définition d'une somme amalgamée de groupes, nécessaire à l'énoncé du théorème de Seifert et Van Kampen. Tous les groupes sont notés multiplicativement ; ainsi le groupe $\mathbb{Z}$ est représenté par l'ensemble des puissances d'une variable formelle t,

$$\mathbb{Z} = \{ t^n , n \in \mathbb{Z}\} .$$

L'élément neutre du groupe G est noté e_G ou e s'il n'y a pas ambiguïté.

Définition 3.1 *Le* produit libre de deux groupes, *G_1 et G_2, est le groupe noté $G_1 * G_2$ ayant pour éléments les mots $a_1 a_2 \dots a_n$, $n \geq 0$, où les a_i sont des éléments de $G_1 \backslash \{e\}$ ou de $G_2 \backslash \{e\}$ tels que, si a_i appartient à l'un des groupes, a_{i+1} appartient à l'autre et cela pour $i = 1, \dots , n - 1$. Le cas $n = 0$ correspond au mot vide.*

Le produit de deux mots $a_1 \dots a_n$ et $b_1 \dots b_m$ s'effectue de la manière suivante.

- Si a_n et b_1 n'appartiennent pas au même groupe, le produit s'obtient par juxtaposition,
$$(a_1 \dots a_n)(b_1 \dots b_m) = a_1 \dots a_n b_1 \dots b_m .$$
- Si a_n et b_1 appartiennent à un même groupe et que leur produit c dans ce groupe est différent de e, alors
$$(a_1 \dots a_n)(b_1 \dots b_m) = a_1 \dots a_{n-1} c b_2 \dots b_m .$$
- Finalement, si a_n et b_1 sont dans un même groupe et que leur produit vaut e, le produit est défini par induction à partir de la formule
$$(a_1 \dots a_n)(b_1 \dots b_m) = (a_1 \dots a_{n-1})(b_2 \dots b_m) .$$

L'associativité découle des formules ci-dessus et de l'associativité des lois de G_1 et G_2. L'élément neutre est le mot vide, noté e. L'inverse du mot $a_1 \dots a_n$ est le mot $a_n^{-1} \dots a_1^{-1}$. Nous avons ainsi obtenu une structure de groupe, non commutatif dès que les groupes, G_1 et G_2, ne sont pas triviaux. Remarquons en effet que, si $a \in G_1$ et $b \in G_2$ sont différents de l'élément neutre, le mot $aba^{-1}b^{-1}$ est différent de l'élément neutre de $G_1 * G_2$.

L'application i_1 qui, à un élément $g \in G_1 \backslash \{e\}$, associe le mot à une lettre $g \in G_1 * G_2$, est un homomorphisme de groupes, $i_1 \colon G_1 \to G_1 * G_2$. On introduit de même l'homomorphisme $i_2 \colon G_2 \to G_1 * G_2$.

Proposition 3.2 (Propriété universelle du produit libre) *Si $\varphi_1 \colon G_1 \to K$ et $\varphi_2 \colon G_2 \to K$ sont deux homomorphismes de groupes, il existe un, et un seul, homomorphisme de groupes $\psi \colon G_1 * G_2 \to K$ tel que $\psi \circ i_1 = \varphi_1$ et $\psi \circ i_2 = \varphi_2$.*

Démonstration. Soit $a_1 \dots a_{2m} \in G_1 * G_2$. Si $a_1 \in G_1$, on pose $\psi(a_1 a_2 \dots a_{2m}) = \varphi_1(a_1)\varphi_2(a_2)\dots\varphi_2(a_{2m})$, et des formules semblables pour les autres cas.

Définition 3.3 *Un* groupe libre à n générateurs *est le produit libre itéré de n copies du groupe* $\mathbb{Z}$.

Si on note les éléments du i-ème facteur $\mathbb{Z}$ comme les puissances d'une variable t_i, $1 \leq i \leq n$, alors le groupe libre à n générateurs apparaît comme l'ensemble des mots non commutatifs que l'on peut écrire avec les lettres $t_i^{n_i}$. Ainsi dans $\mathbb{Z} * \mathbb{Z}$, on trouve les mots $t_1^3 t_2^{-4} t_1^{-1} t_2^8$, $t_1 t_2 t_1$, $t_2 t_1^{-1} t_2^4$, etc. De même, les mots $t_1 t_2 t_1^{-3} t_3^3 t_2^5$ et $t_3 t_1 t_3^{-1} t_2$ appartiennent à $\mathbb{Z} * (\mathbb{Z} * \mathbb{Z})$.

Dans la suite, le *groupe libre à n générateurs* est noté $\langle t_1, \dots, t_n \rangle$.

En particularisant la propriété universelle du produit libre de groupes, on obtient la propriété universelle suivante des groupes libres. Elle est une conséquence directe du fait que, pour tout groupe G, la donnée d'un homomorphisme de groupes $\varphi\colon \mathbb{Z} \to G$ est équivalente à la donnée d'un élément de G, à savoir l'élément $\varphi(1)$.

Corollaire 3.4 (Propriété universelle des groupes libres) *Si $g_1, \dots, g_n$ sont n éléments d'un groupe G, il existe un, et un seul, homomorphisme de groupes $\varphi\colon \langle t_1, \dots, t_n \rangle \to G$ tel que $\varphi(t_i) = g_i$.*

Rappelons que si H est un sous-groupe d'un groupe G, l'ensemble G/H est, par définition, l'ensemble quotient de G par la relation d'équivalence : $g_1 \sim g_2$ si, et seulement si, il existe $h \in H$ avec $g_1 = g_2 h$. Le sous-groupe H est dit normal si, pour tout $g \in G$, les ensembles $gH = \{gh\,, h \in H\}$ et $Hg = \{hg\,, h \in H\}$ coïncident. Dans ce cas, la surjection canonique $q : G \to G/H$ est un homomorphisme de groupes pour la loi définie sur G/H par

$$[g_1][g_2] = [g_1 g_2].$$

Vérifions que cette loi est bien définie. Si $[g_1] = [g_1']$ et $[g_2] = [g_2']$, il existe h_1 et h_2 dans H avec $g_1' = gh_1$ et $g_2' = g_2 h_2$, d'où $g_1' g_2' = g_1 h_1 g_2 h_2$. Comme H est normal dans G, il existe $h_3 \in H$ avec $h_1 g_2 = g_2 h_3$. Ceci donne $g_1' g_2' = g_1 g_2 h_3 h_2$, et donc $[g_1' g_2'] = [g_1 g_2]$.

Observons que, pour tout sous-groupe normal H de G et tout homomorphisme de groupes, $\varphi\colon G \to K$, il existe un homomorphisme de groupes $\overline{\varphi}\colon G/H \to K$ tel que $\overline{\varphi} \circ q = \varphi$, si, et seulement si, H est inclus dans le noyau de φ. Dans ce cas, on dit que l'homomorphisme φ *s'étend au quotient.*

Définition 3.5 *Si G est un groupe et $(a_i)_{i\in I}$ une famille d'éléments de G,* le sous-groupe normal de G engendré par la famille $(a_i)_{i\in I}$ *est le sous-groupe N de G formé* *des éléments*

$$(g_1 a_{i_1}^{\pm} g_1^{-1})(g_2 a_{i_2}^{\pm} g_2^{-1}) \cdots (g_q a_{i_q}^{\pm} g_q^{-1}),$$

où $q \geq 0$, $g_i \in G$ *et* $a_j^{\pm}$ *désigne* a_j *ou* a_j^{-1}.

La vérification que N est le plus petit sous-groupe normal de G contenant les éléments $(a_i)_{i \in I}$ est facile et laissée au lecteur. La surjection canonique, $q : G \to G/N$, envoie a_i sur l'élément neutre, $q(a_i) = e$, pour tout $i \in I$. Le cas général de l'existence d'une extension au quotient se caractérise ici par l'image des éléments $(a_i)_{i \in I}$.

Proposition 3.6 *Soit* $\varphi \colon G \to K$ *un homomorphisme de groupes et* N *le sous-groupe normal de* G *engendré par une famille* $(a_i)_{i \in I}$. *Alors il existe un homomorphisme de groupes,* $\overline{\varphi} \colon G/N \to K$, *tel que* $\overline{\varphi} \circ q = \varphi$ *si, et seulement si, on a* $\varphi(a_i) = e$, *pour tout* $i \in I$.

Définition 3.7 *Le* sous-groupe des commutateurs, $[G, G]$, *d'un groupe* G *est le sous-groupe normal de* G *engendré par les éléments* $aba^{-1}b^{-1}$, *lorsque* a *et* b *parcourent* G. *Le quotient* $G/[G, G]$ *est un groupe commutatif, appelé* l'abélianisé de G *et noté* G_{ab}.

La Proposition 3.6, appliquée à ce cas particulier, donne la propriété universelle de l'abélianisé d'un groupe.

Corollaire 3.8 *Si* H *est un groupe commutatif et* $\varphi \colon G \to H$ *un homomorphisme de groupes, il existe un, et un seul, homomorphisme de groupes,* $\overline{\varphi} \colon G_{ab} \to H$, *tel que* $\overline{\varphi}([g]) = \varphi(g)$, *pour tout* $g \in G$.

L'abélianisé du groupe libre $\langle t_1, \ldots, t_n \rangle$ et le groupe abélien libre de rang n, $\mathbb{Z}^n$, vérifient la même propriété universelle ; ils sont donc isomorphes. En particulier, si $G = \mathbb{Z} * \mathbb{Z}$ et si N est le sous-groupe normal engendré par $t_1 t_2 t_1^{-1} t_2^{-1}$, alors $G/N = G_{\text{ab}}$ est isomorphe à $\mathbb{Z} \oplus \mathbb{Z}$.

Définition 3.9 *Un groupe* G *est dit* finiment engendré *s'il existe un homomorphisme surjectif* $\varphi \colon \langle t_1, \ldots, t_n \rangle \to G$. *Les éléments* $\varphi(t_i)$ *sont appelés des* générateurs *du groupe. Si, de plus, le noyau de* φ *est le sous-groupe normal* N *engendré par un nombre fini d'éléments* $a_1, \ldots, a_r$, *alors* G *est dit* finiment présenté. *Dans ce cas,* G *est isomorphe à* $\langle t_1, \ldots, t_n \rangle / N$ *et on le note* $\langle t_1, \ldots, t_n \,;\, a_1, \ldots, a_r \rangle$.

Par exemple, on a les présentations finies suivantes, $\mathbb{Z}/n\mathbb{Z} = \langle t; t^n \rangle$, $\mathbb{Z} \oplus \mathbb{Z} = \langle t_1, t_2; t_1 t_2 t_1^{-1} t_2^{-1} \rangle$, $\mathbb{Z}/3\mathbb{Z} \oplus \mathbb{Z}/5\mathbb{Z} = \langle t_1, t_2; t_1^3, t_2^5, t_1 t_2 t_1^{-1} t_2^{-1} \rangle$. Introduisons maintenant la notion de somme amalgamée de groupes.

Définition 3.10 *Soit* $\varphi_1 \colon H \to G_1$ *et* $\varphi_2 \colon H \to G_2$ *deux homomorphismes de groupes. La* somme amalgamée de (φ_1, φ_2) *ou, par abus, la* somme amalgamée de G_1

et G_2 au-dessus de H, *est le groupe* $(G_1 * G_2)/N$, *quotient du produit libre* $G_1 * G_2$ *par son sous-groupe normal* N, *engendré par les éléments* $\varphi_1(h)\varphi_2(h)^{-1}$ *lorsque* h *parcourt* H. *On le note* $G_1 *_H G_2$.

Comme précédemment, i_1 et i_2 sont les injections respectives de G_1 et G_2 dans le produit libre $G_1 * G_2$; nous notons $\bar{\imath}_1$ et $\bar{\imath}_2$ leurs composés avec la surjection canonique $G_1 * G_2 \to G_1 *_H G_2$. Par définition, on a $\bar{\imath}_1 \circ \varphi_1 = \bar{\imath}_2 \circ \varphi_2$. En combinant la propriété universelle du produit libre et la Proposition 3.6, on obtient la *propriété universelle de la somme amalgamée.*

Proposition 3.11 *Avec les notations précédentes, si* $\psi_1 \colon G_1 \to L$ *et* $\psi_2 \colon G_2 \to L$ *sont des homomorphismes de groupes vérifiant* $\psi_1 \circ \varphi_1 = \psi_2 \circ \varphi_2$, *alors il existe un, et un seul, homomorphisme de groupes* $\Phi \colon G_1 *_H G_2 \to L$, *tel que* $\Phi \circ \bar{\imath}_1 = \psi_1$ *et* $\Phi \circ \bar{\imath}_2 = \psi_2$,

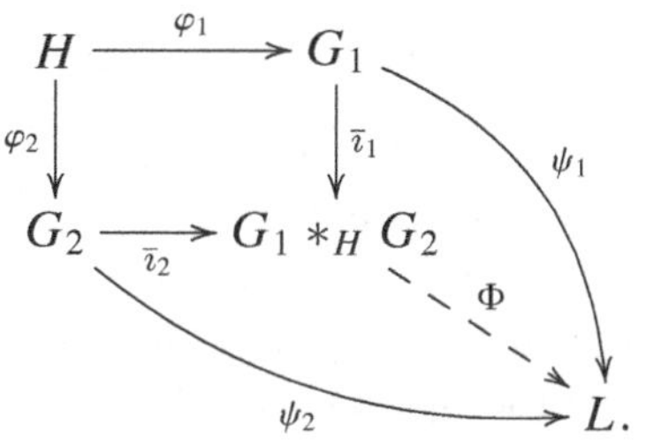

Si les groupes G_1 et G_2 sont donnés par générateurs et relations, $G_1 = \langle S_1; R_1\rangle$ et $G_2 = \langle S_2; R_2\rangle$, et si le groupe H est engendré par S, le groupe $G_1 *_H G_2$ admet pour présentation

$$G_1 *_H G_2 = \langle S_1, S_2; R_1, R_2, \varphi_1(s)\varphi_2(s)^{-1}, s \in S\rangle.$$

Si $H = \{1\}$, on retrouve le produit libre, $G_1 *_{\{1\}} G_2 = G_1 * G_2$. Si $G_1 = \{1\}$ et si H est un sous-groupe normal de G_2, la somme amalgamée est le quotient de G_2 par H, i.e., $\{1\} *_H G_2 = G_2/H$.

3.2 THÉORÈME DE SEIFERT ET VAN KAMPEN

Soit X un espace topologique muni d'un recouvrement formé de deux ouverts U et V tels que U, V et $U \cap V$ sont connexes par arcs. On considère les injections canoniques $i_U \colon U \cap V \to U$, $i_V \colon U \cap V \to V$, $j_U \colon U \to X$ et $j_V \colon V \to X$. Elles induisent le

diagramme commutatif suivant

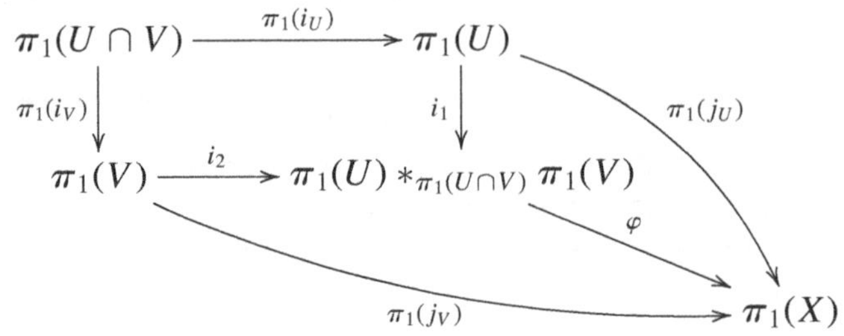

dans lequel les groupes fondamentaux sont pointés en $x_0 \in U \cap V$ et où l'homomorphisme φ est une conséquence de la propriété universelle de la somme amalgamée de groupes.

Théorème 3.12 (Théorème de Seifert et Van Kampen) *Avec les notations et hypothèses précédentes, l'homomorphisme φ est un isomorphisme de groupes.*

Démonstration. Dans la Proposition 1.35, nous avons montré que, si on ajoute aux hypothèses précédentes, $\pi_1(U) = \{1\}$ et $\pi_1(V) = \{1\}$, alors l'espace X est simplement connexe, i.e., $\pi_1(X) = \{1\}$. Le début de la preuve de cette proposition s'applique aussi ici ; il entraîne que tout lacet de X centré en x_0 est homotope à un produit de lacets situés dans U ou dans V, autrement dit que l'application $\pi_1(U) * \pi_1(V)$ dans $\pi_1(X)$ est surjective. Il en résulte que l'application induite φ est surjective. Il nous reste donc à établir l'injectivité de φ.

Considérons deux éléments $[\alpha_1][\alpha_2]\ldots[\alpha_n]$ et $[\beta_1][\beta_2]\ldots[\beta_m]$ dans $\pi_1(U) *_{\pi_1(U\cap V)} \pi_1(V)$. Ici les α_i et les β_j sont des lacets de X centrés en x_0 et situés dans U ou dans V. Nous supposons que ces éléments ont même image par φ, c'est-à-dire que les lacets $\alpha = \alpha_1.\alpha_2\ldots\alpha_n$ et $\beta = \beta_1.\beta_2\ldots\beta_m$ sont homotopes dans X, et nous devons démontrer que $[\alpha_1][\alpha_2]\ldots[\alpha_n] = [\beta_1][\beta_2]\ldots[\beta_m]$ dans $\pi_1(U) *_{\pi_1(U\cap V)} \pi_1(V)$.

Notons $H : [0,1]^2 \to X$ une homotopie entre α et β. D'après le théorème du nombre de Lebesgue (Proposition 1.22), il existe des découpages $0 = t_0 < t_1 < \cdots < t_r = 1$ et $0 = s_0 < s_1 < \cdots < s_q = 1$ du carré $[0,1]^2$, tels que l'image par H de chaque petit rectangle $[t_i, t_{i+1}] \times [s_j, s_{j+1}]$ est située dans U ou dans V. Nous raffinons ensuite ces découpages pour que les découpages induits sur chacun des deux côtés, $[0,1] \times \{0\}$ et sur $[0,1] \times \{1\}$, soit un raffinement des découpages induits par l'écriture $\alpha = \alpha_1.\alpha_2 \cdots \alpha_n$ et $\beta = \beta_1.\beta_2 \cdots \beta_m$.

Nous étendons maintenant cette application H, définie sur le carré $[0,1]^2$, en une application $H' \colon [0,1]^3 \to X$, définie sur le cube $[0,1]^3$. Pour cela, grâce à l'hypothèse de connexité par arcs, pour tout point x de X nous choisissons un chemin $\gamma_x \colon [0,1] \to X$ allant de x au point x_0. Si $x = x_0$, nous prenons le chemin constant sur x_0. Si $x \in U$, nous choisissons le chemin avec son support dans U ; de même si $x \in V$, le chemin choisi est situé dans V. Nous procédons par étapes successives pour la construction de l'application H'.

- Sur la base du cube, nous posons $H' = H$, i.e., $H'(u,v,0) = H(u,v)$.
- Sur les arêtes verticales, de base un point de la forme (t_i, s_j), nous posons $H'(t_i, s_j, r) = \gamma_{H(t_i,s_j)}(r)$.
- Pour les carrés $[t_j, t_{j+1}] \times \{s_j\} \times [0,1]$, nous utilisons une méthode (déjà introduite dans la preuve du Théorème 2.8) qui permet d'étendre de façon continue, à un carré, une fonction définie sur trois côtés de ce carré. Plus précisément, soit q la projection de $[t_j, t_{j+1}] \times \{s_j\} \times [0,1]$ sur

  $$[t_i, t_{i+1}] \times \{s_j\} \times \{0\} \cup \{t_i\} \times \{s_j\} \times [0,1] \cup \{t_{i+1}\} \times \{s_j\} \times [0,1],$$

  effectuée à partir du point $((t_i + t_{i+1})/2, s_j, 2)$. Nous définissons alors H' par $H' \circ q$. En procédant de même pour les carrés situés au-dessus des segments $\{t_i\} \times [s_j, s_{j+1}]$, nous avons ainsi défini H' au-dessus des droites $t = t_i$ et $s = s_j$. Observons que, par choix du chemin γ_{x_0} comme chemin constant sur x_0, la restriction de H' aux segments $\{0\} \times [0,1] \times \{1\}$ et $\{1\} \times [0,1] \times \{1\}$ est constante sur le point x_0.
- Pour la dernière étape, nous procédons de façon similaire en étendant de façon continue, à un cube, une fonction définie sur toutes les faces du cube sauf une. Notons q la projection du cube $[t_i, t_{i+1}] \times [s_j, s_{j+1}] \times [0,1]$, sur sa base et ses faces latérales, à partir du point $((t_i + t_{i+1})/2, (s_j + s_{j+1})/2, 2)$. L'application H' est alors définie sur le cube par $H' \circ q$ et l'image par H' de chaque rectangle $[t_i, t_{i+1}] \times [s_j, s_{j+1}] \times \{1\}$ est située dans U ou dans V.

Par construction, pour tout i, la restriction de H' à l'intervalle $[t_i, t_{i+1}] \times \{0\} \times \{0\}$ est égale à α_i et la restriction de H' à $[t_i, t_{i+1}] \times \{0\} \times [0,1]$ est une homotopie dans U entre deux lacets de U. En conséquence $\alpha_1 \dots \alpha_n$ et l'image par H' de $[0,1] \times \{0\} \times \{1\}$ sont deux lacets conduisant au même élément dans $\pi_1(U) *_{\pi_1(U\cap V)} \pi_1(V)$. De même $\beta_1 \dots \beta_m$ et le lacet $H'([0,1] \times \{1\} \times \{1\})$ sont deux lacets égaux dans $\pi_1(U) *_{\pi_1(U\cap V)} \pi_1(V)$. Comme $H'(\{t_i\} \times \{s_j\} \times \{1\}) = x_0$ pour tout i, j, les restrictions de H' aux intervalles $[t_i, t_{i+1}] \times \{s_j\} \times \{1\}$ et $\{t_i\} \times [s_j, s_{j+1}] \times \{1\}$ sont des lacets notés $c_{i,j}$ et $d_{i,j}$. Par construction ces lacets sont dans U ou dans V.

Considérons maintenant tous les chemins allant de $(0,0,1)$ à $(1,1,1)$ et formés de lacets $c_{i,j}$ et $d_{i,j}$. Chacun de ces chemins, étant un composé de lacets entièrement dans U ou dans V, conduit à un élément de $\pi_1(U) *_{\pi_1(U\cap V)} \pi_1(V)$. Chaque carré $[t_i, t_{i+1}] \times [s_j, s_{j+1}]$ donnant une homotopie, dans U ou dans V, entre $c_{i,j}.d_{i+1,j}$ et $d_{i,j}.c_{i,j+1}$, tous les chemins considérés conduisent au même élément de $\pi_1(U) *_{\pi_1(U\cap V)} \pi_1(V)$. En particulier les chemins $H'([0,1]\times\{0\}\times\{1\})$ et $H'([0,1]\times\{1\}\times\{1\})$ sont les mêmes dans la somme amalgamée des deux groupes, et ceci termine la preuve de l'injectivité de γ.

3.3 GROUPE FONDAMENTAL D'UN BOUQUET D'ESPACES

Définition 3.13 *Un* espace pointé *est un couple, (X, x_0), formé d'un espace topologique X et d'un point x_0 de X. Une* application pointée, *$f: (X, x_0) \to (Y, y_0)$, est une application continue vérifiant $f(x_0) = y_0$.*
L'espace pointé (X, x_0) est dit correctement pointé *si le point x_0 admet un voisinage ouvert, V, tel qu'il existe une homotopie $H: V\times[0,1]\to V$, vérifiant $H(x,0)=x$, $H(x,1)=x_0$ et $H(x_0,t)=x_0$ pour tout $t\in[0,1]$ et tout $x\in V$.*

La propriété d'être correctement pointé pour (X, x_0) implique, en particulier, que $\{x_0\}$ est un rétracte par déformation du voisinage V explicité.

Exemple : *Si M est une variété, (M, x_0) est correctement pointé pour tout $x_0\in M$.* En effet, par définition, le point x_0 admet un voisinage ouvert V, muni d'un homéomorphisme $\varphi: V\to D$, où D est la boule ouverte de rayon 1 centrée en l'origine dans $\mathbb{R}^n$ et où $\varphi(x_0)=0$. On définit alors une homotopie, $H: V\times[0,1]\to V$, par $H(x,t)=\varphi^{-1}((1-t)\varphi(x))$.

Proposition 3.14 *Si X est un espace cellulaire, (X, x_0) est correctement pointé pour tout $x_0\in X$.*

Démonstration. La preuve est similaire à celle faite lorsque l'on a une variété mais il faut prendre garde à un fait que nous explicitons dans un cas particulier : si l'on considère la structure cellulaire de la sphère S^2 avec une p-cellule pour $p=0$, 1, 2, la 1-cellule ouverte n'est pas un ouvert de S^2 ; il faut "l'épaissir". On procède comme suit dans le cas général.

Si e est la cellule ouverte à laquelle appartient x_0, nous choisissons un voisinage ouvert V de x_0 inclus dans e et tel que V se rétracte sur x_0 par une homotopie H vérifiant $H(x,0)=x$, $H(x,1)=x_0$ et $H(x_0,t)=x_0$ pour tout $t\in[0,1]$ et tout $x\in V$. Notons X' l'espace cellulaire obtenu après l'attachement de la cellule e et soit $f: S^{n-1}\to X'$ l'application d'attachement d'une nouvelle cellule de X ; nous notons $\overline{f}: E^n\to X'\cup_f e^n$ l'application induite. Le collier de V pour f est le sous-ensemble de $X'\cup_f e^n$ défini par

$$\mathrm{Coll}_f(V) = V\cup\overline{f}(\{tu \mid f(u)\in V, 1/2 < t\le 1\}).$$

Cet ensemble est ouvert dans $X' \cup_f e^n$ et il se rétracte sur le point x_0 avec une homotopie comme dans la Définition 3.13. À chaque ajout d'une nouvelle cellule, $f_i \colon S^{n_i-1} \to X_i$, il suffit donc de prendre le collier de l'étape précédente pour obtenir le voisinage cherché, i.e., on définit inductivement $V_i = \mathrm{Coll}_{f_i}(V_{i-1})$.

Dans les exemples que nous avons introduits jusqu'alors, on a donc toujours (X, x) correctement pointé pour tout $x \in X$. Cette condition n'est cependant pas vérifiée pour tous les espaces topologiques.

Exemple : Considérons le sous-espace C de $\mathbb{R}^2$, appelé *peigne*, et défini par

$$C = \big(\{0\} \times [0,1]\big) \cup \big([0,1] \times \{0\}\big) \cup \big([0,1] \times \{1/n \mid n \in \mathbb{N}\}\big).$$

Le couple $(C, (0,1))$ n'est pas correctement pointé. Notons cependant l'existence d'une rétraction de C sur le point $(0,0)$ qui implique $\pi_1(C, (0,0)) = \{1\}$. Que peut-on dire de $\pi_1(C, (0,1))$?

Remarque : L'espace pointé (X, x_0) est dit *bien pointé* si l'inclusion canonique $\{x_0\} \hookrightarrow X$ a la propriété d'extension des homotopies au sens du Théorème 2.8. On peut montrer que si (X, x_0) est bien pointé, il est aussi correctement pointé. La réciproque est vraie lorsque X est un sous-espace d'un espace compact. La preuve est technique, cf. [44, Theorem 2] et [5, & 1] pour l'interprétation en terme de sous-espace d'un espace compact. Ces deux notions coïncident donc dès que l'espace topologique considéré est normal, ce qui est le cas des complexes cellulaires et des variétés. Nous n'utiliserons pas cette remarque par la suite.

Si (X, x_0) et (Y, y_0) sont deux espaces pointés, rappelons que le bouquet, $X \vee Y$, de ces deux espaces, est obtenu en identifiant x_0 à y_0 dans la réunion disjointe $X \coprod Y$. Observons que $X \vee Y$ est connexe par arcs si X et Y le sont.

Proposition 3.15 *Si les espaces (X, x_0) et (Y, y_0) sont correctement pointés, avec X et Y connexes par arcs, alors on a :*

$$\pi_1(X \vee Y) = \pi_1(X) * \pi_1(Y).$$

Démonstration. Notons V_{x_0} et V_{y_0} les voisinages ouverts de x_0 et de y_0 apparaissant dans la Définition 3.13, ainsi que H_{x_0}, H_{y_0} les homotopies associées. Le bouquet $X \vee Y$ admet un recouvrement ouvert formé des deux ouverts $U = X \vee V_{y_0}$ et $V = V_{x_0} \vee Y$. L'application $K \colon U \times [0,1] \to U$ définie par $K(x,t) = x$ pour $x \in X$ et $K(x,t) = H_{y_0}(y,t)$ pour $y \in V_{y_0}$ montre que X est un rétracte par déformation de U. De même, Y est un rétracte par déformation de V, et le point $\{[x_0] = [y_0]\}$ un rétracte par déformation de $U \cap V$. On déduit alors du théorème de Seifert et Van Kampen l'égalité $\pi_1(X \vee Y) = \pi_1(U) * \pi_1(V) = \pi_1(X) * \pi_1(Y)$.

Par exemple, de $\pi_1(S^1) = \mathbb{Z}$ et $\pi_1(S^2) = \{1\}$, on déduit $\pi_1(S^1 \vee S^2) = \mathbb{Z}$ et $\pi_1(S^2 \vee S^2) = \{1\}$.

Exemple : Soit C_n le bouquet de n copies du cercle S^1. La Proposition 3.15 implique $\pi_1(C_n) = \langle t_1, \dots t_n \rangle$, où le générateur t_i correspond au lacet tournant une fois, dans le sens antihorlogique, autour du i-ème cercle S^1.

Le résultat précédent permet de calculer le groupe fondamental d'un graphe fini, défini comme espace cellulaire fini de dimension 1.

Corollaire 3.16 *Le groupe fondamental d'un graphe fini connexe, G, est un groupe libre à n générateurs avec $n = n_a - n_s + 1$, où n_a désigne le nombre d'arêtes de G et n_s son nombre de sommets.*

Démonstration. Toute arête e, joignant deux points différents, peut être contractée en point et cette contraction est une équivalence d'homotopie, cf. Corollaire 2.9. En itérant cette contraction, on arrive à un bouquet de n cercles. Pour déterminer n, remarquons, qu'à chaque opération de suppression d'une arête, le nombre d'arêtes et le nombre de sommets diminuent chacun d'exactement une unité. La quantité $n_a - n_s$ reste donc invariante. A la fin du procédé, il reste n arêtes et 1 sommet, d'où $n_a - n_s = n - 1$.

3.4 GROUPE FONDAMENTAL ET ATTACHEMENT D'UNE CELLULE

Proposition 3.17 *Soit X un espace connexe par arcs, $f : (S^{n-1}, p) \to (X, x_0)$ une application pointée et $Y = X \cup_f e^n$.*

1. *Si $n \geq 3$, l'injection de X dans Y induit un isomorphisme entre les groupes fondamentaux, $\pi_1(X, x_0) \cong \pi_1(Y, x_0)$.*
2. *Si $n = 2$, l'application f définit un élément $[f] \in \pi_1(X, x_0)$ et $\pi_1(Y, x_0) = \pi_1(X, x_0)/[f]$.*
3. *Si $n = 1$ et si (X, x_0) est correctement pointé, alors $\pi_1(Y, x_0) = \pi_1(X, x_0) * \mathbb{Z}$.*

Démonstration. Supposons tout d'abord $n \geq 2$, et formons le recouvrement de Y par les ouverts U et V suivants. L'ouvert U est l'image dans Y de la boule ouverte de rayon $1/2$ contenu dans E^n, tandis que V est la réunion de X et de l'image du complémentaire de la boule fermée de rayon $1/4$.

L'ouvert U est homéomorphe à une boule ; il a le type d'homotopie d'un point et $U \cap V$ a celui d'une sphère S^{n-1}. En projetant le complémentaire de la boule de rayon $1/4$ sur son bord, on définit une équivalence d'homotopie entre V et l'espace X. Ces ouverts étant connexes par arcs, le théorème de Seifert et Van Kampen s'applique et donne

$$\pi_1(Y) = \pi_1(X) *_{\pi_1(S^{n-1})} \pi_1(U)\,.$$

Lorsque $n \geq 3$, les égalités $\pi_1(S^{n-1}) = \pi_1(U) = \{1\}$ entraînent l'existence d'un isomorphisme entre $\pi_1(X)$ et $\pi_1(Y)$. Lorsque $n = 2$, la formule précédente donne $\pi_1(Y, x_0) = \pi_1(X, x_0)/[f]$.
Considérons maintenant le cas $n = 1$. Comme X est connexe par arcs, l'application $f\colon S^0 \to X$ est homotope à l'application constante sur x_0. D'après la Proposition 2.10, l'espace Y a le type d'homotopie du bouquet $X \vee S^1$, d'où le résultat en appliquant la Proposition 3.15.

Corollaire 3.18 *Tout groupe finiment présenté est le groupe fondamental d'un espace.*

Démonstration. Soit $G = \langle t_1, \ldots, t_n; r_1, \ldots, r_s\rangle$ un groupe de présentation finie. Notons X un bouquet de n cercles, on a $\pi_1(X) = \langle t_1, \ldots, t_n\rangle$. Chaque mot de $\langle t_1, \ldots, t_n\rangle$ correspond donc à une application continue pointée de S^1 dans X. Notons $f_1, \ldots, f_s$ des applications continues pointées de S^1 dans X avec $[f_i] = r_i$ pour i allant de 1 à s. Nous ajoutons à X des 2-cellules, le long de ces applications f_i pour former l'espace Y,

$$Y = \left(\cdots((X \cup_{f_1} e^2) \cup_{f_2} e^2) \cdots \cup_{f_s} e^2\right)\,.$$

Il résulte alors de la Proposition 3.17 que $\pi_1(Y) = G$.

Corollaire 3.19 *Si S est une surface compacte connexe, de mot associé f, écrit avec n lettres, son groupe fondamental est*

$$\pi_1(S) = \langle t_1, \ldots, t_n; f\rangle.$$

Démonstration. Rappelons l'argument déjà développé dans le point 3. de l'exemple situé après la Définition 2.7. Le polygone réduit P, associé à la surface, peut être vu comme un disque de rayon 1, dont le bord est décomposé en un nombre pair, $2n$, d'arcs de cercles identifiés deux à deux. Ce bord est donc un bouquet, C_n, de n cercles et la surface est un espace cellulaire obtenu en ajoutant une 2-cellule, qui est le disque D, à ce bord suivant l'application $f\colon S^1 \to C_n$ déterminée par le mot associé à f. La Proposition 3.17 et la Proposition 3.15 impliquent alors

$$\pi_1(S) = \langle t_1, \ldots t_n; f\rangle\,.$$

Exemples : Détaillons quelques cas particuliers de surfaces.

- Le mot associé au *plan projectif* est a^2. En conséquence, $\pi_1(P_2(\mathbb{R}) = \langle t; t^2 \rangle = \mathbb{Z}/2\mathbb{Z}$.
- Le mot associé à un *tore à g trous*, T_g, est $(a_1 b_1 a_1^{-1} b_1^{-1}) \cdots (a_g b_g a_g^{-1} b_g^{-1})$. En conséquence, $\pi_1(T_g) = \langle a_1, b_1, \ldots, a_g, b_g\,;\, \prod_{1 \leq i \leq g} (a_i b_i a_i^{-1} b_i^{-1}) \rangle$. Pour $g = 1$, on obtient bien $\pi_1(T_1) = \langle a, b; aba^{-1}b^{-1} \rangle = \mathbb{Z} \oplus \mathbb{Z}$. Pour $g > 1$ le groupe est fortement non commutatif ; il contient un groupe libre à g générateurs. En effet, considérons l'homomorphisme $\varphi\colon \pi_1(T_g) \to \langle a_1, a_2, \ldots, a_g \rangle$ obtenu en posant $\varphi(a_i) = a_i$ et $\varphi(b_i)$ égal à l'élément neutre ; ce morphisme est bien défini car la relation $(a_1 b_1 a_1^{-1} b_1^{-1}) \cdots (a_g b_g a_g^{-1} b_g^{-1})$ est envoyée sur l'élément neutre. L'existence de l'application φ montre que le groupe libre $\langle a_1, a_2, \ldots, a_g \rangle$ est un rétracte de $\pi_1(T_g)$, donc s'injecte dans $\pi_1(T_g)$.
- Le mot associé à la *bouteille de Klein* est $aba^{-1}b$. En conséquence, $\pi_1(K_{lein}) = \langle a, b; aba^{-1}b \rangle$. Des expressions équivalentes sont données dans l'Exercice 3.1 et l'Exercice 4.2.

Théorème 3.20 *La sphère, les tores à g trous et les sommes connexes de plans projectifs sont des surfaces non homéomorphes.*

> *Démonstration.* Si nous montrons que les abélianisés des groupe fondamentaux de ces surfaces sont différents, elles n'auront pas le même type d'homotopie et ne pourront donc pas être homéomorphes.
>
> Si $S = S^2$, on a $\pi_1(S) = \{1\}$.
>
> Si $S = T_g$, on a $\pi_1(S)_{ab} = \mathbb{Z}^{2g}$.
>
> Si S est une somme connexe de r plans projectifs, on a $\pi_1(S) = \langle t_1, \ldots, t_r\,;\, t_1^2 t_2^2 \ldots t_r^2 \rangle$ d'où, avec l'Exercice 3.2, $\pi_1(S)_{ab} = \mathbb{Z}^{r-1} \oplus \mathbb{Z}/2\mathbb{Z}$.
>
> Tous ces groupes sont bien différents deux à deux, ce qui donne le résultat.

Si deux surfaces, compactes et connexes, ont même groupe fondamental, elles sont donc homéomorphes. Un résultat analogue est faux en dimension 3, comme le montrent les espaces lenticulaires : les espaces lenticulaires $L_{5,1}$ et $L_{5,2}$ ont même groupe fondamental (cf. Exercice 3.7) et on peut montrer qu'ils n'ont pas même type d'homotopie, cf. [11].

Si une surface est simplement connexe, le théorème précédent implique que cette surface est homéomorphe à une sphère. Poincaré a conjecturé (en 1904) qu'une variété compacte, simplement connexe, de dimension 3, est homéomorphe à S^3. Une réponse positive a été apportée par Grigori Perelman en 2003, ce qui lui a valu la Médaille Fields en 2006.

En dimension supérieure ou égale à 4, un tel résultat est trivialement faux ; par exemple, le produit $S^2 \times S^2$ est simplement connexe mais n'est pas homéomorphe à la sphère S^4. On peut alors se poser la question de savoir si une variété M compacte, connexe, de dimension n, ayant le type d'homotopie de la sphère S^n, est homéomorphe ou non à la sphère S^n. La réponse est oui ; elle est due à S. Smale (1960, [42]) en dimension strictement plus grande que 4 et à M. Freedman (1982, [18]) en dimension 4.

EXERCICES

Exercice 3.1 Montrer que les groupes $\langle a, b; abab^{-1}\rangle$ et $\langle u, v; u^2v^2\rangle$ sont isomorphes. Faire de même avec les groupes $\langle a, b; a^3b^{-2}\rangle$ et $\langle u, v; uvuv^{-1}u^{-1}v^{-1}\rangle$.

Exercice 3.2 Montrons que l'abélianisé du groupe $G = \langle t_1, \ldots, t_n \, ; \, t_1^2t_2^2 \cdots t_n^2\rangle$ est $\mathbb{Z}^{n-1} \oplus \mathbb{Z}/2\mathbb{Z}$.

Exercice 3.3 Par définition, un *arbre* est un graphe contractile. Un arbre A inclus dans un graphe G est dit *maximal* s'il n'est pas inclus strictement dans un autre sous-arbre de G. Soit G un graphe fini connexe et A un arbre maximal dans G ; montrer que G/A est un bouquet de cercles et que G et G/A ont même type d'homotopie.

Exercice 3.4 Déterminer le groupe fondamental du complémentaire d'un point dans la sphère S^2, dans le tore $S^1 \times S^1$ et dans le plan projectif réel.

Exercice 3.5 Déterminer $\pi_1(P_n(\mathbb{R}))$ et $\pi_1(P_n(\mathbb{C}))$, pour $n \geq 1$.

Exercice 3.6 Construire un espace X ayant comme groupe fondamental $\mathbb{Z}/n\mathbb{Z}$.

Exercice 3.7 Soit p et q deux entiers premiers entre eux. Notons r la rotation de $\mathbb{R}^3$, d'axe vertical orienté suivant la base canonique, et d'angle $2\pi/p$, et notons σ la symétrie orthogonale par rapport au plan $z = 0$. *L'espace lenticulaire* $L_{p,q}$ est le quotient de la boule E^3 par la relation d'équivalence R qui identifie un point x du bord S^2 de E^3 avec le point $\sigma(r^q(x))$. Calculer $\pi_1(L_{p,q})$.

Exercice 3.8 Le *mapping tore* d'une application continue, $f\colon X \to X$, est l'espace quotient, $T_f = X \times [0, 1]/R$, avec $(x, 1)R(f(x), 0)$.

1) Montrer que la bouteille de Klein et le tore sont des cas particuliers de mapping tore.

2) Supposons (X, x_0) correctement pointé, pour un voisinage V, et $f(x_0) = x_0$. Calculer le groupe fondamental $\pi_1(T_f)$ en fonction de $\pi_1(X, x_0) = \langle a_i; r_i\rangle$.

Exercice 3.9 Nous identifions $\mathbb{R}^n$ à une partie de la sphère S^n par la projection stéréographique. Si A est une partie compacte de $\mathbb{R}^n$ avec $n \geq 3$, montrer que $\pi_1(\mathbb{R}^n \backslash A) \cong \pi_1(S^n \backslash A)$.

Exercice 3.10 Le tore $S^1 \times S^1$ est homéomorphe au quotient de $\mathbb{R}^2$ par la relation d'équivalence identifiant (a, b) à $(a+n, b+m)$, pour m et $n \in \mathbb{Z}$. Notons $\rho : \mathbb{R}^2 \to S^1 \times S^1$ l'application quotient. On appelle *noeud torique* (p, q) et on note $C_{p,q}$ la courbe image par ρ de la droite d'équation $y = \frac{p}{q}x$. Calculer $\pi_1(\mathbb{R}^3 \backslash C_{p,q})$. (On pourra utiliser les exercices 3.9 et 2.1.)

Exercice 3.11 Un entrelacs est une figure formée par l'image d'une application continue injective d'une union disjointe de cercles dans $\mathbb{R}^3$. Voici trois entrelacs notés A, B et C. Le dessin A représente deux cercles disjoints, le dessin B deux cercles

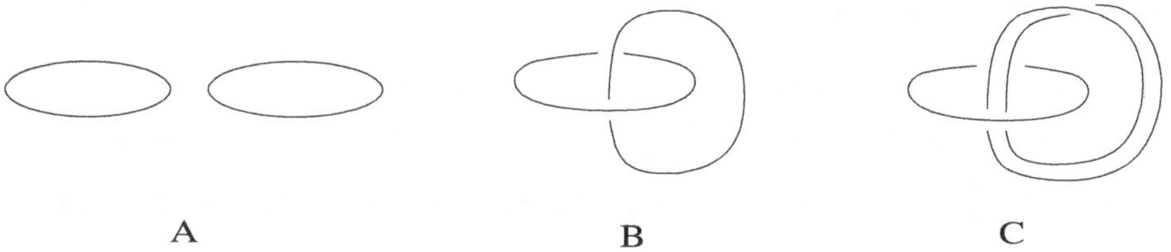

Figure 3.1 Des enlacements.

simplement noués. Dans le dessin C, un des deux cercles passe deux fois à travers l'autre. Le but de l'exercice est de montrer que ces objets sont homotopiquement différents en montrant que le groupe fondamental de leur complémentaire est différent.

1) En utilisant le théorème de Seifert et Van Kampen, montrer que $\pi_1(\mathbb{R}^3 \backslash A) = \mathbb{Z} * \mathbb{Z}$.

2) Les deux cercles de l'entrelacs peuvent être choisis comme l'âme des deux tores pleins dont la réunion suivant leur bord est la sphère S^3, cf. Exercice 2.1. Déterminer $\pi_1(\mathbb{R}^3 \backslash B)$. (On pourra utiliser l'Exercice 3.9.)

3) En choisissant le premier cercle comme l'âme d'un des deux tores et le deuxième cercle à l'intérieur du deuxième tore, calculer $\pi_1(\mathbb{R}^3 \backslash C)$. (On pourra utiliser l'Exercice 3.8.)

SOLUTION DES EXERCICES

Exercice 3.1 Une première méthode consiste à remarquer que ces deux groupes sont des présentations différentes du groupe fondamental du même espace, la bouteille de Klein, à travers l'homéomorphisme $K_{lein} = P_2(\mathbb{R})\# P_2(\mathbb{R})$. Nous pouvons également construire directement un isomorphisme entre ces deux groupes. Pour cela, on définit deux homomorphismes de groupes,

$$\varphi\colon \langle u, v; u^2v^2\rangle \to \langle a, b; abab^{-1}\rangle \quad \text{et} \quad \psi\colon \langle a, b; abab^{-1}\rangle \to \langle u, v; u^2v^2\rangle,$$

par $\varphi(u) = ab$, $\varphi(v) = b^{-1}$, $\psi(a) = uv$, $\psi(b) = v^{-1}$. On vérifie qu'ils sont bien définis, car $\varphi(u^2v^2) = (ab)^2b^{-2} = abab^{-1}$ et $\psi(abab^{-1}) = u^2v^2$, et inverses l'un de l'autre.

Pour le deuxième exemple, on considère les homomorphismes suivants, en laissant les vérifications au lecteur,

$$\varphi\colon \langle a, b; a^3b^{-2}\rangle \to \langle u, v; uvuv^{-1}u^{-1}v^{-1}\rangle \quad \text{avec} \quad \varphi(a) = uv,\ \varphi(b) = uvu,$$
$$\psi\colon \langle u, v; uvuv^{-1}u^{-1}v^{-1}\rangle \to \langle a, b; a^3b^{-2}\rangle \quad \text{avec} \quad \psi(u) = a^{-1}b,\ \psi(v) = b^{-1}a^2.$$

Il s'agit de deux présentations du groupe fondamental du nœud de trèfle étudié dans l'Exercice 3.10.

Avec ces deux exemples, il apparaît bien délicat de déterminer si deux présentations données correspondent au même groupe et il n'existe en général pas d'algorithme pour en décider. Plus particulièrement, en théorie combinatoire des groupes, le "word problem" consiste à décider en un nombre fini d'étapes (nombre borné pour le groupe étudié) si un mot est égal ou non à l'élément neutre. On peut montrer qu'il existe des groupes pour lesquels ce problème n'est pas décidable ; il existe aussi des cas particuliers où la réponse au "word problem" est positive. Pour une étude de ces situations, le lecteur consultera [24].

Exercice 3.2 Soit $\varphi\colon \mathbb{Z}^{n-1} \oplus \mathbb{Z}/2\mathbb{Z} \to G_{\text{ab}}$ l'homomorphisme qui envoie l'élément $(a_1, \ldots, a_n)$ sur $(a_1 + a_n, \ldots, a_{n-1} + a_n, a_n)$. C'est un isomorphisme, d'inverse $(b_1, \ldots, b_n) \mapsto (b_1 - b_n, \ldots, b_{n-1} - b_n, b_n)$.

Plus généralement, l'abélianisé du groupe libre à n générateurs est le groupe abélien libre à n générateurs. Si un groupe est donné par générateurs et relations, $\langle S; R\rangle$, son abélianisé est le groupe quotient du groupe abélien libre $\mathbb{Z}^{\text{card}(S)}$ par l'image $q(R)$ de R à travers la surjection canonique $q : \langle S\rangle \to \mathbb{Z}^{\text{card}(S)}$. Pour le démontrer, il suffit de vérifier qu'ils satisfont la même propriété universelle. Dans le cas particulier étudié, $G = \langle t_1, \ldots, t_n; t_1^2 \ldots t_n^2\rangle$, le sous-groupe $q(R)$ est engendré par $2(1, \ldots, 1) \in \mathbb{Z}^n$.

Exercice 3.3 L'arbre A ayant le type d'homotopie d'un point et G étant obtenu à partir de A par adjonction de 1-cellules, le Corollaire 2.9 implique que G a le même type d'homotopie que G/A.

Pour terminer, il nous reste à établir qu'un arbre maximal, A, passe par tous les sommets de G. En effet, dans le cas contraire, il existe un sommet v de G qui n'appartient pas à A et est joint par une arête e à un sommet de A. L'union de A et de cette arête e étant encore un arbre, on a une contradiction avec la maximalité de A. En conclusion, G/A n'a qu'un seul sommet et est donc un bouquet de cercles.

Exercice 3.4 Par $*$, on désigne un point quelconque de l'espace considéré. La projection stéréographique est un homéomorphisme entre le plan $\mathbb{R}^2$ et la sphère S^2 privée d'un point, d'où $\pi_1(S^2\backslash\{*\}) \cong \pi_1(\mathbb{R}^2) = \{1\}$.

On sait rétracter tout disque privé d'un point sur son bord. En appliquant cette construction à la représentation planaire d'une surface, on rétracte donc la surface privée d'un point, sur le bord de sa représentation planaire. Dans la représentation réduite, le bord n'a qu'un seul sommet ; il s'agit donc d'un bouquet de cercles.

Pour le tore, le bord du carré est un bouquet de 4 cercles et l'identification des arêtes nous donne un bouquet de deux cercles, d'où $\pi_1(T_1\backslash\{*\}) = \mathbb{Z} * \mathbb{Z}$.

Pour le plan projectif réel, le bord est constitué d'un cercle soumis à l'identification des points antipodaux. Ce quotient est donc homéomorphe à $P_1(\mathbb{R}) = S^1$, d'où $\pi_1(P_2(\mathbb{R})\backslash\{*\}) = \mathbb{Z}$.

Exercice 3.5 Nous avons déjà établi, $\pi_1(P_2(\mathbb{R})) = \mathbb{Z}/2\mathbb{Z}$. Supposons, par récurrence sur n, que $\pi_1(P_{n-1}(\mathbb{R})) = \mathbb{Z}/2\mathbb{Z}$, et montrons que $\pi_1(P_n(\mathbb{R})) = \mathbb{Z}/2\mathbb{Z}$.

Rappelons, de la Proposition 2.17, que l'espace $P_n(\mathbb{R})$ est homéomorphe à l'espace cellulaire $P_{n-1}(\mathbb{R}) \cup_{q_{n-1}} e^n$, où $q_{n-1}\colon S^{n-1} \to P_{n-1}(\mathbb{R})$ est la surjection canonique. Nous obtenons la preuve du pas de récurrence en appliquant la Proposition 3.17.

Dans le cas complexe, on sait que $\pi_1(P_1(\mathbb{C})) = \pi_1(S^2) = \{1\}$. Un raisonnement identique à celui mené dans le cas réel, donne $\pi_1(P_n(\mathbb{C})) = \{1\}$, pour tout $n \geq 1$.

Exercice 3.6 L'espace $X = S^1 \cup_f e^2$, où f est une application de S^1 dans S^1 de degré n, répond à la question.

Exercice 3.7 L'espace $L_{p,q}$ est défini comme quotient d'une boule E^3 par une relation d'équivalence R qui ne concerne que les points de son bord S^2. Si on note X le quotient de S^2 par cette relation, l'espace $L_{p,q}$ se décrit aussi comme l'espace cellulaire

$L_{p,q} = X \cup_\rho e^3$, où $\rho\colon S^2 \to X$ est l'application quotient. La Proposition 3.17 implique alors $\pi_1(L_{p,q}) = \pi_1(X)$; il nous suffit donc d'étudier l'espace X.

Notons E^2_+ la calotte supérieure de S^2 et E^2_+/R le quotient de E^2_+ par la relation d'équivalence R précédente. Cette dernière identifie un point x du bord S^1 de E^2_+ avec le point $e^{2\pi q/p}x$. L'injection de E^2_+ dans S^2 induit un homéomorphisme, $E^2_+/R \cong X$. Décomposons le cercle S^1 en p arcs de même longueur. Dans le quotient E^2_+/R ces arcs sont identifiés et forment un cercle S^1_a. Nous répétons le raisonnement fait au début de cet exercice : la relation d'équivalence R ne concernant que les points du bord de la boule E^2_+, l'espace quotient se décrit cellulairement par $X \cong E^2_+/R = S^1 \cup_{\rho'} e^2$, où $\rho'\colon S^1 \to S^1$ est l'application qui parcourt p fois le cercle. En conséquence, en utilisant à nouveau la Proposition 3.17, on obtient $\pi_1(X) = \mathbb{Z}/p\mathbb{Z}$.

Exercice 3.8

1) Le tore et la bouteille de Klein sont obtenus comme mapping tore des applications $f, g\colon S^1 \to S^1$, $f = \mathrm{id}$, et $g(e^{it}) = e^{-it}$.

2) Considérons le recouvrement de T_f par les ouverts

$$U_1 = \big((X \times ([0,1/4[\cup]3/4,1])) \cup (V \times [0,1])\big)/R \text{ et } U_2 =]1/10, 9/10[\times X.$$

Soit $\pi_1(X, x_0) = \langle a_i; r_i\rangle$ une présentation du groupe $\pi_1(X, x_0)$, dans laquelle a_i est la classe d'un lacet α_i. Prenons comme point de base de T_f le point $a = (x_0, 4/5) \in U_1 \cap U_2$. L'ouvert U_2 a le type d'homotopie de X, d'où $\pi_1(U_2, a) = \langle a_i; r_i\rangle$.

Comme dans la preuve de la Proposition 3.15, on constate que l'ouvert U_1 a le type d'homotopie du bouquet $X \vee S^1$, et donc $\pi_1(U_1, a) = \langle a'_i, c; r'_i\rangle$, où c est la classe du lacet γ défini par

$$\gamma(s) = \begin{cases} \left(x_0, \dfrac{4}{5} + s\right), & si\ s + \dfrac{4}{5} \leq 1, \\ \left(x_0, s - \dfrac{1}{5}\right), & si\ s + \dfrac{4}{5} \geq 1. \end{cases}$$

L'ouvert $U_1 \cap U_2$ a le type d'homotopie du bouquet $X \vee X$. Son groupe fondamental est engendré par les éléments b_i et d_i suivants : les b_i sont les classes des lacets $(\alpha_i(s), 4/5)$ et les d_i sont représentés par les composés $u.\beta_i.u^{-1}$, avec $u(s) = (x_0, (1-s)(1/5) + s(4/5))$ et $\beta_i(s) = (\alpha_i(s), 4/5)$.

Notons maintenant $i_1\colon \pi_1(U_1 \cap U_2) \to \pi_1(U_1)$ et $i_2\colon \pi_1(U_1 \cap U_2) \to \pi_1(U_2)$ les applications induites par les injections de $U_1 \cap U_2$ dans U_1 et U_2 respectivement. On a $i_1(b_i) = a'_i$, $i_1(d_i) = c\pi_1(f)(a_i)c^{-1}$, $i_2(b_i) = i_2(d_i) = a_i$. Le théorème de Seifert et Van Kampen implique alors

$$\pi_1(T_f) = \langle a_i, c; r_i, c\pi_1(f)(a_i)c^{-1}a_i^{-1}\rangle\,.$$

Exercice 3.9 Soit $U_\varepsilon = \{(x_1, \ldots, x_{n+1}) \in S^n \mid x_{n+1} > 1 - \varepsilon\}$. L'homéomorphisme $h\colon S^n \backslash \{(0, \ldots, 0, 1)\} \to \mathbb{R}^n$, défini par

$$h(x_1, \ldots, x_{n+1}) = \left(\frac{x_1}{1 - x_{n+1}}, \ldots, \frac{x_n}{1 - x_{n+1}} \right),$$

envoie homéomorphiquement l'ouvert $U_\varepsilon \backslash \{(0, \ldots, 0, 1)\}$ sur le complémentaire de la boule centrée en 0 et de rayon $1/\varepsilon$ dans $\mathbb{R}^n$, $B(0, 1/\varepsilon)$. Choisissons ε pour que A soit inclus dans $B(0, 1/\varepsilon)$. Dans ce cas, $S^n \backslash A$ est la réunion de $\mathbb{R}^n \backslash A$ et de U_ε. L'ouvert U_ε a le type d'homotopie d'un point. L'ouvert $U_\varepsilon \cap (\mathbb{R}^n \backslash A)$ est le complémentaire d'une boule de $\mathbb{R}^n$; il a le type d'homotopie de S^{n-1}. De $\pi_1(U_\varepsilon) = \pi_1(U_\varepsilon \cap (\mathbb{R}^n \backslash A)) = \{1\}$ et du théorème de Seifert et Van Kampen, il résulte :

$$\pi_1(S^n \backslash A) = \pi_1(\mathbb{R}^n \backslash A) *_{\pi_1(U_\varepsilon \cap (\mathbb{R}^n \backslash A))} \pi_1(U_\varepsilon) = \pi_1(\mathbb{R}^n \backslash A)\,.$$

Exercice 3.10 Le tore T_1 est plongé dans $\mathbb{R}^3$ sous la forme d'une surface de révolution, obtenue en faisant tourner un cercle de rayon 1 autour d'un axe situé à la distance 2 de son centre. Le cercle décrit par le centre est appelé l'âme du tore T_1. Notons T' le tore plein de $\mathbb{R}^3$ délimité par T_1. Définissons $T'_{1+\varepsilon}$ comme $T' \backslash C_{p,q}$ que l'on a épaissi de la façon suivante : si $x \in T_1 \backslash C_{p,q}$ on agrandit le segment $[Ox]$ en un segment ouvert $[Ox'[$ d'une longueur $1+\varepsilon$. En appliquant l'Exercice 3.9, on ramène la question au calcul de $\pi_1(S^3 \backslash C_{p,q})$ pour lequel on utilise le théorème de Seifert et Van Kampen. Pour cela, on recouvre $S^3 \backslash C_{p,q}$ par deux ouverts U et V. Pour U, on choisit le complémentaire de T' dans S^3. D'après l'Exercice 2.1, c'est un tore plein, donc un espace du type d'homotopie d'un cercle tournant une fois autour de l'âme du tore T_1. Comme ouvert V, nous choisissons $T'_{1+\varepsilon}$ qui se rétracte sur l'âme du tore. L'intersection $U \cap V$ a le type d'homotopie du tore T_1 auquel on a enlevé la courbe $C_{p,q}$. Pour préciser ce type d'homotopie, nous revenons à la représentation planaire du tore, cf. la figure ci-après où la courbe $C_{p,q}$ est représentée dans le cas $p = 2$, $q = 3$. On procède par "couper-coller" en coupant suivant le trait en pointillé et en recollant suivant les identifications des bords. On trouve alors une bande avec deux côtés identifiés, donc du type d'homotopie d'un cercle. Ce cercle tourne p fois suivant un des cercles générateurs du tore et q fois suivant l'autre ; il suffit de se promener suivant ce trait en pointillé pour s'en convaincre. Cette identification nous donne les applications

$\pi_1(U \cap V) = \mathbb{Z} \to \pi_1(U) = \mathbb{Z}, t \mapsto t^p$, et $\pi_1(U \cap V) = \mathbb{Z} \to \pi_1(V) = \mathbb{Z}, t \mapsto t^q$. Le théorème de Seifert et Van Kampen implique alors $\pi_1(S^3 \backslash C_{p,q}) = \langle u, v; u^p v^{-q} \rangle$.

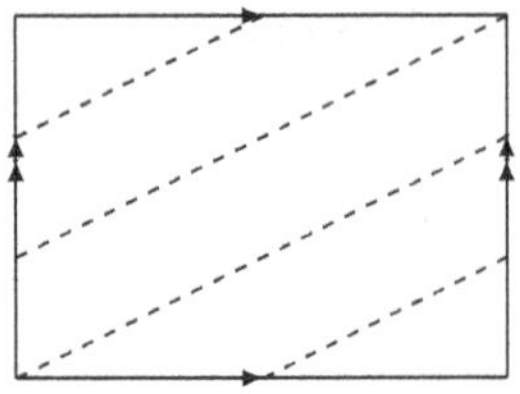

Exercice 3.11

1) Nous pouvons supposer que les équations des composantes de l'entrelacs sont $x^2 + y^2 = 1, z = 0$ et $(x-3)^2 + y^2 = 1, z = 0$. Comme recouvrement de $\mathbb{R}^3 \backslash A$, nous choisissons $U = \{(x, y, z), x < 2\} \backslash A$ et $V = \{(x, y, z), x > 1\} \backslash A$. Les ouverts U et V ont le type d'homotopie de $\mathbb{R}^3 \backslash S^1$. En utilisant l'Exercice 3.9, on a alors les isomorphismes $\pi_1(\mathbb{R}^3 \backslash S^1) \cong \pi_1(S^3 \backslash S^1) \cong \pi_1(S^1) = \mathbb{Z}$, cf. Page 5. D'autre part $U \cap V$ a le type d'homotopie de $\mathbb{R}^3$ et son groupe fondamental est donc nul. D'après le théorème de Seifert et Van Kampen, on a donc :

$$\pi_1(\mathbb{R}^3 \backslash A) = \pi_1(U) * \pi_1(V) \cong \mathbb{Z} * \mathbb{Z}.$$

2) En utilisant l'Exercice 3.9, on ramène la question au calcul de $\pi_1(S^3 \backslash B)$. Si on retire l'âme d'un tore plein, on a le type d'homotopie d'un tore. En effet, chaque coupe suivant un plan orthogonal au plan du cercle enlevé est un disque auquel on a enlevé le centre. Il se rétracte donc sur son bord. En procédant ainsi pour chacun des deux tores pleins, nous voyons que le complémentaire de B dans S^3 a le type d'homotopie d'un tore, i.e.,

$$\pi_1(\mathbb{R}^3 \backslash B) = \pi_1(S^3 \backslash B) = \pi_1(\text{Tore}) = \mathbb{Z}^2.$$

3) On procède comme dans la question précédente pour le premier cercle. L'espace $S^3 \backslash C$ a donc le type d'homotopie d'un tore plein T' dont on enlève un cercle C_2 effectuant deux tours. Observons maintenant que $T' \backslash C_2$ est le mapping tore (cf. Exercice 3.8) de l'application f de $E^2 \backslash \{(\frac{1}{2}, 0), (-\frac{1}{2}, 0)\}$ dans lui-même consistant en une rotation de 180 degrés autour du centre.

Rappelons que $\pi_1(E^2 \backslash \{(\frac{1}{2}, 0), (-\frac{1}{2}, 0)\}) = \langle a_1, a_2 \rangle$, où a_1 et a_2 sont les classes de lacets centrés en $(0, 0)$ et tournant une fois dans le sens antihorlogique autour de $(\frac{1}{2}, 0)$ et $(-\frac{1}{2}, 0)$ respectivement. Par construction $\pi_1(f)(a_1) = a_2$ et $\pi_1(f)(a_2) = a_1$. D'après l'Exercice 3.8, on a donc

$$\pi_1(\mathbb{R}^3 \backslash C) = \langle a_1, a_2, c; ca_1c^{-1} = a_2, ca_2c^{-1} = a_1 \rangle = \langle a_1, c; c^2a_1c^{-2}a_1^{-1} \rangle.$$

Chapitre 4

Revêtements

La théorie des revêtements, présentée dans ce chapitre, occupe une position privilégiée en Mathématiques, comportant des applications en Géométrie Différentielle, Analyse Complexe, Théorie des Nombres, etc. En Topologie Algébrique, c'est l'archétype d'une situation qui s'algébrise très bien, les propriétés topologiques des revêtements étant déterminées par les groupes fondamentaux des espaces intervenant. Ce chapitre contient les propriétés classiques de relèvements d'applications et d'homotopie, l'étude de la monodromie et celle du groupe des automorphismes, avec leurs interactions. Les revêtements galoisiens et leurs particularités sont présentés de façon indépendante, la section consacrée aux automorphismes d'un revêtement dans le cas général pouvant ainsi être réservée à un cours plus avancé. Nous terminons ce chapitre par des illustrations concrètes et, en particulier, par la description des revêtements d'un espace dont le groupe fondamental est défini par générateurs et relations. L'exemple d'un revêtement non galoisien à 3 feuillets du nœud de trèfle est détaillé.

Comme dans [9, Chapter III. Section 3] et [28, Chapter V], nous limitons l'étude des revêtements aux espaces connexes par arcs et localement connexes par arcs. Les énoncés y gagnent ainsi en clarté et concision. Une part des résultats obtenus se généralise à des espaces plus généraux ; le lecteur désireux d'en connaître la frontière peut consulter [43, Chapter 2].

4.1 DÉFINITIONS

La notion de connexe joue un rôle important dans ce chapitre. Les principales propriétés topologiques liées à la connexité sont rappelées dans les Exercices A.4 et A.5. Mentionnons brièvement que si x est un point d'un espace X, la *composante connexe* de x est la plus grande partie connexe de X contenant x. Un espace *localement connexe* est un espace dans lequel tout ouvert contenant un point x contient aussi un voisinage connexe de x, i.e., c'est un espace admettant une base de voisinages connexes.

En remplaçant "connexe" par "connexe par arcs", nous obtenons la notion de *composante connexe par arcs* et *d'espace localement connexe par arcs.* Dans un espace localement connexe par arcs, les composantes connexes et les composantes connexes par arcs coïncident ; elles sont à la fois à la fois ouvertes et fermées dans X.

Définition 4.1 *Une application continue, $p\colon E \to X$, est un* revêtement *de X si les espaces X et E sont connexes par arcs et localement connexes par arcs et si tout point $x \in X$ admet un voisinage connexe, U, tel que $p^{-1}(U)$ soit une union disjointe d'ouverts U_i, tels que la restriction $p_{|U_i}\colon U_i \to U$ est un homéomorphisme.*
L'application p s'appelle la projection, *l'espace $p^{-1}(x)$ la* fibre *au-dessus de $x \in X$, l'espace E* l'espace total *et l'espace X* la base du revêtement. *L'ouvert U est appelé* ouvert élémentaire *ou* ouvert trivialisant, *les ouverts U_i les* feuillets *de $p^{-1}(U)$ ou feuillets au-dessus de U.*

Remarquons que les feuillets sont les composantes connexes de $p^{-1}(U)$ et que tout ouvert connexe inclus dans un ouvert trivialisant est aussi trivialisant.

> **Exemples :** Si F est un espace discret, c'est-à-dire un espace muni de la topologie discrète, la projection $X \times F \to X$ est un revêtement, appelé *revêtement trivial.*
> *L'application* $\exp\colon \mathbb{R} \to S^1$, $\exp(t) = e^{2i\pi t}$, *est un revêtement.* En effet, les voisinages ouverts U_1, U_2 des points $m_1 = (1,0)$ et $m_2 = (-1,0)$ présentés au début de la Section 1.3 vérifient les conditions demandées dans la Définition 4.1.

Définition 4.2 *Soit $p_1\colon E_1 \to X$ et $p_2\colon E_2 \to X$ deux revêtements de X. Un* homomorphisme de revêtements, *de p_1 vers p_2, est une application continue $f\colon E_1 \to E_2$ telle que $p_2 \circ f = p_1$.*
Un isomorphisme entre deux revêtements *est la donnée de deux homomorphismes f, de p_1 vers p_2, et g, de p_2 vers p_1, tels que $f \circ g = \mathrm{id}_{E_2}$ et $g \circ f = \mathrm{id}_{E_1}$. Si $p_1 = p_2 = p$, un isomorphisme est appelé* automorphisme de p. *Avec la loi de composition des applications, l'ensemble des automorphismes du revêtement p est un groupe noté $A(p)$.*

Terminons cette section par deux propriétés basiques des revêtements.

Proposition 4.3 *Soit $p\colon E \to X$ un revêtement. L'application p est surjective, ouverte et les feuillets des images réciproques d'ouverts trivialisants forment une base fondamentale de voisinages dans E.*

Démonstration. Si $x \in X$ et si U est un ouvert trivialisant contenant x, de $p(p^{-1}(U)) = U$ nous déduisons que x est dans l'image de p et que p est surjective.

Soit $\tilde{x} \in E$ et V un voisinage ouvert connexe de $\tilde{x}$. Choisissons un voisinage trivialisant U de $x = p(\tilde{x})$ et notons U_{i_0} le feuillet de $p^{-1}(U)$ contenant $\tilde{x}$. Comme $U_{i_0} \cap V$ est un ouvert de U_{i_0}, l'ensemble $p(U_{i_0} \cap V)$ est un ouvert de U, inclus dans $p(V)$. Ainsi, l'application p est ouverte. De plus, le feuillet, au-dessus de l'ouvert trivialisant $p(V \cap U_{i_0})$, contenant $\tilde{x}$, est un voisinage de $\tilde{x}$ inclus dans V ; les feuillets forment donc une base de voisinages dans l'espace total.

Proposition 4.4 *Soit $p: E \to X$ un revêtement et soit Y un espace connexe. Si $f_0, f_1: Y \to E$ sont deux applications continues telles que $p \circ f_0 = p \circ f_1$, alors l'ensemble $F = \{y \in Y \mid f_0(y) = f_1(y)\}$ est vide ou égal à Y tout entier.*

Démonstration. Nous allons démontrer que F est à la fois ouvert et fermé dans l'espace Y, ce qui implique le résultat.

- *F est un ouvert.* Soit $y \in F$, nous choisissons un voisinage trivialisant, U, de $x = p(f_0(y))$. Si U_i est le feuillet de $p^{-1}(U)$ contenant $f_0(y) = f_1(y)$, alors l'intersection $f_0^{-1}(U_i) \cap f_1^{-1}(U_i)$ est un ouvert contenant y sur lequel $f_0 = f_1$ car $p: U_i \to U$ est un homéomorphisme. Donc $f_0^{-1}(U_i) \cap f_1^{-1}(U_i)$ est un ouvert contenant y et inclus dans F.
- *F est un fermé.* Montrons que le complémentaire $Y \setminus F$ est ouvert. Soit $y \notin F$, nous choisissons un voisinage trivialisant, U, de $x = p(f_0(y))$. Les points $f_0(y)$ et $f_1(y)$ appartiennent à des feuillets différents, U_i et U_j, de $p^{-1}(U)$. Le même argument que ci-dessus implique que l'ouvert $f_0^{-1}(U_i) \cap f_1^{-1}(U_i)$ contient y et ne rencontre pas F.

4.2 RELÈVEMENTS D'APPLICATIONS

Dans cette section, nous montrons que les propriétés de relèvement de chemins et d'homotopies, établies pour l'exponentielle complexe, sont valables pour tout revêtement, avec des preuves similaires à celles utilisées dans le Chapitre 1. Nous donnons également une condition nécessaire et suffisante pour l'existence du relèvement d'une application quelconque à valeurs dans la base d'un revêtement.

Théorème 4.5 *Soit $p: E \to X$ un revêtement, $\tilde{x}_0$ un point de E et $x_0 = p(\tilde{x}_0)$. Pour tout chemin $\alpha: [0,1] \to X$ tel que $\alpha(0) = x_0$, il existe un, et un seul, chemin $\tilde{\alpha}: [0,1] \to E$ tel que $p \circ \tilde{\alpha} = \alpha$ et $\tilde{\alpha}(0) = \tilde{x}_0$. Le chemin $\tilde{\alpha}$ est appelé* relèvement de *α.*

Démonstration. Soit $(U_i)_{i\in I}$ un recouvrement de X par des ouverts trivialisants. Nous choisissons un entier naturel n tel que $1/n$ soit inférieur au nombre de Lebesgue du recouvrement $\alpha^{-1}(U_i)_{i\in I}$ de $[0,1]$. Pour tout $j=0,\dots,n-1$, il existe donc $i(j)\in I$ tel que $\alpha\left(\left[\frac{j}{n},\frac{j+1}{n}\right]\right)\subset U_{i(j)}$.

Soit C_0 le feuillet de $p^{-1}(U_{i(0)})$ contenant $\tilde{x}_0$. La restriction $p\colon C_0\to U_{i(0)}$ étant un homéomorphisme, nous pouvons définir $\tilde{\alpha}\colon[0,1/n]\to E$ par $\tilde{\alpha}=p^{-1}\circ\alpha$.

Notons C_1 le feuillet de $p^{-1}(U_{i(1)})$ contenant $\tilde{\alpha}(1/n)$. La restriction $p\colon C_1\to U_{i(1)}$ est un homéomorphisme. La construction précédente peut donc être répétée en définissant $\tilde{\alpha}\colon[1/n,2/n]\to E$ par $\tilde{\alpha}=p^{-1}\circ\alpha$.

L'application $\tilde{\alpha}\colon[0,2/n]\to E$, obtenue en réunissant les deux étapes précédentes, est continue, grâce au Lemme 1.4. La construction de $\tilde{\alpha}$ sur l'intervalle $[0,1]$ tout entier s'achève par induction ; son unicité découle de la Proposition 4.4.

Le relèvement établi dans le Théorème 4.5 respecte les classes d'homotopie. Plus généralement, nous montrons que toute homotopie à valeurs dans la base d'un revêtement se relève dans l'espace total.

Proposition 4.6 *Soit $p\colon E\to X$ un revêtement et Y un espace localement connexe par arcs. Pour tout couple d'applications continues, $f_0\colon Y\to E$ et $f\colon Y\times[0,1]\to X$ telles que $p(f_0(y))=f(y,0)$, il existe une application continue $\tilde{f}\colon Y\times[0,1]\to E$ telle que $p\circ\tilde{f}=f$ et $\tilde{f}(y,0)=f_0(y)$, pour tout $y\in Y$.*

Démonstration. L'énoncé peut se résumer par le diagramme commutatif suivant, dans lequel $j_0(y)=(y,0)$ et l'application $\tilde{f}$ est à construire,

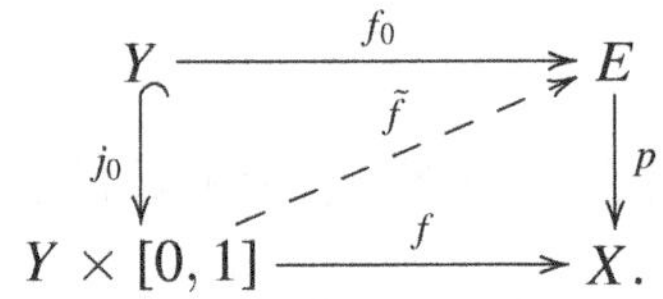

Si $y\in Y$, nous notons $\tilde{f}_y\colon[0,1]\to E$ le relèvement du chemin $f(y,-)$ tel que $\tilde{f}_y(0)=f_0(y)$. L'application $\tilde{f}\colon Y\times[0,1]\to E$, $(y,t)\mapsto\tilde{f}_y(t)$, fait commuter le diagramme ci-dessus ; il reste à établir sa continuité. Fixons $y\in Y$ et montrons la continuité de $\tilde{f}$ en (y,t), avec $t\in[0,1]$.

Pour tout $t\in[0,1]$, nous choisissons un produit d'ouverts connexes par arcs, $V(y,t)\times W(y,t)\subset Y\times[0,1]$, contenant le point $(y,t)\in Y\times[0,1]$ et dont l'image par f est incluse dans un ouvert trivialisant $U(t)$. Grâce au nombre de Lebesgue d'un recouvrement, il existe un entier n tel que tout intervalle de longueur n soit inclus dans l'un des voisinages $W(y,t)$. En particulier, pour tout $i \in \{1,\ldots,n\}$, il existe $t_i \in [0,1]$ tel que

$$\left[\frac{i-1}{n}, \frac{i}{n}\right] \subset W(y,t_i).$$

Soit $V(y)$ un voisinage connexe par arcs de y, inclus dans $\bigcap_{i=1}^{n} V(y,t_i)$. Par construction, on a, pour tout $i \in \{1,\ldots,n\}$,

$$f\left(V(y) \times \left[\frac{i-1}{n}, \frac{i}{n}\right]\right) \subset f\left(V(y,t_i) \times W(y,t_i)\right) \subset U(t_i).$$

Construisons une application continue $\hat{f}\colon V(y) \times [0,1] \to E$ telle que $p(\hat{f}(z,t)) = f(z,t)$ et $\hat{f}(z,0) = f_0(z)$. Cette construction suit un schéma désormais classique : supposons avoir défini

$$\hat{f}_{k-1}\colon V(y) \times \left[0, \frac{k-1}{n}\right] \to E$$

vérifiant les conditions imposées. Dans le diagramme commutatif suivant, $\hat{f}_{k-1}$ dénote aussi sa restriction à $V(y) \times \left\{\frac{k-1}{n}\right\}$ et l'application g_k est à construire,

$$\begin{array}{ccc} V(y) \times \left\{\frac{k-1}{n}\right\} & \xrightarrow{\hat{f}_{k-1}} & C_k \subset p^{-1}U(t_k) \\ \downarrow & \overset{g_k}{\nearrow} & \downarrow p \\ V(y) \times \left[\frac{k-1}{n}, \frac{k}{n}\right] & \xrightarrow{f} & U(t_k). \end{array}$$

Par connexité de $V(y)$, l'application $\hat{f}_{k-1}$ envoie $V(y) \times \left\{\frac{k-1}{n}\right\}$ dans un feuillet C_k de $p^{-1}(U_k(y))$. La restriction de p à C_k étant un homéomor phisme entre C_k et $U(t_k)$, nous définissons g_k par $g_k = p^{-1} \circ f$, comme cela a déjà été fait à plusieurs reprises. L'application $\hat{f}_k$ s'obtient alors à partir de $\hat{f}_{k-1}$ et g_k ; elle est continue d'après le Lemme 1.4.

Par unicité du relèvement, nous avons $\hat{f}(z,t) = \tilde{f}(z,t)$, pour tout $(z,t) \in V(y) \times [0,1]$. En conséquence, l'application $\tilde{f}$ est continue en (y,t).

Corollaire 4.7 *Soit $p\colon E \to X$ un revêtement. Si $g_0, g_1\colon [0,1] \to E$ sont deux chemins de même origine, $g_0(0) = g_1(0)$, tels que $p \circ g_0 \simeq p \circ g_1$ rel $\{0,1\}$, alors g_0 est homotope à g_1, relativement à $\{0,1\}$. En particulier, l'application induite $\pi_1(p)\colon \pi_1(E,\tilde{x}) \to \pi_1(X,p(\tilde{x}))$ est injective, pour tout $\tilde{x} \in E$.*

Démonstration. L'homotopie F entre $p \circ g_0$ et $p \circ g_1$ vérifie $F(s,0) = p(g_0(s))$, $F(s,1) = p(g_1(s))$, $F(0,t) = p(g_0(0)) = p(g_1(0)) = x_0$,

$F(1,t) = p(g_0(1)) = p(g_1(1)) = x_1$. Nous construisons une application $G\colon [0,1]^2 \to E$ en appliquant la Proposition 4.6, ce qui donne le diagramme commutatif suivant,

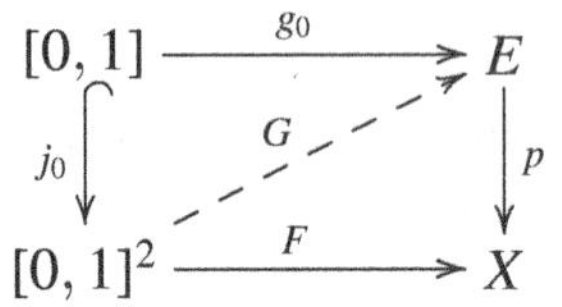

Détaillons les propriétés de G.

- Par construction, l'application $s \mapsto G(s,0)$ coïncide avec g_0.
- L'application $t \mapsto p(G(0,t)) = F(0,t)$ étant constante sur x_0 et la fibre $p^{-1}(x_0)$ étant discrète, l'application $t \mapsto G(0,t)$ est constante sur $G(0,0) = g_0(0)$.
- L'application $s \mapsto G(s,1)$ vérifie $p(G(s,1)) = F(s,1) = p(g_1(s))$ et $G(0,1) = x_0$. Par unicité du relèvement du chemin $p \circ G(-,1) = p \circ g_1$, le chemin $s \mapsto G(s,1)$ est égal au chemin $s \mapsto g_1(s)$.
- L'application $t \mapsto G(1,t)$ est constante sur $G(1,0) = g_0(1)$ et donc $g_0(1) = g_1(1)$.

L'application G est donc une homotopie entre g_0 et g_1, relativement à $\{0,1\}$.

Corollaire 4.8 *Si $p\colon E \to X$ est un revêtement, les fibres $p^{-1}(x)$, $x \in X$, munies de la topologie induite, sont des espaces discrets, de même cardinal pour tout $x \in X$. Par définition, un* revêtement à k feuillets *est un revêtement dont les fibres ont k éléments.*

Démonstration. Soit U un ouvert trivialisant contenant x, de feuillets $(U_i)_{i \in I}$. Les singletons $p^{-1}(x) \cap U_i$ sont des ouverts de $p^{-1}(x)$ pour la topologie induite ; l'espace topologique $p^{-1}(x)$ est donc un espace discret. Considérons deux points x_0, x_1 de X et un chemin $\alpha\colon [0,1] \to X$ tel que $\alpha(0) = x_0$, $\alpha(1) = x_1$. A tout point $\tilde{x}_0$ de $p^{-1}(x_0)$, le Théorème 4.5 associe un unique chemin $\tilde{\alpha}_{\tilde{x}_0}\colon [0,1] \to \tilde{X}$ telle que $\tilde{\alpha}_{\tilde{x}_0}(0) = \tilde{x}_0$ et $\tilde{\alpha}_{\tilde{x}_0}(1) \in p^{-1}(x_1)$. Définissons $\Phi(\alpha)\colon p^{-1}(x_0) \to p^{-1}(x_1)$ par $\Phi(\alpha)(\tilde{x}_0) = \tilde{\alpha}_{\tilde{x}_0}(1)$. L'application $\Phi(\overline{\alpha})$, où $\overline{\alpha}$ est le chemin d'origine x_1, de but x_0, défini par $\overline{\alpha}(t) = \alpha(1-t)$, est un inverse pour $\Phi(\alpha)$, car $\alpha.\overline{\alpha}$ et $\overline{\alpha}.\alpha$ sont homotopes à l'application constante. Nous avons ainsi construit une bijection entre les ensembles $p^{-1}(x_0)$ et $p^{-1}(x_1)$.

Corollaire 4.9 *Tout homomorphisme de revêtements est un revêtement.*

Démonstration. Soit f un homomorphisme de revêtements, de source $p_1\colon E_1 \to X$ et de but $p_2\colon E_2 \to X$. Montrons d'abord la *surjectivité de l'application* f. Soit $\tilde{y} \in E_2$. Nous choisissons un point $\tilde{x}_1 \in E_1$ et posons $\tilde{x}_2 = f(\tilde{x}_1)$, $x_0 = p_2(\tilde{x}_2) = p_1(\tilde{x}_1)$. Si α est un chemin de E_2, de source $\tilde{x}_2$ et de but $\tilde{y}$, il existe un unique chemin h de E_1 tel que $h(0) = \tilde{x}_1$ et $p_1 \circ h = p_2 \circ \alpha$. Notons $\tilde{x} = h(1)$ et remarquons que $f \circ h$ et α vérifient $(f \circ h)(0) = \alpha(0) = \tilde{x}_2$ et $p_2 \circ (f \circ h) = p_1 \circ h = p_2 \circ \alpha$. Par unicité du relèvement, ces deux chemins coïncident, d'où $f(\tilde{x}) = (f \circ h)(1) = \alpha(1) = \tilde{y}$. *Établissons l'existence d'ouverts trivialisants.* Soit $\tilde{y} \in E_2$ et U un ouvert, contenant $p_2(\tilde{y})$, trivialisant pour p_1 et pour p_2. Décomposons $p_2^{-1}(U)$ en composantes connexes, $p_2^{-1}(U) = \cup_i W_i$, avec $\tilde{y} \in W_1$, et décomposons chaque $f^{-1}(W_i)$ en composantes connexes, $f^{-1}(W_i) = \cup_j C_{i,j}$. Comme $p_2 \circ f = p_1$, on a $p_1^{-1}(U) = \cup_i \cup_j C_{i,j}$. Soit maintenant C une composante connexe de $p_1^{-1}(U)$. L'image $f(C)$ étant connexe, C est contenu dans $f^{-1}(W_i)$ pour un certain i et donc C est l'un des $C_{i,j}$. Par définition même de revêtement, la restriction de p_1 à chaque $C_{i,j}$ est un homéomorphisme sur U. Le diagramme commutatif

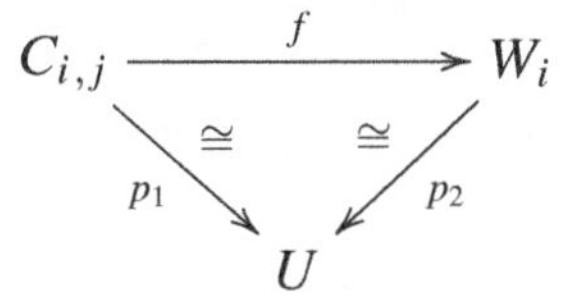

montre que la restriction de f à $C_{i,j}$ est un homéomorphisme sur W_i. Par restriction au cas particulier $i = 1$, on obtient que W_1 est un voisinage ouvert de $\tilde{y}$, trivialisant pour f.

Nous nous intéressons maintenant à l'existence de relèvements d'applications de source un espace connexe par arcs et localement connexe par arcs quelconque.

Théorème 4.10 *Soit $p\colon E \to X$ un revêtement et Y un espace connexe par arcs et localement connexe par arcs. Fixons deux points $y_0 \in Y$, $\tilde{x}_0 \in E$ et notons $x_0 = p(\tilde{x}_0)$. Si $f\colon Y \to X$ est une application continue telle que $f(y_0) = x_0$, alors il existe une, et une seule, application continue $\tilde{f}\colon Y \to E$ telle que $\tilde{f}(y_0) = \tilde{x}_0$ et $p \circ \tilde{f} = f$ si, et seulement si, on a $f_*\pi_1(Y, y_0) \subseteq p_*\pi_1(E, \tilde{x}_0)$,*

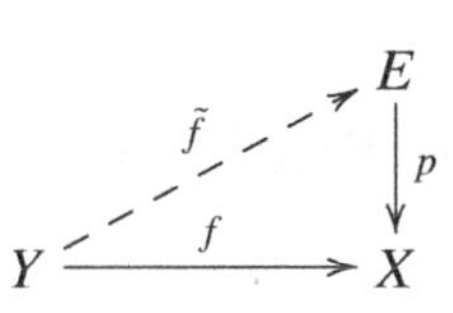

Ce théorème ramène l'existence d'une application continue à la vérification d'une inclusion de groupes. Signalons l'existence d'un exemple, dû à Zeeman (cf. [23, Example 6.6.14]) montrant la nécessité de l'hypothèse de connexité locale sur X.

Démonstration. 1) Supposons que l'application $\tilde{f}$ existe. La commutativité du diagramme suivant,

$$\begin{array}{ccc} & & \pi_1(E,\tilde{x}_0) \\ & \overset{\tilde{f}_*}{\nearrow} & \\ \pi_1(Y,y_0) & & \downarrow p_* \\ & \underset{f_*}{\searrow} & \\ & & \pi_1(X,x_0), \end{array}$$

implique $f_*\pi_1(Y,y_0) \subset p_*\pi_1(E,\tilde{x}_0)$.

2) Réciproquement, supposons avoir cette inclusion entre les images des groupes fondamentaux. Il nous faut construire une application continue $\tilde{f}\colon Y \to E$. Pour tout point y de Y, nous choisissons un chemin $\gamma\colon [0,1] \to Y$, tel que $\gamma(0) = y_0$ et $\gamma(1) = y$. Le chemin $f \circ \gamma$ se relève en un chemin $g\colon [0,1] \to E$ tel que $g(0) = \tilde{x}_0$ et nous définissons $\tilde{f}(y) = g(1)$. Montrons que *l'application $\tilde{f}$ ne dépend pas du choix du chemin γ*. Pour cela, soit β un autre chemin de Y, de source y_0 et de but y. (Si β est dans la même classe d'homotopie que γ, nous savons déjà que leurs relevés ont même extrémités, cf. Corollaire 4.7.) Nous avons $[\gamma][\beta]^{-1} \in \pi_1(Y,y_0)$. Comme $f_*([\gamma][\beta]^{-1}) \in p_*\pi_1(E,\tilde{x}_0)$, les chemins $(f\circ\gamma).\overline{(f\circ\beta)}.(f\circ\beta)$ et $f\circ\beta$ ont des relevés de mêmes extrémités. Les chemins $(f\circ\gamma).\overline{(f\circ\beta)}.(f\circ\beta)$ et $f\circ\gamma$ étant homotopes, les chemins $f\circ\gamma$ et $f\circ\beta$ ont comme relevés des chemins de mêmes extrémités.

Montrons maintenant que $\tilde{f}$ est continue au point $y \in Y$. Nous utilisons la Proposition 4.3 : soit U un ouvert trivialisant de X contenant $f(y)$, U' la composante connexe de $f^{-1}(U)$ contenant $\tilde{f}(y)$ et V un ouvert connexe par arcs tel que $f(V) \subset U$. Si $y' \in V$, nous choisissons un chemin α de V, de source y et de but y'. La restriction $p\colon U' \to U$ étant un homéomorphisme, le chemin α se relève en $p^{-1}\circ f\circ\alpha$. Nous en déduisons $\tilde{f}(y') \in U'$ et la continuité de $\tilde{f}$.

L'unicité du relèvement provient de la Proposition 4.4.

4.3 CONSTRUCTIONS DE REVÊTEMENTS PAR ACTIONS DE GROUPES

Nous explicitons ici des exemples de revêtements, obtenus par des actions particulières de groupes discrets. Dans cette section, G est un groupe discret opérant à gauche sur un espace X. Rappelons de la Proposition 2.13 que la surjection canonique, $q\colon X \to X/G$, est une application ouverte.

Définition 4.11 *Le groupe G agit de* façon totalement discontinue *sur l'espace X si, pour tout $x \in X$, il existe un voisinage ouvert U de x tel que l'égalité $g \cdot U \cap U \neq \varnothing$ implique $g = e$.*

Remarquons que si le groupe G opère de façon totalement discontinue sur X, il en est de même pour tout sous-groupe H de G.

Proposition 4.12 *Si le groupe G agit de façon totalement discontinue sur l'espace X, connexe par arcs et localement connexe par arcs, la surjection canonique $q\colon X \to X/G$ est un revêtement.*

Démonstration. Soit $x \in X$ et U un ouvert connexe de X, tels que $x \in U$ et $g \cdot U \cap U \neq \varnothing$ implique $g = e$. Remarquons que $g_1 \cdot U \cap g_2 \cdot U \neq \varnothing$ implique $g_2^{-1} g_1 \cdot U \cap U \neq \varnothing$ d'où $g_2^{-1} g_1 = e$ et $g_2 = g_1$. Ainsi $q^{-1}q(U) = \cup_{g \in G}\, g \cdot U$ est une réunion d'ouverts disjoints.

L'ouvert connexe $g \cdot U$ est fermé dans $q^{-1}q(U)$ car son complémentaire est un ouvert ; c'est donc une composante connexe par arcs de $q^{-1}q(U)$. La restriction $q\colon g \cdot U \to q(U)$ est une bijection continue et ouverte ; c'est bien un homéomorphisme.

Le quotient est connexe par arcs car X l'est et q est surjective. L'existence des homéomorphismes $g \cdot U \cong q(U)$ entraîne que X/G est aussi localement connexe par arcs, car X l'est.

Corollaire 4.13 *Pour tout sous-groupe discret H d'un groupe topologique G, séparé, connexe par arcs et localement connexe par arcs, la surjection canonique $G \to G/H$ est un revêtement.*

Démonstration. Soit W et V les voisinages de l'élément neutre e, construits dans la première question de l'Exercice 2.4. Si $g \in G$, le voisinage Vg de g vérifie : si $z \subset h(Vg) \cap Vg$ avec $h \in H$, alors $z = hv_1 g = v_2 g$ implique $h = v_2 v_1^{-1} \in W$ et $h = e$ car $W \cap H = \{e\}$. L'action est donc totalement discontinue.

Nous détaillons maintenant une condition suffisante pour qu'une action soit totalement discontinue.

Définition 4.14 *Soit G un groupe opérant sur un espace X. On dit que G opère*

- proprement *si, pour tout compact K de X, l'ensemble $G_K = \{g \in G \mid g \cdot K \cap K \neq \varnothing\}$ est fini,*
- librement *si le stabilisateur $G_x = \{g \in G \mid g \cdot x = x\}$ est réduit à l'élément neutre, pour tout $x \in X$.*

Remarquons qu'un groupe fini opère toujours proprement.

Proposition 4.15 *Si un groupe discret G opère proprement et librement sur un espace localement compact séparé X, il opère sur X de façon totalement discontinue.*

Démonstration. Fixons un point $x \in X$ et choisissons un voisinage compact V de x. Par hypothèse, l'ensemble $G_V = \{g \in G \mid V \cap g \cdot V \neq \varnothing\}$ est fini ; notons $g_1, \ldots, g_n$ ses éléments distincts de e. L'action étant libre et l'espace X étant séparé, il existe, pour tout $i \in \{1, \ldots, n\}$, des ouverts disjoints U_i et V_i avec $x \in U_i$ et $g_i \cdot x \in V_i$. Définissons un voisinage W de x par

$$W = V \bigcap \left(\bigcap_{i=1}^{n} U_i \right) \bigcap \left(\bigcap_{i=1}^{n} g_i^{-1} \cdot V_i \right).$$

Si $g \notin G_V$, nous avons $W \cap g \cdot W \subset V \cap g \cdot V = \varnothing$. Si $g \in G_V$, alors $g = g_{i_0}$ et $W \cap g \cdot W \subset U_{i_0} \cap V_{i_0} = \varnothing$. En conséquence, l'intersection $W \cap g \cdot W$ est vide, pour tout $g \in G \backslash \{e\}$.

Sous les hypothèses de la Proposition 4.15, on peut montrer que l'espace quotient X/G est séparé. Nous ne donnons pas la preuve ici (cf. [20, Théorème 6.7]) ; les exemples considérés dans la suite ont été étudiés au Chapitre 2 et la séparation des espaces quotients y a été établie.

Cette proposition est le paradigme de nombreux revêtements. La Section 4.5 explicite leurs particularités et un revêtement ne s'obtenant pas à partir d'une telle action de groupe est décrit à la Page 108.

Exemples :

1. Le sous-groupe $\mathbb{Z}^n$ de $\mathbb{R}^n$ donne le revêtement $\mathbb{R}^n \longrightarrow \mathbb{R}^n/\mathbb{Z}^n \cong (S^1)^n$.
2. L'application $q_n \colon S^1 \longrightarrow S^1$, $q(z) = z^n$ est un revêtement. En effet, si $\mathcal{U}_n \cong \mathbb{Z}/n\mathbb{Z}$ dénote le groupe des racines n-èmes de l'unité, la surjection canonique $S^1 \longrightarrow S^1/\mathcal{U}_n$ est un revêtement d'après le résultat précédent.
3. Le groupe $\mathbb{Z}$ opère sur $\mathbb{R} \times [-1, 1]$ par $n \cdot (x, y) = (nx, (-1)^n y)$. Cette action étant propre et libre, la surjection canonique $\mathbb{R} \times [-1, 1] \longrightarrow (\mathbb{R} \times [-1, 1])/\mathbb{Z}$ est un revêtement. Chaque classe d'équivalence admettant au moins un représentant dans le produit $[-1, 1] \times [-1, 1]$, l'espace quotient se représente par le carré

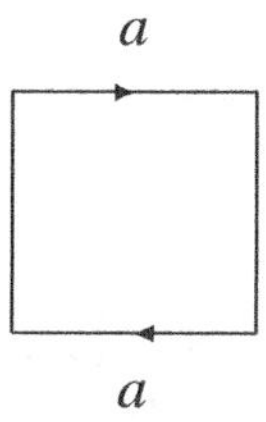

dans lequel les deux côtés munis du label a sont identifiés. Cet espace est le ruban de Möbius.

4. La bouteille de Klein admet le tore comme revêtement à deux feuillets. La projection $p\colon T^2 \to K_{lein}$ peut se représenter ainsi, avec $p(a) = p(b) = x$, $p(c) = p(d) = y$,

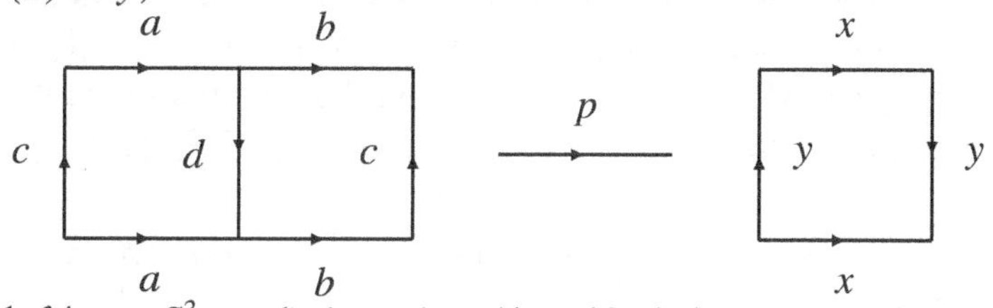

5. L'action de $\mathcal{U}_p$ sur S^3 par $\zeta \cdot (z_1, z_2) = (\zeta z_1, \zeta^q z_2)$ donne un revêtement dont la base est appelée l'espace lenticulaire $L_{p,q}$.

6. La surjection canonique $q_n\colon S^n \to P_n(\mathbb{R})$ est un revêtement, cf. Proposition 2.17.

Soit $p\colon E \to X$ un revêtement. Le groupe $A(p)$, des automorphismes de p, opère (à gauche) sur E par $f \cdot \tilde{x} = f(\tilde{x})$.

Proposition 4.16 *Soit $p\colon E \to X$ un revêtement. Le groupe $A(p)$ opère de façon libre et totalement discontinue sur E.*

En conséquence, pour tout sous-groupe G de $A(p)$, la surjection canonique $E \to E/G$ est un revêtement.

Démonstration. Supposons $f \cdot \tilde{x} = \tilde{x}$. On a alors $p \circ f = p \circ \mathrm{id}_E$ et $f(\tilde{x}) = \mathrm{id}_E(\tilde{x})$ d'où $f = \mathrm{id}_E$ grâce à la Proposition 4.4. L'action est donc libre ; montrons qu'elle est totalement discontinue. Soit $\tilde{x} \in E$ et soit U un ouvert trivialisant contenant $x = p(\tilde{x})$. Notons C la composante connexe de $p^{-1}(U)$ contenant $\tilde{x}$. Supposons $f(C) \cap C \neq \varnothing$, pour un $f \in A(p)$. Il existe donc $y \in C$ tel que $y' = f(y) \in C$, d'où $p(f(y)) = p(y) = p(y')$ et $y = y'$, car la restriction de p à C est injective. Nous avons donc $f(y) = y$ et $f = \mathrm{id}$ car l'action est libre.

4.4 GROUPE FONDAMENTAL ET MONODROMIE

Si $p\colon E \to X$ est un revêtement, nous savons que p induit une injection entre les groupes fondamentaux. Nous étudions ici la variation des images $p_*\pi_1(E, \tilde{x})$, lorsque $\tilde{x}$ parcourt une fibre $p^{-1}(x_0)$.

Théorème 4.17 *Soit $p\colon E \to X$ un revêtement et x_0 un point fixé de X. L'ensemble des groupes $p_*\pi_1(E, \tilde{x})$, avec $\tilde{x} \in p^{-1}(x_0)$, est une classe de conjugaison dans les sous-groupes de $\pi_1(X, x_0)$.*

Démonstration. 1) Donnons-nous deux points $\tilde{x}_0$ et $\tilde{x}_1$ de $p^{-1}(x_0)$ et choisissons un chemin $\gamma\colon [0, 1] \to E$ tel que $\gamma(0) = \tilde{x}_0$ et $\gamma(1) = \tilde{x}_1$. Ce chemin définit un homomorphisme $\varphi_\gamma\colon \pi_1(E, \tilde{x}_0) \to \pi_1(E, \tilde{x}_1)$ par $\varphi_\gamma([\alpha]) = [\overline{\gamma}.\alpha.\gamma]$, où $\overline{\gamma}$ est le chemin inverse de γ. Observons que $p \circ \gamma$ est un lacet, ce qui permet de définir un homomorphisme $\psi_\gamma\colon \pi_1(X, x_0) \to \pi_1(X, x_0)$ par $\psi_\gamma([\beta]) = [p \circ \gamma]^{-1}[\beta][p \circ \gamma]$. La commutativité du diagramme suivant implique $p_*\pi_1(E, \tilde{x}_1) = [p \circ \gamma]^{-1} p_*\pi_1(E, \tilde{x}_0)[p \circ \gamma]$,

$$\begin{array}{ccc} \pi_1(E, \tilde{x}_0) & \xrightarrow{\quad p_* \quad} & \pi_1(X, x_0) \\ {\scriptstyle \varphi_\gamma}\downarrow & & \downarrow{\scriptstyle \psi_\gamma} \\ \pi_1(E, \tilde{x}_1) & \xrightarrow{\quad p_* \quad} & \pi_1(X, x_0). \end{array}$$

2) Réciproquement, donnons-nous un sous-groupe H de $\pi_1(X, x_0)$ dans la classe de conjugaison de $p_*\pi_1(E, \tilde{x}_0)$, i.e., il existe $[\alpha] \in \pi_1(X, x_0)$ tel que $H = [\alpha]^{-1}\,(p_*\pi_1(E, \tilde{x}_0))\,[\alpha]$. Un représentant $\alpha\colon [0, 1] \to X$ de la classe $[\alpha]$ se relève en une application $g\colon [0, 1] \to E$ tel que $p \circ g = \alpha$ et $g(0) = \tilde{x}_0$. Posons $\tilde{x}_1 = g(1)$. Comme précédemment, on obtient

$$p_*\pi_1(E, \tilde{x}_1) = [\alpha]^{-1}\,(p_*\pi_1(E, \tilde{x}_0))\,[\alpha] = H.$$

Montrons que les classes de conjugaison de sous-groupes de $\pi_1(X, x_0)$ caractérisent les revêtements de X à isomorphismes près.

Théorème 4.18 *Considérons deux revêtements, $p_1\colon E_1 \to X$ et $p_2\colon E_2 \to X$, et un point $x_0 \in X$ fixé.*

1. *Il existe un isomorphisme de revêtements, f, de p_1 vers p_2 si, et seulement si, pour tout $(\tilde{x}_1, \tilde{x}_2) \in p_1^{-1}(x_0) \times p_2^{-1}(x_0)$, les sous-groupes $(p_1)_*\pi_1(E_1, \tilde{x}_1)$ et $(p_2)_*\pi_1(E_2, \tilde{x}_2)$ appartiennent à la même classe de conjugaison.*
2. *Il existe un isomorphisme, f, de p_1 vers p_2, tel que $f(\tilde{x}_1) = \tilde{x}_2$ si, et seulement si, $(p_1)_*\pi_1(E_1, \tilde{x}_1) = (p_2)_*\pi_1(E_2, \tilde{x}_2)$.*

Démonstration. Si les deux revêtements sont isomorphes, les images des groupes fondamentaux appartiennent à la même classe de conjugaison, cf. Théorème 4.17. Réciproquement, supposons vérifiée cette propriété sur les images des groupes fondamentaux. D'après le Théorème 4.17, les images décrivent toute la classe de conjugaison ; nous pouvons donc choisir des points $\tilde{x}_1 \in E_1$ et $\tilde{x}_2 \in E_2$ tels que $(p_1)_*\pi_1(E_1, \tilde{x}_1) = (p_2)_*\pi_1(E_2, \tilde{x}_2)$. D'après le Théorème 4.10, il existe deux applications $f\colon E_2 \to E_1$ et $g\colon E_1 \to E_2$ telles que $p_1 \circ f = p_2$, $f(\tilde{x}_2) = \tilde{x}_1$, $p_2 \circ g = p_1$, $g(\tilde{x}_1) = \tilde{x}_2$,

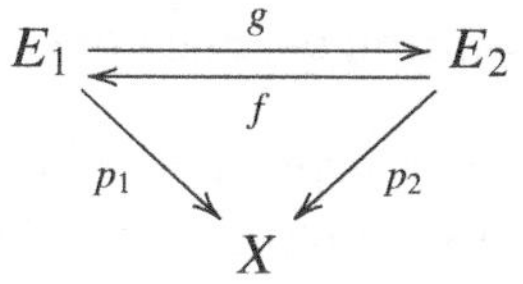

Les applications $f \circ g$ et id_{E_1} relèvent l'application p_1 au revêtement p_1 et coïncident en $\tilde{x}_1$; elles sont donc égales. On montre de même $g \circ f = \mathrm{id}_{E_2}$. La deuxième assertion découle de la construction de l'isomorphisme f.

Dans le cas $p_1 = p_2$, le Théorème 4.18 s'énonce comme suit.

Corollaire 4.19 *Soit $p\colon E \to X$ un revêtement. Pour tout couple $(\tilde{x}_1, \tilde{x}_2)$ de points de E tels que $p(\tilde{x}_1) = p(\tilde{x}_2)$, il existe $f \in A(p)$ tel que $f(\tilde{x}_1) = f(\tilde{x}_2)$ si, et seulement si, $p_*\pi_1(E, \tilde{x}_1) = p_*\pi_1(E, \tilde{x}_2)$.*

Terminons l'étude du groupe fondamental $\pi_1(X, x)$ de la base d'un revêtement $p\colon E \to X$ en montrant qu'il opère (à droite) sur la fibre $p^{-1}(x)$ d'un point $x \in X$.

Soit $\tilde{x} \in p^{-1}(x)$ et $[\alpha] \in \pi_1(X, x)$. Notons $\tilde{\alpha}$ l'unique chemin de E, de source $\tilde{x}$ qui se projette sur le chemin α. Nous savons que le point $\tilde{\alpha}(1)$ ne dépend que de la classe d'homotopie de α, d'où l'existence d'une application $p^{-1}(x) \times \pi_1(X, x) \to p^{-1}(x)$, définie par $\tilde{x} \cdot \alpha = \tilde{\alpha}(1)$.

Proposition 4.20 *Soit $p\colon E \to X$ un revêtement et soit $x \in X$. Les propriétés suivantes sont vérifiées.*

1. *L'application $p^{-1}(x) \times \pi_1(X, x) \to p^{-1}(x)$, $(\tilde{x}, \alpha) \mapsto \tilde{\alpha}(1)$, est une action (à droite) transitive du groupe $\pi_1(X, x)$ sur la fibre $p^{-1}(x)$. Elle est appelée* monodromie *du revêtement p.*
2. *Le stabilisateur en $\tilde{x}_0 \in E$ est le groupe $p_*\pi_1(E, \tilde{x}_0)$.*
3. *La fibre $p^{-1}(x)$ est isomorphe au quotient $\pi_1(X, x)/p_*\pi_1(E, \tilde{x})$.*

Observons que, par définition, la monodromie d'un revêtement trivial est l'identité sur chaque fibre.

Démonstration. 1) Par unicité des relèvements de chemins, cette application vérifie $\tilde{x}\cdot e = \tilde{x}$ et $\tilde{x}\cdot([\alpha]\,[\beta]) = (\tilde{x}\cdot[\alpha])\cdot[\beta]$. Nous avons donc une opération (à droite) du groupe fondamental sur la fibre. Quant à la transitivité de cette action, donnons-nous deux points $\tilde{x}_0$ et $\tilde{x}_1$, situés dans la fibre $p^{-1}(x)$. Nous choisissons un chemin β de E, de source $\tilde{x}_0$ et de but $\tilde{x}_1$. Par définition de l'action, nous avons $\tilde{x}_1 = \tilde{x}_0 \cdot [\alpha]$, où $\alpha = p \circ \beta$.

2) Dire que la classe d'homotopie $[\alpha]$ se trouve dans le stabilisateur du point $\tilde{x}_0$, c'est exactement dire que le chemin α se relève en un lacet pointé en $\tilde{x}_0$. Ainsi le stabilisateur coïncide avec l'image, par p, du groupe fondamental.

3) La dernière assertion est une conséquence directe de la Proposition 2.15.

Si nous appliquons le résultat précédent au revêtement $p\colon \mathbb{R} \to S^1$, $t \mapsto e^{2i\pi t}$, nous obtenons une bijection ensembliste entre la fibre $p^{-1}(x) \cong \mathbb{Z}$ et $\pi_1(S^1, x)$. Pour retrouver la structure de groupe sur $\pi_1(S^1, x)$, il nous faut considérer le cas particulier où le quotient $\pi_1(X, x)/p_*\pi_1(E, \tilde{x})$ est un groupe ; c'est le but de la section suivante.

Points clefs A tout revêtement $p\colon E \to X$, nous savons associer deux groupes, le groupe fondamental $\pi_1(X, x)$ qui agit transitivement (à droite) sur la fibre $p^{-1}(x)$, et le groupe $A(p)$ des automorphismes de p qui agit (à gauche) sur E tout entier, de façon libre mais non transitive en général sur $p^{-1}(x)$. Ces deux actions sont liées de la façon suivante.

Théorème 4.21 *Soit $p_1\colon E_1 \to X$ et $p_2\colon E_2 \to X$ deux revêtements.*

1. *Un homomorphisme de revêtements, de p_1 vers p_2, induit une application $\pi_1(X, x)$-équivariante de $p_1^{-1}(x)$ vers $p_2^{-1}(x)$, pour tout $x \in X$.*
2. *Soit $x \in X$ un point fixé. La correspondance définie ci-dessus, entre homomorphismes de revêtements et applications $\pi_1(X, x)$-équivariantes de $p_1^{-1}(x)$ vers $p_2^{-1}(x)$, est une bijection.*

Démonstration. 1) Soit $f\colon E_1 \to E_2$ un homomorphisme de revêtements, x un point de X et $\tilde{x}_1 \in p_1^{-1}(x)$. Si $[\alpha] \in \pi_1(X, x)$, l'action de $\pi_1(X, x)$ sur $p_1^{-1}(x)$ est définie par $\tilde{x}_1 \cdot [\alpha] = \tilde{\alpha}(1)$, où $\tilde{\alpha}$ est un relèvement, à travers p_1, du chemin α, tel que $\tilde{\alpha}(0) = \tilde{x}_1$. Remarquons que $f \circ \tilde{\alpha}$ est un chemin de E_2 vérifiant $f(\tilde{\alpha}(0)) = f(\tilde{x}_1)$, $f(\tilde{\alpha}(1)) = f(\tilde{x}_1 \cdot [\alpha])$, $p_2 \circ f \circ \tilde{\alpha} = p_1 \circ \tilde{\alpha} = \alpha$. C'est donc un relèvement de α, à travers p_2, d'origine $f(\tilde{x}_1)$ et d'extrémité $f(\tilde{x}_1 \cdot [\alpha])$. Il s'ensuit $f(\tilde{x}_1 \cdot [\alpha]) = f(\tilde{x}_1) \cdot [\alpha]$, comme annoncé.

2) Notons χ la correspondance qui envoie un homomorphisme de revêtements, f, sur sa restriction à la fibre $p_1^{-1}(x)$. L'injectivité de χ est une conséquence de la Proposition 4.4 ; démontrons sa surjectivité. Soit $g\colon p_1^{-1}(x) \to p_2^{-1}(x)$ une application $\pi_1(X, x)$-équivariante. Fixons $\tilde{x}_1 \in p_1^{-1}(x)$ et notons $\tilde{x}_2 = g(\tilde{x}_1)$. Le stabilisateur

de $\tilde{x}_1$ est le groupe $(p_1)_*\pi_1(X, \tilde{x}_1)$. Si $[\alpha] \in (p_1)_*\pi_1(X, \tilde{x}_1)$, de $\tilde{x}_2 \cdot [\alpha] = g(\tilde{x}_1) \cdot [\alpha] = g(\tilde{x}_1 \cdot [\alpha]) = g(\tilde{x}_1) = \tilde{x}_2$, nous déduisons $(p_1)_*\pi_1(E_1, \tilde{x}_1) \subset (p_2)_*\pi_1(E_2, \tilde{x}_2)$. Le Théorème 4.10 implique l'existence d'une unique application $f\colon E_1 \to E_2$ telle que $p_2 \circ f = p_1$ et $f(\tilde{x}_1) = \tilde{x}_2 = g(\tilde{x}_1)$.

Si $\tilde{y}_1$ est un point quelconque de $p_1^{-1}(x)$, par transitivité de l'action, il existe $[\alpha] \in \pi_1(X, x)$ tel que $\tilde{y}_1 = \tilde{x}_1 \cdot [\alpha]$. Des compatibilités de g et f avec l'action de $\pi_1(X, x)$, nous déduisons $f(\tilde{y}_1) = f(\tilde{x}_1 \cdot [\alpha]) = f(\tilde{x}_1) \cdot [\alpha] = g(\tilde{x}_1) \cdot [\alpha] = g(\tilde{x}_1 \cdot [\alpha]) = g(\tilde{y}_1)$. La restriction de f à $p^{-1}(x)$ coïncide donc avec l'application g de départ, d'où $\chi(f) = g$ et la surjectivité de χ.

Corollaire 4.22 *Soit $p\colon E \to X$ un revêtement. Si l'action de $\pi_1(X, x)$ sur la fibre $p^{-1}(x)$ est triviale, alors p est un revêtement trivial. En conséquence, tout revêtement de base simplement connexe est trivial.*

Démonstration. Les deux actions de $\pi_1(X, x)$ sur $p^{-1}(x)$, provenant de p ou du revêtement trivial $X \times p^{-1}(x) \to X$, étant triviales, l'identité sur $p^{-1}(x)$ est une application $\pi_1(X, x)$-équivariante. Elle correspond à un isomorphisme de revêtements entre p et le revêtement trivial pour la correspondance établie dans le Théorème 4.21.

Dans le cas particulier $p_1 = p_2$, le Théorème 4.21 s'énonce comme suit.

Corollaire 4.23 *Pour tout $x \in X$, le groupe des automorphismes d'un revêtement $p\colon E \to X$ est isomorphe au groupe des bijections $\pi_1(X, x)$-équivariantes de $p^{-1}(x)$.*

4.5 REVÊTEMENTS GALOISIENS

Définition 4.24 *Soit $p\colon E \to X$ un revêtement, $x \in X$ et $\tilde{x} \in p^{-1}(x)$. Le revêtement p est* galoisien *si le sous-groupe $p_*\pi_1(E, \tilde{x})$ est distingué dans $\pi_1(X, x)$. (On dit aussi qu'il est* normal.*)*

Le Théorème 4.17 nous garantit que la condition imposée à $p_*\pi_1(E, \tilde{x})$ ne dépend pas du choix du point $\tilde{x}$ dans $p^{-1}(x)$.

Définition 4.25 *Un revêtement* universel *est un revêtement dont l'espace total est simplement connexe.*

Un revêtement universel est évidemment galoisien. Le Théorème 4.10 et le Corollaire 4.9 impliquent qu'un revêtement universel est un revêtement de tous les revêtements de X, ce qui justifie le qualificatif "universel". L'unicité d'un tel revêtement se déduit immédiatement du Théorème 4.18 ; elle s'énonce comme suit.

Proposition 4.26 *Si X est un espace connexe par arcs et localement connexe par arcs, deux revêtements universels de X sont isomorphes.*

Pour un revêtement, le fait d'être galoisien peut aussi être caractérisé à partir du groupe des automorphismes ou de la monodromie.

Théorème 4.27 *Soit $p\colon E \to X$ un revêtement. Les conditions suivantes sont équivalentes.*

1. *Le revêtement p est galoisien.*
2. *Pour tout couple de points $(\tilde{x}_1, \tilde{x}_2)$ de E tels que $x = p(\tilde{x}_1) = p(\tilde{x}_2)$, on a $p_*\pi_1(E, \tilde{x}_1) = p_*\pi_1(E, \tilde{x}_2)$.*
3. *Le groupe des automorphismes, $A(p)$, agit transitivement sur $p^{-1}(x)$, pour tout $x \in X$.*
4. *Pour tout couple de points $(\tilde{x}_1, \tilde{x}_2)$ de E tels que $x = p(\tilde{x}_1) = p(\tilde{x}_2)$ et pour tout lacet γ de X centré en x, si le relevé de γ, de source $\tilde{x}_1$, est un lacet, alors le relevé de γ, de source $\tilde{x}_2$, est aussi un lacet.*

Démonstration. Rappelons deux résultats déjà établis.

– L'ensemble $\{p_*\pi_1(E, \tilde{x}) \mid \tilde{x} \in p^{-1}(x)\}$ est une classe de conjugaison de $\pi_1(X, x)$, cf. Théorème 4.17.
– Si $\tilde{x}_1 \in p^{-1}(x)$ et $\tilde{x}_2 \in p^{-1}(x)$, il existe $f \in A(p)$ tel que $f(\tilde{x}_1) = \tilde{x}_2$ si, et seulement si, $p_*\pi_1(E, \tilde{x}_1) = p_*\pi_1(E, \tilde{x}_2)$, cf. Corollaire 4.19.

Ainsi, il y a transitivité de l'action de $A(p)$ sur $p^{-1}(x)$ si, et seulement si, le sous-groupe $p_*\pi_1(E, \tilde{x})$ est le seul élément de sa classe de conjugaison, c'est-à-dire si, et seulement si, ce sous-groupe est distingué. Nous avons ainsi démontré l'équivalence des trois premiers points de l'énoncé.

Remarquons qu'une classe d'homotopie $[\alpha] \in \pi_1(X, x)$ est telle que α se relève en un lacet de source $\tilde{x}_1$ si, et seulement si, $[\alpha] \in p_*\pi_1(X, \tilde{x}_1)$. Ainsi, la propriété 2) implique 4). Réciproquement, la propriété 4) se traduit par $p_*\pi_1(X, \tilde{x}_1) \subset p_*\pi_1(X, \tilde{x}_2)$. Cette inclusion entraîne l'égalité car les deux groupes sont isomorphes d'après le Théorème 4.17.

Corollaire 4.28 *Dans un revêtement galoisien, tout endomorphisme est un automorphisme.*

Démonstration. Soit $f\colon E \to E$ un endomorphisme de p. Si $\tilde{x}$ est un point de $p^{-1}(x)$, par transitivité de l'action de $A(p)$, il existe $g \in A(p)$ tel que $f(\tilde{x}) = g(\tilde{x})$. Il s'ensuit $f = g$, d'après la Proposition 4.4 et f est un automorphisme.

Les revêtements galoisiens sont exactement les revêtements obtenus par l'action d'un groupe.

Théorème 4.29

1. *Si $p \colon E \to X$ est un revêtement galoisien, l'espace X est homéomorphe à l'espace quotient $E/A(p)$.*
2. *Si un groupe discret, G, opère de façon totalement discontinue sur un espace E, connexe par arcs et localement connexe par arcs, la surjection canonique $q \colon E \to E/G$ est un revêtement galoisien et G est le groupe des automorphismes de q.*

Démonstration. 1) Soit p un revêtement galoisien. Dans le diagramme commutatif suivant,

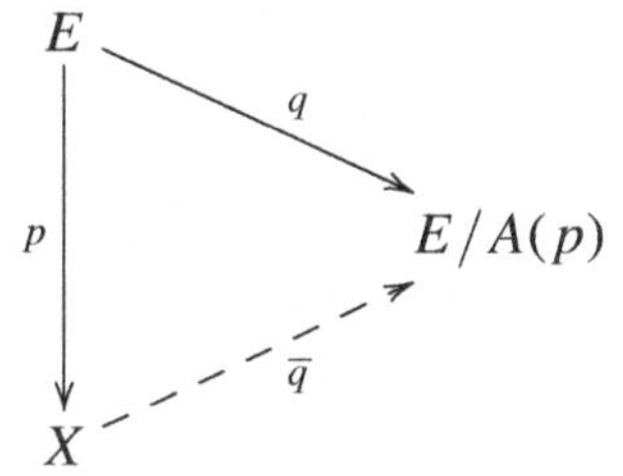

l'application $\overline{q}$ est définie par $\overline{q}(x) = q(\tilde{x})$, avec $\tilde{x} \in p^{-1}(x)$. *Vérifions d'abord que cette application est bien définie.* En effet, si $\tilde{x}_1$ et $\tilde{x}_2$ sont deux points de la fibre $p^{-1}(x)$, par transitivité de l'action, il existe $f \in A(p)$ tel que $f(\tilde{x}_1) = \tilde{x}_2$, d'où $q(\tilde{x}_1) = q(\tilde{x}_2)$. *L'application $\overline{q}$ est continue.* En effet, si U est un ouvert de l'espace quotient $E/A(p)$, $q^{-1}(U))$ est un ouvert de E, par continuité de l'application q. L'application p étant ouverte et surjective, $\overline{q}^{-1}(U) = p(q^{-1}(U))$ est un ouvert de X. D'autre part, l'application p induit une application continue, $\overline{p} \colon E/A(p)) \to X$, telle que $p = \overline{p} \circ q$. De $\overline{p} \circ \overline{q} \circ p = p$, $\overline{q} \circ \overline{p} \circ q = q$ et de la surjectivité de p et q, on déduit $\overline{p} \circ \overline{q} = \text{id}$ et $\overline{q} \circ \overline{p} = \text{id}$. Ceci montre que $\overline{q}$ est un homéomorphisme.

2) La Proposition 4.16 nous garantit déjà que q est un revêtement ; il reste à déterminer son groupe d'automorphismes. Nous avons évidemment $G \subset A(q)$. Soit $f \in A(q)$ et $\tilde{x} \in E$. Le groupe G opérant transitivement sur $q^{-1}(q(\tilde{x}))$, il existe $g \in G$ tel que $f(\tilde{x}) = g \cdot \tilde{x}$. D'après la Proposition 4.4, f coïncide avec l'application $\tilde{y} \mapsto g \cdot \tilde{y}$ et nous avons établi $A(q) \subset G$, d'où l'égalité $G = A(q)$. En conséquence, le groupe $A(q)$ agit transitivement sur chaque fibre et le revêtement q est galoisien.

Proposition 4.30 *Si $p\colon E \to X$ est un revêtement galoisien, l'action (à droite) du groupe fondamental $\pi_1(X,x)$ sur la fibre $p^{-1}(x)$ induit un isomorphisme de groupes*

$$\pi_1(X,x)/p_*\pi_1(E,\tilde{x}) \cong A(p),$$

pour tout $x \in X$ et tout $\tilde{x} \in p^{-1}(x)$.

Démonstration. Notons $\mathrm{Aut}_{\pi_1(X,x)}\, p^{-1}(x)$ le groupe des bijections de $p^{-1}(x)$ compatibles avec l'action de $\pi_1(X,x)$. Nous savons, cf. Corollaire 4.23, que le groupe $A(p)$ est isomorphe à $\mathrm{Aut}_{\pi_1(X,x)}\, p^{-1}(x)$. Il nous suffit donc de construire un isomorphisme de groupes $\pi_1(X,x)/p_*\pi_1(E,\tilde{x}) \cong \mathrm{Aut}_{\pi_1(X,x)}\, p^{-1}(x)$. Pour cela, à toute classe $[\alpha] \in \pi_1(X,x)$, nous associons l'application $\Phi_{[\alpha]}\colon p^{-1}(x) \to p^{-1}(x)$, définie ainsi :

- en un point $\tilde{x} \in p^{-1}(x)$ fixé, on pose $\Phi_{[\alpha]}(\tilde{x}) = \tilde{x}\cdot[\alpha]$,
- si $\tilde{y}$ est un point quelconque de $p^{-1}(x)$, par transitivité de l'action, il existe $[\beta] \in \pi_1(X,x)$ tel que $\tilde{y} = \tilde{x}\cdot[\beta]$. On pose alors $\Phi_{[\alpha]}(\tilde{y}) = \Phi_{[\alpha]}(\tilde{x})\cdot[\beta] = \tilde{x}\cdot[\alpha.\beta]$.

Vérifions d'abord que cette définition a un sens : si $\tilde{x}\cdot[\beta] = \tilde{x}\cdot[\beta']$, alors $[\beta]\,[\beta']^{-1}$ est dans le stabilisateur, $p_*\pi_1(E,\tilde{x})$, de $\tilde{x}$. Le revêtement étant galoisien, ce composé se trouve aussi dans le stabilisateur, $p_*\pi_1(E,\tilde{x}\cdot[\alpha])$, de $\tilde{x}\cdot[\alpha]$ et l'on a $\tilde{x}\cdot[\alpha][\beta]\,[\beta']^{-1} = \tilde{x}\cdot[\alpha]$, d'où $\tilde{x}\cdot[\alpha.\beta] = \tilde{x}\cdot[\alpha.\beta']$.
Par construction, l'application $\Phi_{[\alpha]}$ est compatible avec l'action de $\pi_1(X,x)$, le chemin constant donne l'application identité et l'on a $\Phi_{[\alpha.\alpha']} = \Phi_{[\alpha]}\circ\Phi_{[\alpha']}$. Ainsi, $\Phi_{[\alpha]}$ est bijective, d'inverse $\Phi_{[\alpha]^{-1}}$, et Φ définit un homomorphisme de groupes de $\pi_1(X,x)$ dans $\mathrm{Aut}_{\pi_1(X,x)}\, p^{-1}(x)$.
Démontrons la surjectivité de Φ. Si $f \in \mathrm{Aut}_{\pi_1(X,x)}\, p^{-1}(x)$, par transitivité de l'action, il existe $[\alpha] \in \pi_1(X,x)$ tel que $f(\tilde{x}) = \tilde{x}\cdot[\alpha]$. Les éléments f et $\Phi_{[\alpha]}$ de $\mathrm{Aut}_{\pi_1(X,x)}\, p^{-1}(x)$ coïncident au point $\tilde{x}$; ils sont donc égaux.
Les éléments dans le noyau de Φ sont les éléments de $\pi_1(X,x)$ qui se relèvent en un lacet au point $\tilde{x}$, c'est-à-dire $\mathrm{Ker}\,\Phi = p_*\pi_1(X,\tilde{x})$. Nous avons établi l'isomorphisme de groupes annoncé.

La Proposition 4.30 permet de déterminer certains groupes fondamentaux sans utiliser le théorème de Seifert et Van Kampen.

Exemples : Le revêtement $p\colon \mathbb{R} \to S^1$, $p(t) = e^{2i\pi t}$ est universel. Son groupe d'automorphismes, isomorphe à $\mathbb{Z}$, est le groupe des translations, $T_n(t) = t + n$, $n \in \mathbb{Z}$.
La surjection canonique $q\colon S^2 \to P_2(\mathbb{R})$ est un revêtement universel. Son groupe d'automorphismes, engendré par l'application antipode, $(x,y,z) \mapsto (-x,-y,-z)$, est isomorphe à $\mathbb{Z}_2$.

On retrouve ainsi les groupes fondamentaux du cercle et du plan projectif réel, calculés dans le Chapitre 1 et le Chapitre 3.

4.6 GROUPE DES AUTOMORPHISMES D'UN REVÊTEMENT

Cette section peut être négligée en première lecture. On y montre que le groupe des automorphismes d'un revêtement quelconque peut être déterminé à partir du groupe fondamental, généralisant le résultat obtenu dans la Proposition 4.30. Cette caractérisation fait intervenir la notion de normalisateur d'un sous-groupe.

Définition 4.31 *Soit G un groupe. Le* normalisateur *$N(H)$ d'un sous-groupe H de G est le plus grand sous-groupe de G dans lequel H est distingué, i.e.,*

$$N(H) = \{g \in G \mid gHg^{-1} = H\}.$$

Théorème 4.32 *Si $p\colon E \to X$ est un revêtement, de groupe d'automorphismes $A(p)$, et si $\tilde{x}_0 \in E$, il existe un isomorphisme de groupes*

$$A(p) \cong N(p_*\pi_1(E, \tilde{x}_0))/p_*\pi_1(E, \tilde{x}_0),$$

où $N(p_*\pi_1(E, \tilde{x}_0))$ désigne le normalisateur de $p_*\pi_1(E, \tilde{x}_0)$ dans $\pi_1(X, p(\tilde{x}_0))$.

Démonstration. Notons $x = p(\tilde{x}_0)$, où $\tilde{x}_0$ est fixé. Comme dans la démonstration de la Proposition 4.30, il nous suffit de construire un isomorphisme de groupes

$$\Phi\colon \mathrm{Aut}_{\pi_1(X,x)}\, p^{-1}(x) \to N(p_*\pi_1(E, \tilde{x}_0))/p_*\pi_1(E, \tilde{x}_0).$$

Soit $f \in \mathrm{Aut}_{\pi_1(X,x)}\, p^{-1}(x)$. Remarquons d'abord que $\tilde{x}_0$ et $f(\tilde{x}_0)$ ont le même stabilisateur. En effet, si la classe $[\beta] \in \pi_1(X, x)$ stabilise $\tilde{x}_0$, on a $f(\tilde{x}_0) = f(\tilde{x}_0 \cdot [\beta]) = f(\tilde{x}_0) \cdot [\beta]$ et $[\beta]$ stabilise aussi $f(\tilde{x}_0)$. En effectuant le même raisonnement avec l'automorphisme f^{-1}, on déduit que $\tilde{x}_0$ et $f(\tilde{x}_0)$ ont le même stabilisateur. Notons $H = p_*\pi_1(E, \tilde{x}_0)$ ce stabilisateur et $Y_{\tilde{x}_0}$ l'ensemble des éléments de $p^{-1}(x)$ ayant H comme stabilisateur. Nous montrons, tout d'abord, que $N(H)/H$ agit transitivement et librement sur $Y_{\tilde{x}_0}$ en suivant la progression explicitée ci-dessous.

- *Le groupe $N(H)$ agit sur $Y_{\tilde{x}_0}$.* Si $\tilde{y} \in Y_{\tilde{x}_0}$ et $[\beta] \in N(H)$, alors $\tilde{y} \cdot [\beta]$ a pour stabilisateur H. Ceci découle des équivalences suivantes :

$$\begin{aligned} \tilde{y} \cdot ([\beta]\,[\gamma]) = \tilde{y} \cdot [\beta] \quad &\Leftrightarrow \quad \tilde{y} \cdot ([\beta]\,[\gamma]\,[\beta]^{-1}) = \tilde{y} \\ &\Leftrightarrow \quad [\beta]\,[\gamma]\,[\beta]^{-1} \in H \\ &\Leftrightarrow \quad [\gamma] \in [\beta]^{-1} H\, [\beta] = H. \end{aligned}$$

– *L'action de $N(H)$ sur $Y_{\tilde{x}_0}$ est transitive.* Soit $\tilde{y}_1 \in Y_{\tilde{x}_0}$ et $\tilde{y}_2 \in Y_{\tilde{x}_0}$. Le groupe $\pi_1(X,x)$ agissant transitivement sur $p^{-1}(x)$, il existe $[\beta] \in \pi_1(X,x)$ tel que $\tilde{y}_2 = \tilde{y}_1 \cdot [\beta]$. Montrons $[\beta] \in N(H)$. Si $[\gamma] \in H$, on a :
  - $\tilde{y}_2 \cdot [\gamma] = \tilde{y}_2 \Rightarrow \tilde{y}_1 \cdot ([\beta]\,[\gamma]) = \tilde{y}_1 \cdot [\beta] \Rightarrow [\beta]\,[\gamma]\,[\beta]^{-1} \in H$,
  - $\tilde{y}_1 \cdot [\gamma] = \tilde{y}_1 \Rightarrow \tilde{y}_2 \cdot ([\beta]^{-1}\,[\gamma]) = \tilde{y}_2 \cdot [\beta]^{-1} \Rightarrow [\beta]^{-1}\,[\gamma]\,[\beta] \in H$.

  Il s'ensuit $[\beta]\,H\,[\beta]^{-1} = H$ et $[\beta] \in N(H)$.
– *Le groupe $N(H)/H$ agit transitivement et librement sur $Y_{\tilde{x}_0}$.* Le sous-groupe distingué H de $N(H)$ agissant trivialement sur $Y_{\tilde{x}_0}$, le groupe quotient $N(H)/H$ agit sur $Y_{\tilde{x}_0}$. L'action reste évidemment transitive ; montrons qu'elle est aussi libre. Soit $\tilde{y} \in Y_{\tilde{x}_0}$ et $[\beta]_H \in N(H)/H$ tels que $\tilde{y} \cdot [\beta]_H = \tilde{y}$. Il s'ensuit $\tilde{y} \cdot [\beta] = \tilde{y}$, par définition de l'action du quotient $N(H)/H$, d'où $[\beta] \in H$ et $[\beta]_H$ est l'élément neutre de $N(H)/H$.

L'application qui, à chaque $f \in \mathrm{Aut}_{\pi_1(X,x)}\, p^{-1}(x)$, associe l'unique élément $[\alpha]_H \in N(H)/H$ tel que $f(\tilde{x}_0) = \tilde{x}_0 \cdot [\alpha]_H$, définit donc une application

$$\Phi\colon \mathrm{Aut}_{\pi_1(X,x)}\, p^{-1}(x) \to N(p_*\pi_1(E,\tilde{x}_0))/p_*\pi_1(E,\tilde{x}_0).$$

Détaillons maintenant les propriétés de Φ.

– *Φ est multiplicative.* Soit $f_1 \in \mathrm{Aut}_{\pi_1(X,x)}\, p^{-1}(x)$ avec $f_1(\tilde{x}_0) = \tilde{x}_0 \cdot [\alpha]$ et $f_2 \in \mathrm{Aut}_{\pi_1(X,x)}\, p^{-1}(x)$ avec $f_2(\tilde{x}_0) = \tilde{x}_0 \cdot [\beta]$. De $f_1(f_2(\tilde{x}_0)) = f_1(\tilde{x}_0 \cdot [\beta]) = f_1(\tilde{x}_0) \cdot [\beta] = (\tilde{x}_0 \cdot [\alpha]) \cdot [\beta] = \tilde{x}_0 \cdot ([\alpha]\,[\beta])$, nous déduisons $\Phi(f_1 \circ f_2) = \Phi(f_1)\Phi(f_2)$.
– *Φ est injective.* Si $\Phi(f_1) = \Phi(f_2) = [\alpha]_H$, alors $f_1(\tilde{x}_0) = f_2(\tilde{x}_0) = \tilde{x}_0 \cdot [\alpha]$. Si $\tilde{y} \in p^{-1}(x)$, il existe $[\beta]$ tel que $\tilde{y} = \tilde{x}_0 \cdot [\beta]$, d'où $f_1(\tilde{y}) = f_1(\tilde{x}_0 \cdot [\beta]) = f_1(\tilde{x}_0) \cdot [\beta] = f_2(\tilde{x}_0) \cdot [\beta] = f_2(\tilde{y})$ et $f_1 = f_2$.
– *Φ est surjective.* Soit $[\alpha]_H \in N(H)/H$. Nous construisons $f \in \mathrm{Aut}_{\pi_1(X,x)}\, p^{-1}(x)$ de la façon suivante. Si $\tilde{y} \in p^{-1}(x)$, il existe $[\beta]$ tel que $\tilde{y} = \tilde{x}_0 \cdot [\beta]$ et nous posons $f(\tilde{y}) = \tilde{x}_0 \cdot [\alpha.\beta]$. Remarquons que le stabilisateur de $\tilde{x}_0 \cdot [\beta]$ est $[\beta]^{-1}H[\beta]$. Comme $[\alpha]^{-1}H[\alpha] = H$, le sous-groupe $[\beta]^{-1}H[\beta]$ est aussi le stabilisateur de $\tilde{x}_0 \cdot [\alpha.\beta]$. Ceci a pour conséquence que l'application f est bien définie : en effet, si $\tilde{x}_0 \cdot [\beta] = \tilde{x}_0 \cdot [\beta']$, alors $[\beta]^{-1}[\beta'] \in [\beta]^{-1}H[\beta]$ et l'on a $\tilde{x}_0 \cdot [\alpha.\beta] = \tilde{x}_0 \cdot [\alpha.\beta][\beta]^{-1}[\beta'] = \tilde{x}_0 \cdot [\alpha.\beta']$. Par construction, l'application f est compatible avec l'action de $\pi_1(X,x)$; elle a un inverse obtenu en appliquant la même construction à $[\alpha]_H^{-1}$. Ainsi, f est un élément de $\mathrm{Aut}_{\pi_1(X,x)}\, p^{-1}(x)$ tel que $\Phi(f) = [\alpha]_H$.

4.7 REVÊTEMENT UNIVERSEL ET RÉALISATION D'UNE CLASSE DE CONJUGAISON

Commençons par l'étude des propriétés particulières que doit posséder un espace X admettant un revêtement universel $p\colon \widetilde{X} \to X$.

Choisissons un point $x \in X$, un point $\tilde{x} \in p^{-1}(x)$ et un voisinage ouvert trivialisant U de x. Notons W la composante connexe de $p^{-1}(U)$ contenant $\tilde{x}$. L'application p et les inclusions canoniques induisent le diagramme commutatif suivant,

$$\begin{array}{ccc} \pi_1(W, \tilde{x}) & \longrightarrow & \pi_1(\widetilde{X}, \tilde{x}) = \{1\} \\ {\scriptstyle p_*}\big\downarrow \cong & & \big\downarrow {\scriptstyle p_*} \\ \pi_1(U, x) & \longrightarrow & \pi_1(X, x). \end{array}$$

L'application $p_*\colon \pi_1(W, \tilde{x}) \to \pi_1(U, x)$ étant un homéomorphisme, l'application $\pi_1(U, x) \to \pi_1(X, x)$ est donc constante sur l'élément neutre.

Définition 4.33 *Un espace X est* semi-localement simplement connexe *si chacun de ses points x admet un voisinage U tel que l'application $\pi_1(U, x) \to \pi_1(X, x)$, induite par l'inclusion, soit triviale.*

La propriété d'être semi-localement simplement connexe est une condition nécessaire d'existence d'un revêtement universel ; nous allons montrer qu'elle est aussi suffisante. Avant cela, illustrons par quelques exemples cette nouvelle définition.

Exemples :

1. Les espaces dans lesquels tout point possède un voisinage contractile sont semi-localement simplement connexes. En particulier, les variétés topologiques et les CW-complexes sont semi-localement simplement connexes.
2. Pour tout entier $n > 0$, nous notons C_n le cercle défini par $C_n = \{(x, y) \in \mathbb{R}^2 \mid \left(x - \frac{1}{n}\right)^2 + y^2 = \frac{1}{n^2}\}$ et $C = \cup_{n>0} C_n$ la réunion de ces cercles, munie de la topologie induite de celle de $\mathbb{R}^2$. Cet espace n'est pas semi-localement simplement connexe car tout voisinage du point $(0, 0)$ contient un cercle C_k, pour k assez grand, et ce cercle C_k n'est pas homotope au lacet constant sur $(0, 0)$.

Théorème 4.34 *Tout espace topologique X, connexe par arcs, localement connexe par arcs et semi-localement simplement connexe, admet un revêtement universel.*

La preuve de ce résultat fait l'objet de l'Exercice 4.3.

Soit X un espace, connexe par arcs, localement connexe par arcs et semi-localement simplement connexe. Nous avons établi (cf. Théorème 4.18) que deux revêtements de X sont isomorphes si, et seulement si, les sous-groupes images des groupes fondamentaux appartiennent à la même classe de conjugaison. Nous montrons maintenant que chaque classe de conjugaison de $\pi_1(X, x)$ se réalise comme image du groupe fondamental d'un revêtement.

Théorème 4.35 *Soit X un espace connexe par arcs, localement connexe par arcs et semi-localement simplement connexe. Pour toute classe de conjugaison de sous-groupes de $\pi_1(X)$, il existe un revêtement, (E, p), de X tel que $p_*\pi_1(E)$ appartienne à cette classe. Si la classe de conjugaison contient le sous-groupe H, les fibres de p sont en bijection avec l'ensemble quotient $\pi_1(X)/H$.*

Démonstration. Soit $p_X\colon \tilde{X} \to X$ le revêtement universel de X, $x \in X$ et H un élément d'une classe de conjugaison de $\pi_1(X, x)$. Si $x \in X$, nous savons (cf. Proposition 4.30) que le groupe des automorphismes de p_X est isomorphe à $\pi_1(X, x)$. Notons $\tilde{H} \subset A(p_X)$ le sous-groupe associé à H dans cette correspondance et $\rho\colon \tilde{X} \to E = \tilde{X}/\tilde{H}$ la surjection canonique. L'application ρ est un revêtement galoisien d'après la Proposition 4.16 et le Théorème 4.29. L'application $p_X\colon \tilde{X} \to X = \tilde{X}/A(p_X)$ factorise par ρ en une application continue p,

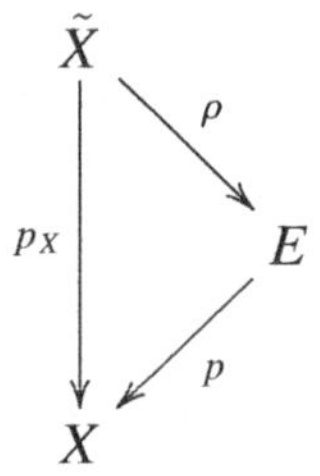

Pour démontrer que p est un revêtement, considérons un ouvert V, trivialisant pour p_X. Son image réciproque par p_X est constituée d'images disjointes $g \cdot U$ pour $g \in A(p_X)$, où U est un ouvert de $\tilde{X}$, homéomorphe à V. Choisissons, dans $A(p_X)$, un système de représentants (g_i) pour le quotient $A(p_X)/\tilde{H}$, et notons $[g_i]$ la classe de g_i. Par définition du quotient E, l'ensemble $p^{-1}(V)$ est une réunion d'ouverts disjoints, $p^{-1}(V) = \cup_i [g_i] \cdot U$, et l'application p induit un homéomorphisme $[g_i] \cdot U \cong V$, pour tout i. La bijection entre $p^{-1}(x)$ et $\pi_1(X)/H$ résulte de la Proposition 4.20.

Les Théorèmes 4.18 et 4.35 impliquent la classification suivante.

Corollaire 4.36 *Soit X un espace connexe par arcs, localement connexe par arcs et semi-localement simplement connexe. Les classes d'isomorphisme de revêtements de X sont en bijection avec les classes de conjugaison de sous-groupes de $\pi_1(X)$, les revêtements galoisiens correspondant aux sous-groupes distingués.*

Utilisons ce corollaire pour classifier les revêtements de quelques espaces. Par exemple, comme $\pi_1(P_2(\mathbb{R})) = \mathbb{Z}_2$ et que $\mathbb{Z}_2$ a seulement deux sous-groupes, il n'existe que deux revêtements de base $P_2(\mathbb{R})$, le revêtement trivial et le revêtement universel, $S^2 \longrightarrow P_2(\mathbb{R})$.

Exemple : Revêtements du cercle. Le groupe fondamental du cercle étant égal à $\mathbb{Z}$, ses revêtements sont tous galoisiens. Le revêtement universel est l'exponentielle complexe, $\exp\colon \mathbb{R} \longrightarrow S^1$, $t \longmapsto e^{2i\pi t}$. Les seuls sous-groupes de $\mathbb{Z}$ étant $n\mathbb{Z}$, les revêtements de S^1 sont de la forme $q_n\colon \mathbb{R}/n\mathbb{Z} \longrightarrow S^1$, avec $q_n(t \bmod n) = e^{2i\pi t}$. La multiplication par n induit un homéomorphisme entre $\mathbb{R}/n\mathbb{Z}$ et $\mathbb{R}/\mathbb{Z} \cong S^1$; ainsi, à isomorphisme près, les revêtements du cercle sont les applications $q_n\colon S^1 \longrightarrow S^1$, $z \longmapsto z^n$, de fibre $\mathbb{Z}/n\mathbb{Z}$. Le stabilisateur est $n\mathbb{Z}$, image du groupe fondamental de l'espace total par q_n. Le groupe des automorphismes est le quotient $\mathbb{Z}/n\mathbb{Z}$; ses éléments sont les applications $z \longmapsto ze^{\frac{2i\pi p}{n}}$.

Exemple : Revêtements à 2 feuillets d'un bouquet de 2 cercles. Un bouquet de deux cercles, $X = S^1 \vee S^1$, a pour groupe fondamental le groupe libre à deux générateurs, $G = \langle a, b\rangle$. Les revêtements à deux feuillets correspondent aux sous-groupes d'indice 2 de G ; tout sous-groupe d'indice 2 étant distingué, ce sont des revêtements galoisiens. Les sous-groupes d'indice 2 s'obtiennent comme noyau des homomorphismes de groupes $\varphi\colon G \longrightarrow \mathbb{Z}_2$. Définis par les images de a et b, ces homomorphismes sont au nombre de 4. En éliminant l'application triviale, on obtient $\varphi_1(a) = 1$, $\varphi_1(b) = -1$; $\varphi_2(a) = -1$, $\varphi_2(b) = 1$; $\varphi_3(a) = -1$, $\varphi_3(b) = -1$. Représentons géométriquement les espaces totaux des revêtements associés à φ_1 et φ_3, le cas de φ_2 se déduisant aisément de celui de φ_1.

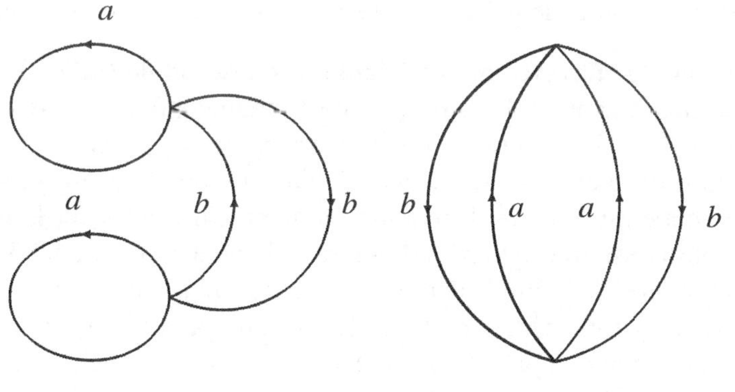

Revêtement associé à φ_1 Revêtement associé à φ_3

Figure 4.1 Revêtements à 2 feuillets d'un bouquet de 2 cercles.

Revêtements d'un espace dont le groupe fondamental est finiment présenté. Nous présentons ici un algorithme, dû à Seifert et Threlfall [40, Page 202], permettant de décrire les revêtements à n feuillets d'un espace (connexe par arcs, localement connexe par arcs et semi-localement simplement connexe) ayant un groupe fondamental finiment présenté.

Soit $x \in X$. Supposons avoir construit un homomorphisme $\rho\colon \pi_1(X, x) \to \mathcal{S}_n$, de but le groupe symétrique à n éléments, tel que le groupe image agisse transitivement sur $\{1, \ldots, n\}$. Le groupe $\pi_1(X, x)$ agit donc transitivement sur $\{1, \ldots, n\}$ par $k \cdot [\alpha] = \rho([\alpha])(k)$ et le groupe H_1 formé des éléments laissant 1 fixe est un sous-groupe de $\pi_1(X, x)$ d'indice n. Le revêtement $p\colon E \to X$ associé à H_1 par le Théorème 4.35 est donc un revêtement à n feuillets. En identifiant la fibre $p^{-1}(x)$ à $\{1, \ldots, n\}$, ce revêtement vérifie $p_*\pi_1(E, 1) = H_1$ et il est galoisien si, et seulement si, H_1 est distingué dans $\pi_1(X)$.

Si on compose un homomorphisme ρ comme ci-dessus avec une renumérotation des éléments de $\{1, \ldots, n\}$, on obtient un revêtement $p'\colon E' \to X$ dans lequel $p'_*\pi_1(E', 1) = p_*\pi_1(E, k)$ avec $k \in \{1, \ldots, n\}$. Les groupes $p_*\pi_1(E, 1)$ et $p_*\pi_1(E, k)$ étant conjugués, les revêtements p et p' sont isomorphes. Nous avons ainsi démontré que les classes d'isomorphismes de revêtements au-dessus de X sont en bijection avec les classes d'équivalence d'homomorphismes ρ dont l'image agit transitivement sur $\{1, \ldots, n\}$, pour la relation d'équivalence induite par la renumérotation.

Remarquons pour terminer, que si le groupe fondamental est finiment présenté, $\pi_1(X) = \langle x_1, \ldots, x_s; r_1, \ldots, r_t\rangle$, la donnée d'un homomorphisme $\rho\colon \pi_1(X) \to \mathcal{S}_n$, équivaut à celle des images $\rho(x_i)$, telles que $\rho(r_i) = 1$.

Illustrons le procédé précédent avec le complémentaire du nœud de trèfle.

Exemple : Revêtements à 3 feuillets du nœud de trèfle. Le nœud de trèfle est le nœud torique $C_{2,3}$, de groupe fondamental $G = \langle a, b; a^2b^{-3}\rangle$, cf. Exercice 3.10. Déterminons les homomorphismes $\rho\colon G \to \mathcal{S}_3$ dont l'image agit transitivement sur $\{1, \ldots, n\}$. L'élément b doit être envoyé sur un élément dont le cube est le carré d'un autre élément. En examinant la table du groupe $\mathcal{S}_3$, nous constatons que $\rho(b)$ doit être l'élément neutre ou un 3-cycle. Si $\rho(b) = 1$, alors $\rho(a)$ doit être l'identité ou une transposition ; dans ce cas, l'image n'agit pas transitivement sur $\{1, 2, 3\}$. La seule possibilité est donc $\rho(b) = (123)$, à renumérotation près. Pour $\rho(a)$, nous avons alors le choix entre l'identité et une transposition. Il existe donc deux classes d'isomorphismes de revêtements à trois feuillets correspondant, respectivement, à $\{\rho_1(a) = 1,\ \rho_1(b) = (123)\}$ et $\{\rho_2(a) = (12),\ \rho_2(b) = (123)\}$.

Déterminons le stabilisateur H_1 de 1 pour l'action de G par ρ_1. Tout élément $g \in G$ s'écrit comme un mot ayant pour lettres des puissances de a et de

b. Notons r_g la somme modulo 3 des puissances de b. Par définition de ρ_1, on a $g \in H_1$ si, et seulement si, $r_g = 0$. Si on conjugue H_1 par un élément μ quelconque de G le reste modulo 3 des sommes des exposants en b est inchangé car b^2a^{-2} est l'inverse de b. Le *revêtement de $C_{2,3}$ associé à ρ_1 est donc galoisien.*

Le stabilisateur de 3 pour l'action de G par ρ_2 n'est pas distingué car $\rho_2((ab^2)^{-1}a(ab^2)) = (13)(12)(13) = (23)$ qui ne fixe pas 3 alors que $\rho_2(a) = (12)$ le fait. Le *revêtement de $C_{2,3}$ associé à ρ_2 n'est donc pas galoisien.*

EXERCICES

Exercice 4.1 Par définition, une application $p\colon E \to X$ est un *homéomorphisme local* si, pour tout $\tilde{x} \in E$, il existe un voisinage U de x et un voisinage V de $p(x)$, pour lesquels la restriction $p_{|U}\colon U \to V$ est un homéomorphisme. Établir les propriétés suivantes.

1. Un homéomorphisme local est une application ouverte et, pour tout point $x \in X$, l'ensemble $p^{-1}(x)$, muni de la topologie induite, est un espace discret.
2. Un revêtement est un homéomorphisme local. Donner un contre-exemple à la réciproque.

Exercice 4.2 Soit $G = \langle x, y; xyx^{-1}y\rangle$ le groupe fondamental de la bouteille de Klein, K_{lein}.

1) Montrer que, pour tout couple d'entiers, (r, s), la relation $y^r x^s = x^s y^{(-1)^s r}$ est vérifiée.

2) En déduire que G est isomorphe à l'ensemble E formé des couples d'entiers (m, n), muni de la loi $(m, n) * (r, s) = (m + r, s + (-1)^r n)$.

Exercice 4.3 Soit X un espace connexe par arcs, localement connexe par arcs et semi-localement simplement connexe. Un ouvert U de X est appelé *relativement 1-connexe* si, pour tout $u \in U$, l'inclusion canonique, $U \hookrightarrow X$, induit l'homomorphisme trivial de $\pi_1(U, u)$ dans $\pi_1(X, u)$. Soit $x_0 \in X$ fixé. On note $\tilde{X}$ l'ensemble des classes d'homotopie relativement à $\{0, 1\}$, $[f]$, des chemins $f\colon [0, 1] \to X$ tels que $f(0) = x_0$. Associer à chaque chemin f son extrémité $f(1)$ induit une application $p\colon \tilde{X} \to X$. *Le but de cet exercice est de montrer que p est un revêtement de X et que l'espace $\tilde{X}$ est simplement connexe.*

Notons $\mathcal{B}$ l'ensemble des ouverts connexes par arcs et relativement 1-connexes de X.

1) Soit $f \in \widetilde{X}$, $u \in \mathcal{B}$ et $f(1) \in U$. Notons :

$$U_{[f]} = \left\{ [g] \mid g \in \widetilde{X},\ g(1) \in U,\ g \simeq f.\alpha \text{ avec } \alpha\colon [0, 1] \to U \right\}.$$

Montrer que, si $[g] \in U_{[f]}$, alors $[f] \in U_{[g]}$. En déduire $U_{[g]} = U_{[f]}$ si $[g] \in U_{[f]}$.

2) Montrer que la restriction $p_{|U_{[f]}}\colon U_{[f]} \to U$ est une bijection.

3) Posons $\mathcal{B}' = \left\{U_{[f]} \mid U \in \mathcal{B},\ f \in \widetilde{X} \text{ et } f(1) \in U\right\}$. Montrer que $\mathcal{B}'$ définit une topologie sur $\widetilde{X}$, topologie que l'on fixe pour la suite.

4) Montrer que l'application $p\colon \widetilde{X} \to X$ est une application continue et ouverte dont la restriction $p_{|U_{[f]}}\colon U_{[f]} \to U$ est un homéomorphisme.

5) Si $H\colon [0,1] \times [0,1] \to X$ est une application continue telle que $H(0,t) = x_0$ pour tout $t \in [0,1]$, on définit une application continue $H_t\colon [0,1] \to X$ par $H_t(s) = H(s,t)$, pour tout $t \in [0,1]$. Montrer que $\widetilde{h}\colon [0,1] \to \widetilde{X}$, $t \mapsto [H_t]$, est une application continue.

6) En déduire que $\widetilde{X}$ est connexe par arcs, en appliquant le point précédent à l'application continue $H\colon [0,1] \times [0,1] \to X$, $H(s,t) = f(st)$, associée à $[f] \in \widetilde{X}$.

7) Montrer que $p\colon \widetilde{X} \to X$ est un revêtement de X et que $\tilde{X}$ est séparé si X l'est.

8) Soit $\hat{x}_0 \in \widetilde{X}$ la classe d'homotopie du chemin constant sur $x_0 \in X$ et soit $[f] \in \pi_1(X, x_0)$. Montrer que l'action de $\pi_1(X, x_0)$ sur $p^{-1}(x_0)$ vérifie $\hat{x}_0 \cdot [f] = [f]$. Déterminer le stabilisateur de $\hat{x}_0$ pour l'action de $\pi_1(X, x_0)$ et en déduire que $\widetilde{X}$ est simplement connexe.

Exercice 4.4 Soit $p\colon \mathbb{R} \to S^1$ le revêtement universel de S^1 défini par $p(t) = e^{2i\pi t}$ et soit $f\colon S^1 \to S^1$ une application continue. Notons $r\colon S^1 \to S^1$ la rotation d'angle $(2k\pi)/m$, avec $0 < k < m$ et k premier avec m, et $s_n\colon S^1 \to S^1$ l'application définie par $s_n(z) = z^n$.

1) Montrer qu'il existe une application continue $F\colon \mathbb{R} \to \mathbb{R}$, telle que $p \circ F = f \circ p$.

2) Exhiber des relèvements explicites R de r et S_n de s_n.

3) Expliquer pourquoi, pour tout $t \in \mathbb{R}$, la quantité $F(t+1) - F(t)$ ne dépend que de la classe d'homotopie de f. En déduire $F(t+1) = F(t) + \deg(f)$ et plus généralement $F(t+a) = F(t) + a\,\deg(f)$, pour tout $t \in \mathbb{R}$ et tout $a \in \mathbb{Z}$.

4) Si $g\colon S^1 \to S^1$ est une application continue, montrer que $\deg(g \circ f) = \deg(g)\deg(f)$. Si g est un homéomorphisme, montrer que $\deg(g^{-1} \circ f \circ g) = \deg(f)$.

5) Supposons $f \circ r = r^n \circ f$. Montrer que $p \circ F \circ R = p \circ R^n \circ F$. En remplaçant R par sa valeur dans l'égalité précédente, obtenir l'existence d'un entier $l \in \mathbb{Z}$ tel que $F\left(t + \dfrac{k}{m}\right) = F(t) + n\,\dfrac{k}{m} + l$, pour tout $t \in \mathbb{R}$. En déduire que le degré de f est congru à n modulo m.

Exercice 4.5 D'après le Lemme 1.31, une application $f\colon S^1 \to S^1$, vérifiant $f(-z) = -f(z)$ pour tout z de S^1, est de degré impair. Le *but de cet exercice* est de généraliser cette propriété en substituant une application périodique à l'application antipode $z \mapsto -z$. Rappelons que la période d'une application continue $h\colon S^1 \to S^1$ est le *plus petit entier positif* m tel que h^m soit l'identité, où h^m est défini inductivement par $h^1 = h$ et $h^m = h^{m-1} \circ h$. Le cas particulier où h est une rotation a été étudié dans l'Exercice 4.4.

Dans la suite, $h\colon S^1 \to S^1$ est une application continue *de degré positif et de période* m. Notons $H\colon \mathbb{R} \to \mathbb{R}$ un relèvement de h et définissons $\Gamma\colon \mathbb{R} \to \mathbb{R}$ par

$$\Gamma(t) = \frac{1}{m}\sum_{i=1}^{m} H^i(t).$$

1) Montrer que h est de degré 1. Donner un exemple où h est de période 2.

2) Montrer que H^m est strictement croissante. En déduire que H est strictement croissante.

3) Montrer que Γ est strictement croissante et vérifie $\Gamma(t+1) = \Gamma(t) + 1$, pour tout $t \in \mathbb{R}$. Soit Γ^{-1} l'inverse de Γ, montrer que Γ^{-1} vérifie une relation analogue.

4) En déduire l'existence d'un homéomorphisme $\gamma\colon S^1 \to S^1$ tel que $\gamma \circ p = p \circ \Gamma$.

5) Montrer l'existence d'un entier $l' \in \mathbb{Z}$ tel que $\Gamma(H(t)) = \Gamma(t) + \dfrac{l'}{m}$, pour tout $t \in \mathbb{R}$. En déduire que $\gamma \circ h \circ \gamma^{-1}$ est une rotation et que l' est premier avec m.

6) Si f est une application continue telle que $f \circ h = h^n \circ f$, que peut-on dire du degré de f ? (Utiliser l'Exercice 4.4.)

Exercice 4.6 On s'intéresse ici à une réciproque (affaiblie) de l'Exercice 4.5. Rappelons que j dénote le degré de $f\colon S^1 \to S^1$.

1) Montrer que le relèvement F de f vérifie l'une des propriétés disjointes suivantes :

(i) il existe t_0 tel que $F\left(t_0 + \dfrac{k}{m}\right) = F(t_0) + j\,\dfrac{k}{m}$;

(ii) pour tout $t \in \mathbb{R}$, $F\left(t + \dfrac{k}{m}\right) < F(t) + j\,\dfrac{k}{m}$;

(iii) pour tout $t \in \mathbb{R}$, $F\left(t + \dfrac{k}{m}\right) > F(t) + j\,\dfrac{k}{m}$.

2) Exclure (ii) et (iii), en utilisant l'Exercice 4.4. En déduire l'existence d'un point $z_0 \in S^1$ tel que $f(r(z_0)) = r^j(f(z_0))$, où r est la rotation d'angle $(2k\pi)/m$.

3) Soit $h\colon S^1 \to S^1$ une application continue *de degré positif et de période* m. Montrer, en utilisant l'Exercice 4.5, qu'il existe $z_0 \in S^1$ tel que $f(h(z_0)) = h^j(f(z_0))$.

4) Montrer que toute application continue, $f\colon S^1 \to S^1$, *sans point fixe*, est homotope à l'application antipode. En utilisant la question **3)**, en déduire que tout groupe fini G, agissant librement sur S^1, est commutatif.

Exercice 4.7 Soit G un groupe topologique connexe, d'élément neutre e et de loi notée $\mu\colon G \times G \to G$. À tout couple $\alpha\colon [0,1] \to G$, $\beta\colon [0,1] \to G$ de chemins de

G, on associe le *chemin produit* $\alpha \bullet \beta : [0,1] \to G$ défini par $(\alpha \bullet \beta)(t) = \mu(\alpha(t), \beta(t))$. Dans la suite, on suppose $\alpha(0) = \beta(0) = \alpha(1) = \beta(1) = e$. Rappelons que la composition usuelle des lacets est notée $\alpha.\beta$.

1) Soit α' et β' deux lacets homotopes à extrémités fixées, à α et β respectivement. Montrer que $\alpha \bullet \beta$ est homotope (à extrémités fixées) à $\alpha' \bullet \beta'$.

2) Montrer que les lacets $\alpha.\beta$, $\alpha \bullet \beta$, $\beta.\alpha$ et $\beta \bullet \alpha$ sont homotopes (à extrémités fixées). Que pouvez-vous en déduire ?

Dans la suite de cet exercice, on suppose que $p : E \to G$ *est un revêtement de* G et on fixe un point $\varepsilon \in p^{-1}(e)$ dans la fibre au-dessus de e.

3) Notons $m : E \times E \to G$ l'application définie par $m(x, y) = \mu(p(x), p(y))$ Montrer l'existence d'une unique application continue, $\tilde{m} : E \times E \to E$, telle que $p \circ \tilde{m} = m$ et $\tilde{m}(\varepsilon, \varepsilon) = \varepsilon$. Montrer que $\tilde{m}$ est associative et admet ε comme élément neutre.

4) Notons $\varphi : E \to G$ l'application définie par $\varphi(x) = (p(x))^{-1}$. Montrer l'existence d'une unique application continue, $\tilde{\varphi} : E \to E$, telle que $p \circ \tilde{\varphi} = \varphi$ et $\tilde{\varphi}(\varepsilon) = \varepsilon$.

5) Montrer que les applications $\tilde{m}$ et $\tilde{\varphi}$ définissent une structure de groupe topologique sur E.

6) En déduire l'existence d'une structure de groupe sur la sphère S^3. Ce groupe est-il abélien ?

Exercice 4.8 Si G est un groupe libre à n générateurs et si H est un sous-groupe de G d'indice p, montrer que H est un groupe libre à $pn - p + 1$ générateurs.

SOLUTION DES EXERCICES

Exercice 4.1 La preuve de la première question est similaire à celle faite dans le cas d'un revêtement. L'application exp: $]0,3[\to S^1$, $t \mapsto e^{2i\pi t}$, est un homéomorphisme local, comme restriction à un ouvert d'un homéomorphisme local. Ce n'est pas un revêtement car les images réciproques $p^{-1}(x)$ n'ont pas toutes la même cardinalité.

Exercice 4.2

1) La relation $xyx^{-1}y = 1$ implique $y^{-1}x = xy$, d'où $yx = xx^{-1}yx = xy^{-1}$. En prenant l'inverse des deux relations précédentes, nous obtenons $y^{-1}x^{-1} = x^{-1}y$ et $yx^{-1} = x^{-1}y^{-1}$. Une itération fournit la relation annoncée, $y^r x^s = x^s y^{(-1)^s r}$, pour tout couple d'entiers (r,s). En particulier tout élément de $\pi_1(K_{lein})$ s'écrit sous la forme $x^n y^m$.

2) Il nous suffit de montrer l'unicité de la représentation des éléments de $\pi_1(K_{lein})$ sous la forme $x^n y^m$. Supposons $x^n y^m = x^p y^q$, d'où $x^{n-p} = y^{q-m}$. L'homomorphisme $\varphi\colon \langle x, y; xyx^{-1}y\rangle \to \langle x\rangle$, défini par $\varphi(x) = x$ et $\varphi(y) = 1$, fait du groupe libre $\langle x\rangle$ un rétracte de $\pi_1(K_{lein})$. En appliquant φ à la relation $x^{n-p} = y^{q-m}$, nous obtenons $x^{n-p} = 1$ dans $\langle x\rangle$, ce qui implique $n = p$. L'application $p\colon T \to K_{lein}$ définie dans l'exemple 4, page 95, étant un revêtement, l'homomorphisme induit $\pi_1(p)\colon \pi_1(T) \to \pi_1(K_{lein})$ est injectif. Avec les notations de cet exemple, remarquons que y est l'image de c par $\pi_1(p)$. Dans le groupe $\pi_1(T)$, l'égalité $c^{q-m} = 1$ implique $q = m$, ce qui termine la preuve.

Exercice 4.3

1) Si $[g] \in U_{[f]}$, il existe $\alpha\colon [0,1] \to U$ tel que g soit homotope au composé $f.\alpha$. On en déduit une homotopie entre f et $g.\alpha^{-1}$ d'où $[f] \in U_{[g]}$.

Si $[h] \in U_{[g]}$, il existe $\beta\colon [0,1] \to U$ tel que h soit homotope à $g.\beta$. Ainsi h est homotope à $(f.\alpha).\beta \simeq f.(\alpha.\beta)$ avec $\alpha.\beta\colon [0,1] \to U$ d'où $[h] \in U_{[f]}$. Nous avons ainsi montré $U_{[g]} \subseteq U_{[f]}$. L'inclusion inverse se montre de même, d'où l'égalité $U_{[g]} = U_{[f]}$.

2) L'ouvert U étant connexe par arcs, l'application $p_{|U_{[f]}}\colon U_{[f]} \to U$ est surjective. Établissons son injectivité : soit $[g] \in U_{[f]}$ et $[g'] \in U_{[f]}$ avec $g(1) = g'(1)$. Du point **1)**, on déduit $[g'] \in U_{[g]}$ et il existe $\alpha\colon [0,1] \to U$ tel que $g' \simeq g.\alpha$. L'égalité $g(1) = g'(1)$ entraîne que α est un lacet. L'hypothèse relativement 1-connexe mise sur l'ouvert U entraîne la trivialité du lacet α dans X d'où $g \simeq g'$ et $[g'] = [g]$.

3) Notons $\mathcal{O}$ l'ensemble des parties de X, constitué de l'ensemble vide et des réunions quelconques de parties $U_{[f]}$ avec U un ouvert de X, connexe par arcs et relativement 1-connexe. Il nous suffit de vérifier que $\mathcal{O}$ est stable par intersections finies. Pour cela, soit $[f] \in U_{[g]} \cap V_{[g']} = U_{[f]} \cap V_{[f]}$. Choisissons W tel que $f(1) \in W \subseteq U \cap V$ avec W connexe par arcs et relativement 1-connexe. On a $[f] \in W_{[f]} \subseteq U_{[f]} \cap V_{[f]}$ et l'intersection $U_{[g]} \cap V_{[g']}$ s'écrit comme une réunion d'éléments de $\mathcal{O}$, en l'occurrence les $W_{[f]}$ pour $[f] \in U_{[g]} \cap V_{[g']}$.

Le cas général d'une intersection d'éléments quelconques de $\mathcal{O}$ s'en déduit à partir de la propriété ensembliste suivante, $(\cup_{i\in I} A_i) \cap (\cup_{j\in J} B_j) = \cup_{(i,j)\in I\times J}(A_i \cap B_j)$.

4) Par construction de la topologie sur $\widetilde{X}$, les parties $U_{[f]}$ forment une base d'ouverts. De l'égalité $p(U_{[f]}) = U$, nous déduisons que l'application p est ouverte. L'image réciproque par p de $U \in \mathcal{B}$,

$$p^{-1}(U) = \bigcup_{f(1)\in U} U_{[f]},$$

étant un ouvert de $\widetilde{X}$, l'application p est continue. La restriction de p est bijective, continue et ouverte de $U_{[f]}$ dans U ; c'est un homéomorphisme. En conséquence, $\widetilde{X}$ est localement connexe par arcs.

5) Fixons $t_0 \in [0,1]$ et choisissons $U \in \mathcal{B}$ tel que $H_{t_0}(1) = H(1,t_0) \in U$. Par continuité de l'application H, il existe un nombre réel $\eta > 0$ tel que :

$$|t - t_0| < \eta \to H_t(1) = H(1,t) \in U.$$

En conséquence, si $t \in]t_0 - \eta, t_0 + \eta[$, on a $[H_t] \in U_{[H_{t_0}]}$, ce qui entraîne la continuité de $\tilde{h}$.

6) Soit $[f] \in \widetilde{X}$. En appliquant le point précédent à $H(t,s) = f(st)$, nous obtenons une application continue $\tilde{h}\colon [0,1] \to \widetilde{X}$ avec $\tilde{h}(0) = \hat{x}_0 = [1_{x_o}]$ et $\tilde{h}(1) = [f]$. Ceci entraîne la connexité par arcs de $\widetilde{X}$.

7) Nous savons que l'application $\tilde{p}\colon \widetilde{X} \to X$ est continue, que les espaces X et $\widetilde{X}$ sont connexes par arcs et localement connexes par arcs. Nous avons également montré que, si $U \in \mathcal{B}$, alors $p^{-1}(U)$ est une réunion disjointe d'ouverts, $p^{-1}(U) = \bigcup U_{[f]}$, avec un homéomorphisme entre $U_{[f]}$ et U obtenu par la restriction de p. Par définition, l'application p est donc un revêtement.

Supposons X séparé et soit $\tilde{x}$ et $\tilde{y}$ deux points distincts de $\widetilde{X}$. Si $p(\tilde{x}) \neq p(\tilde{y})$, il existe deux ouverts U et V de X tels que $p(\tilde{x}) \in U$, $p(\tilde{y}) \in V$, $U \cap V = \varnothing$. Nous en déduisons $\tilde{x} \in p^{-1}(U)$, $\tilde{y} \in p^{-1}(V)$ et $p^{-1}(U) \cap p^{-1}(V) = \varnothing$. Si $p(\tilde{x}) = p(\tilde{y})$, il existe un ouvert U de $p(\tilde{x})$ tel que les composantes connexes C et C' de $p^{-1}(U)$ contenant $\tilde{x}$ et $\tilde{y}$ respectivement sont homéomorphes à U par p. L'intersection $C \cap C'$ est donc vide.

Le raisonnement ci-dessus est valable plus généralement : pour tout revêtement $p\colon E \to X$, l'espace E est séparé si, et seulement si, X l'est.

8) Soit $[f] \in \pi_1(X, x_0)$ une classe d'homotopie de lacets d'origine x_0 et f_t l'application continue de $[0, 1]$ dans U définie par $f_t(u) = f(tu)$. L'application $\tilde{f}\colon [0, 1] \to \widetilde{X}$ qui, à t, associe $[f_t]$ vérifie : $\tilde{f}(0) = \hat{x}_0$ et $p([f_t]) = f_t(1) = f(t)$; c'est un relèvement de f. Par définition de l'action de $\pi_1(X, x_0)$ sur la fibre $p^{-1}(x_0)$, on a $\hat{x}_0 \cdot [f] = \tilde{f}(1) = [f]$. Le stabilisateur de $\hat{x}_0$ est donc réduit à $\{1\}$. D'après la Proposition 4.20, on a $p_*\pi_1(\widetilde{X}, \hat{x}_0) = \{1\}$. L'application p_*, induite par p entre les groupes fondamentaux, étant injective, il s'ensuit $\pi_1(\widetilde{X}, \hat{x}_0) = \{1\}$.

Exercice 4.4

1) L'espace source, $\mathbb{R}$, de l'application $f \circ p$ étant simplement connexe, il existe une application continue $F\colon \mathbb{R} \to \mathbb{R}$ telle que $p \circ F = f \circ p$, d'après le Théorème 4.10.

2) Les applications $R(t) = t + \left(\dfrac{k}{m}\right)$ et $S_n(t) = nt$ conviennent.

3) Définissons un chemin α comme le composé $[t, t+1] \xrightarrow{p} S^1 \xrightarrow{f} S^1$. Si F désigne un relèvement de α, on sait que la quantité $F(t+1) - F(t)$ ne dépend que de la classe d'homotopie de α, à extrémités fixées. Ainsi, si on remplace f par une application homotope, f', le chemin α est remplacé par un chemin homotope, α', et la quantité $F(t+1) - F(t)$ reste inchangée. Notons $j = \deg f$. L'application f étant homotope à s_j, nous avons

$$F(t+1) - F(t) = S_j(t+1) - S_j(t) = j(t+1) - jt = j = \deg f.$$

Il s'ensuit, par itération, $F(t+a) = F(t) + a \deg f$, pour tout $a \in \mathbb{Z}$ et tout $t \in \mathbb{R}$.

4) En remplaçant f et g par les applications s_j, s_k auxquelles elles sont respectivement homotopes, on vérifie $\deg(g \circ f) = \deg(g)\deg(f)$ ainsi que $\deg(g^{-1} \circ f \circ g) = \deg(f)$ lorsque g est un homéomorphisme.

5) Dans cette question, on suppose $f \circ r = r^n \circ f$. Par construction, on a $p \circ R = r \circ p$, d'où $p \circ R^2 = r \circ p \circ R = r^2 \circ p$ et, par récurrence, $p \circ R^n = r^n \circ p$. De $p \circ F \circ R = f \circ p \circ R = f \circ r \circ p$ et $p \circ R^n \circ F = r^n \circ p \circ F = r^n \circ f \circ p = f \circ r \circ p$, nous déduisons $p \circ F \circ R = p \circ R^n \circ F$. Rappelons $R(t) = t + \left(\dfrac{k}{m}\right)$, d'où :

$$F \circ R(t) = F\left(t + \left(\frac{k}{m}\right)\right) \quad \text{et} \quad R^n \circ F(t) = F(t) + n\left(\frac{k}{m}\right).$$

L'égalité $p \circ F \circ R = p \circ R^n \circ F$ implique donc l'existence d'un $l \in \mathbb{Z}$ tel que :

$$F\left(t + \left(\frac{k}{m}\right)\right) = F(t) + n\left(\frac{k}{m}\right) + l.$$

En itérant cette égalité, nous obtenons $F(t+k) = F(t) + nk + lm$. En utilisant la propriété $F(t+k) = F(t) + k\,(\deg f)$ déjà établie, la relation précédente devient $k \deg f = nk + lm$. L'entier k étant premier avec m, nous en déduisons que k divise l et $\deg f \equiv n \bmod m$.

Exercice 4.5

1) L'application h étant un homéomorphisme (d'inverse h^{m-1}), elle est de degré ± 1. Le degré de h étant positif par hypothèse, l'application h est de degré 1. L'application antipode est une application de période 2 et de degré 1.

2) L'application H^m vérifie $p \circ H^m = h^m \circ p = p$. L'application continue $t \mapsto H^m(t) - t$ prend ainsi ses valeurs dans $\mathbb{Z}$; elle est donc constante. De $H^m(t_1) - t_1 = H^m(t_2) - t_2$ pour tout couple (t_1, t_2) de nombres réels, on déduit que l'application H^m est strictement croissante. L'égalité $H^m = H^{m-1} \circ H = H \circ H^{m-1}$ et la bijectivité de H^m impliquent la bijectivité de H. L'application H est donc strictement monotone et l'inégalité $H(t+1) = H(t) + \deg h > H(t)$ implique que H est strictement croissante.

3) Les applications H et H^i étant strictement croissantes, il en est de même de l'application Γ. De plus, l'application h étant de degré 1, on a $H(t+1) = H(t) + 1$ et $H^i(t+1) = H^i(t) + 1$, pour tout i, dont on déduit :

$$\Gamma(t+1) = \frac{1}{m}\sum_{i=1}^{m} H^i(t+1) = \left(\frac{1}{m}\sum_{i=1}^{m} H^i(t)\right) + 1 = \Gamma(t) + 1$$

L'application Γ est strictement croissante donc bijective. En appliquant son inverse Γ^{-1} à l'égalité ci-dessus, on constate $\Gamma^{-1}(u+1) = \Gamma^{-1}(u) + 1$, pour tout $u \in \mathbb{R}$.

4) Les applications Γ et Γ^{-1}, vérifiant les égalités ci-dessus, induisent, par passage au quotient, des applications continues $\gamma\colon S^1 \to S^1$ et $\gamma'\colon S^1 \to S^1$ telles que $p \circ \Gamma = \gamma \circ p$ et $p \circ \Gamma^{-1} = \gamma' \circ p$. De $\gamma \circ \gamma' \circ p = p$, $\gamma' \circ \gamma \circ p = p$ et de la surjectivité de p, s'ensuit $\gamma' \circ \gamma = \gamma \circ \gamma' = \mathrm{id}$ et l'application γ est un homéomorphisme.

5) L'égalité $h^m = \mathrm{id}$ implique que H^{m+1} et H sont des relevés de la même application h, d'où l'existence d'un entier $l' \in \mathbb{Z}$ tel que $H^{m+1}(t) = H(t) + l'$, pour tout $t \in \mathbb{R}$. De

$$\Gamma(t) = \frac{1}{m}\sum_{i=1}^{m} H^i(t) \text{ et } \Gamma(H(t)) = \frac{1}{m}\sum_{i=2}^{m+1} H^i(t),$$

nous déduisons alors $\Gamma(H(t)) = \Gamma(t) + \dfrac{l'}{m}$, pour tout $t \in \mathbb{R}$. En l'appliquant à un élément t de la forme $\Gamma^{-1}(u)$, nous obtenons

$$\Gamma(H(\Gamma^{-1}(u))) = u + \frac{l'}{m},$$

pour tout $u \in \mathbb{R}$. L'application $\gamma \circ h \circ \gamma^{-1} : S^1 \to S^1$ est induite par $\Gamma \circ H \circ \Gamma^{-1}$; elle envoie donc $e^{2i\pi u}$ sur $\gamma \circ h \circ \gamma^{-1}\left(e^{2i\pi u}\right) = e^{2i\pi u} e^{\frac{2i\pi l'}{m}}$ et c'est une rotation. L'entier l' est premier avec m sinon on pourrait simplifier l'exposant de la deuxième exponentielle dans l'expression ci-dessus et la périodicité de l'application h serait inférieure à m.

6) Notons r la rotation $r = \gamma \circ h \circ \gamma^{-1}$. De $f \circ h = h^n \circ f$, nous déduisons

$$f \circ \gamma^{-1} \circ r \circ \gamma = \gamma^{-1} \circ r^n \circ \gamma \circ f,$$

d'où $\left(\gamma \circ f \circ \gamma^{-1}\right) \circ r = r^n \circ \left(\gamma \circ f \circ \gamma^{-1}\right)$. Le degré de $\gamma \circ f \circ \gamma^{-1}$ est donc congru à n modulo m, d'après l'Exercice 4.4. Il s'ensuit $\deg(f) \equiv n \bmod m$.

Exercice 4.6

1) Si le relèvement F de f ne vérifie ni la propriété (ii), ni la propriété (iii), nous appliquons le théorème de la valeur intermédiaire à la fonction réelle d'une variable réelle, $t \mapsto F\left(t + \dfrac{k}{m}\right) - F(t) - j\,\dfrac{k}{m}$, pour obtenir la propriété (i).

2) En procédant par itération, de l'inégalité $F\left(t + \dfrac{k}{m}\right) < F(t) + j\,\dfrac{k}{m}$ pour tout t, nous obtenons $F(t + k) < F(t) + jk$, ce qui contredit l'égalité obtenue dans la question **3)** de l'Exercice 4.4. Un raisonnement analogue permet d'éliminer la condition (iii).

L'égalité $F\left(t_0 + \dfrac{k}{m}\right) = F(t_0) + j\,\dfrac{k}{m}$ s'écrit aussi $(F \circ R)(t_0) = (R^j \circ F)(t_0)$. Sa composition par l'application p donne $(f \circ r)(e^{2i\pi t_0}) = (r^j \circ f)(e^{2i\pi t_0})$.

3) D'après l'Exercice 4.5, il existe un homéomorphisme γ tel que l'application conjuguée $r = \gamma \circ h \circ \gamma^{-1}$ soit une rotation. Appliquons la question précédente à la rotation r et à l'application $f' = \gamma \circ f \circ \gamma^{-1}$ de degré j. Il existe donc un élément $z'_0 \in S^1$ tel que $(f' \circ \gamma \circ h \circ \gamma^{-1})(z'_0) = (\gamma \circ h^j \circ \gamma^{-1} \circ f')(z'_0)$, d'où $((\gamma^{-1} \circ f' \circ \gamma) \circ h \circ \gamma^{-1})(z'_0) = (h^j \circ (\gamma^{-1} \circ f' \circ \gamma) \circ \gamma^{-1})(z'_0)$. En remplaçant l'application f' par sa valeur, on obtient $(f \circ h)(\gamma^{-1}(z'_0)) = (h^j \circ f)(\gamma^{-1}(z'_0))$. Il suffit alors de choisir $z_0 = \gamma^{-1}(z'_0)$.

4) S'il existe un point $z \in S^1$ et un nombre réel $t \in [0, 1]$ tels que $tf(z) - (1 - t)z = 0$, alors $t\|f(z)\| = (1 - t)\|z\|$ et $t = 1 - t$ d'où $t = 1/2$. L'équation $tf(z) - (1 - t)z = 0$ implique donc $f(z) = z$. Si l'application $f : S^n \to S^n$ est *sans point fixe*, nous pouvons donc définir une application continue $F : S^1 \times [0, 1] \to S^1$ par $F(z, t) = \dfrac{tf(z) - (1 - t)z}{\|tf(z) - (1 - t)z\|}$. L'application F est une homotopie entre $F(z, 0) = -z$ et $F(z, 1) = f(z)$.

Puisque le groupe G agit librement sur S^1, tout élément $g \in G$ définit une application sans point fixe $\varphi_g : S^1 \to S^1$, $z \mapsto g \cdot z$. L'application φ_g étant homotope à l'application antipode de S^1 dans S^1, elle est aussi de degré 1.

Considérons deux éléments quelconques g_1 et g_2 de G. L'application φ_{g_2} est périodique d'ordre égal à l'ordre de g_2. Nous pouvons donc appliquer le résultat précédent aux applications φ_{g_1} et φ_{g_2} pour obtenir l'existence d'un point $z_0 \in S^1$ tel que $\varphi_{g_1} \circ \varphi_{g_2}(z_0) = \varphi_{g_2} \circ \varphi_{g_1}(z_0)$. L'action de G étant libre, on en déduit $g_1 g_2 g_1^{-1} g_2^{-1} = 1$ et le groupe G est abélien.

COMMENTAIRES. Les exercices 4.4, 4.5 et 4.6, traitant du revêtement universel du cercle, proviennent *d'un article de J.E. Connett,* cf. [12].

Si $\mathcal{A}\colon S^1 \to S^1$ désigne l'application antipode, le Lemme 1.31 peut également s'énoncer sous la forme : *toute application continue* $f\colon S^1 \to S^1$ *vérifiant* $f \circ \mathcal{A} = \mathcal{A} \circ f$ *est de degré impair.* Une question naturelle est le devenir de cette propriété si on remplace l'application antipode $\mathcal{A}$ par une application $h\colon S^1 \to S^1$ périodique. Supposons h de période m et de degré positif. L'Exercice 4.5 a pour but de montrer que si f est telle que $f \circ h = h^n \circ f$ alors le degré de f est congru à n modulo m, le Lemme 1.31 correspondant à $n = 1$ et $m = 2$. L'Exercice 4.4 étudie le cas particulier où h est une rotation. L'Exercice 4.5 contient un résultat de Brouwer (1919) : *toute application périodique de* S^1 *dans* S^1, *de degré positif, est conjuguée à une rotation.* Dans l'Exercice 4.6, si les applications f, de degré j, et h sont données comme ci-dessus, nous montrons qu'il existe un point $z_0 \in S^1$ tel que $f(h(z_0)) = h^j(f(z_0))$. Dans le cas où j est impair et h est l'application antipode, c'est un résultat de J. Milnor [30] : *Pour toute application continue* $f\colon S^1 \to S^1$ *de degré impair, il existe un point* $z_0 \in S^1$ *tel que* $f(-z_0) = -f(z_0)$. Comme corollaire, nous obtenons que tout groupe fini agissant librement sur le cercle est abélien. Ceci implique qu'un tel résultat ne peut exister sur la sphère S^3 car celle-ci admet des opérations libres par des groupes non abéliens. Pour un développement suivant cette direction, le lecteur se reportera à [30].

Exercice 4.7

1) Notons F_1 (resp. F_2) une homotopie de α à α' (resp. β à β'). L'application $F_1F_2\colon I \times I \to G$, $(u,t) \mapsto F_1(u,t)F_2(u,t)$ est une homotopie de $\alpha \bullet \beta$ vers $\alpha' \bullet \beta'$.

2) Notons $\hat{e}$ le lacet constant sur e et condidérons une homotopie F_1 (resp. F_2) de α vers $\alpha.\hat{e}$ (resp. de β vers $\hat{e}.\beta$). Calculons l'application F_1F_2 :

– en $(u, 0)$, elle vaut $F_1(u,0)F_2(u,0) = \alpha(u)\beta(u)$,

– en $(u, 1)$, elle vaut $F_1(u,1)F_2(u,1)$, c'est-à-dire $\alpha(2u)e$ si $u \leq (1/2)$ et $e\beta(2u-1)$ si $u \geq (1/2)$.

L'application F_1F_2 est donc une homotopie de $\alpha \bullet \beta$ vers $\alpha.\beta$.

Considérons une homotopie F_3 (resp. F_4) de α vers $\hat{e}.\alpha$ (resp. β vers $\beta.\hat{e}$). On montre comme ci-dessus, que F_3F_4 (resp. F_4F_3) est une homotopie de $\alpha \bullet \beta$ vers $\beta.\alpha$

(resp. $\beta \bullet \alpha$ vers $\beta.\alpha$). En conséquence, le groupe fondamental de G est abélien et la composition de deux lacets peut être déterminée à partir de la loi de groupe de G, cf. aussi l'Exercice 1.9.

3) Considérons deux classes d'homotopie $[\alpha]$ et $[\beta]$ de lacets de E, d'origine ε. On a $m_*([\alpha],[\beta]) = p_*([\alpha])p_*([\beta]) = p_*([\alpha][\beta]) \in p_*\pi_1(E,\varepsilon)$. Le théorème de relèvement des applications continues implique l'existence d'une unique application $\tilde{m}\colon E \times E \to E$ telle que $p \circ \tilde{m} = m$ et $\tilde{m}(\varepsilon,\varepsilon) = \varepsilon$.

Pour tout $(x,y,z) \in E \times E \times E$, l'égalité $\tilde{m}(\tilde{m}(x,y),z) = \tilde{m}(x,\tilde{m}(y,z))$ provient de l'unicité du relèvement $E \times E \times E \to E$ de l'application $E \times E \times E \to G$, $(x,y,z) \mapsto p(x)(p(y)p(z)) = (p(x)p(y))\,p(z)$ envoyant $(\varepsilon,\varepsilon,\varepsilon)$ sur ε.

Pour tout $x \in E$, l'égalité $\tilde{m}(x,\varepsilon) = x = \tilde{m}(\varepsilon,x)$ provient de l'unicité du relèvement $E \to E$ de l'application $E \to G$, $x \mapsto p(x)p(\varepsilon) = p(x) = p(\varepsilon)p(x)$ envoyant ε sur ε.

4) Soit $[\alpha]$ la classe d'homotopie d'un lacet de E d'origine ε. L'égalité des deux lois de groupes sur $\pi_1(G,e)$ entraîne :

$$\varphi_*([\alpha]) = \left[(p \circ \alpha)^{-1}\right] = p_*\left([\alpha]^{-1}\right) \in p_*\pi_1(E,\varepsilon).$$

Le théorème de relèvement des applications continues implique l'existence d'une unique application $\tilde{\varphi}\colon E \to E$ telle que $p \circ \tilde{\varphi} = \varphi$ et $\tilde{\varphi}(\varepsilon) = \varepsilon$.

5) Il reste à démontrer l'égalité $\tilde{m}(x,\tilde{\varphi}(x)) = \tilde{m}(\tilde{\varphi}(x),x) = \varepsilon$, pour tout $x \in E$. Elle découle de l'unicité du relèvement de l'application de $E \to G$, définie par $x \mapsto p(x)p(x)^{-1} = p(x)^{-1}p(x) = e$.

6) D'après la Proposition 2.18, l'espace S^3 est le revêtement universel du groupe topologique SO(3) ; il peut donc être muni d'une structure de groupe. L'application $S^3 \to \mathrm{SO}(3)$ étant surjective et le groupe SO(3) n'étant pas commutatif, la structure de groupe mise sur la sphère S^3 n'est pas commutative.

Il s'agit de la structure induite sur S^3 par la multiplication des quaternions existant sur l'espace $\mathbb{R}^4$. Dans [1], John Frank Adams a démontré en 1962, par des méthodes de Topologie Algébrique, que les seuls entiers n, pour lesquels l'espace $\mathbb{R}^n$ admet une multiplication continue $\mu\colon \mathbb{R}^n \times \mathbb{R}^n \to \mathbb{R}^n$, telle que $\mu(x,y) = 0$ implique $x = 0$ ou $y = 0$, $\mu(tx,y) = t\mu(x,y) = \mu(x,ty)$, pour tout $t \in \mathbb{R}$, et pour laquelle il existe un élément neutre à gauche et à droite, sont $n = 1$, 2, 4 et 8.

Exercice 4.8 Le groupe G est le groupe fondamental d'un bouquet, X, de n cercles et le groupe H est le groupe fondamental d'un revêtement, E, de X, à p feuillets. L'espace X étant un graphe avec un sommet et n arêtes, l'espace E est un graphe avec p sommets et pn arêtes. Le Corollaire 3.16 implique que $\pi_1(E)$ est un groupe libre à $pn - p + 1$ générateurs.

Chapitre 5

Le monde des complexes de chaînes

Sur l'ensemble des lacets basés en un point donné, nous avons construit une structure de groupe et obtenu le groupe fondamental d'un espace X. À partir des chemins, $c\colon [0, 1] \to X$, nous définissons ici un nouvel objet algébrique, constitué des sommes formelles de chemins de X, des sommes formelles de points de X et d'un opérateur d, qui envoie un chemin c sur la différence de ses extrémités, $d(c) = c(1) - c(0)$. Ces notions sont également étendues à des dimensions plus grandes, en remplaçant l'intervalle $[0, 1]$ par un triangle, un tétraèdre,etc., ce qui donne naissance, non pas à un groupe, mais à une suite de groupes, $H_n(X)$, appelés *groupes d'homologie de* X. Contrairement au groupe fondamental, ces groupes sont toujours commutatifs, le groupe $H_1(X)$ étant d'ailleurs l'abélianisé du groupe fondamental $\pi_1(X)$, comme nous le démontrons dans le Théorème 7.1.

Ce chapitre commence par la description du cadre algébrique adéquat : les complexes de chaînes. S'ensuivent deux exemples de complexes de chaînes liés aux espaces. Le premier traite des complexes simpliciaux introduits au Chapitre 2 ; les chemins, les triangles, les tétraèdres y ont un plongement canonique dans l'espace étudié. Le complexe obtenu est appelé *complexe des chaînes simpliciales.* Le deuxième exemple s'adresse aux espaces topologiques généraux et il prend en compte toutes les façons possibles d'envoyer, de manière continue, intervalles, triangles, tétraèdres, etc., dans un espace. Le complexe obtenu est appelé *complexe des chaînes singulières.* Des applications concrètes de ces complexes font l'objet du Chapitre 6.

Les complexes de chaînes sont définis sur un anneau commutatif R quelconque. Dans la dernière section de ce chapitre, nous montrons comment relier des groupes d'homologie définis sur un anneau R aux groupes d'homologie définis sur l'anneau $\mathbb{Z}$ des entiers relatifs.

5.1 COMPLEXES DE CHAÎNES

Soit R un anneau commutatif. Rappelons qu'un R-module M est un groupe commutatif muni d'une loi de multiplication, $R \times M \to M$, notée $a.m$, si $a \in R$ et $m \in M$, et vérifiant :

- $1.m = m$ pour tout $m \in M$,
- $(a+b).m = (a.m) + (b.m)$ pour tout $a, b \in R$ et tout $m \in M$,
- $a.(m_1 + m_2) = (a.m_1) + (a.m_2)$ pour tout $a \in R$ et tout $m_1, m_2 \in M$
- $(ab).m = a.(b.m)$ pour tout $a, b \in R$ et tout $m \in M$.

Si $R = \mathbb{Z}$, un R-module est simplement un groupe commutatif ; si R est un corps, un R-module est un R-espace vectoriel. Considérer les R-modules permet ainsi de travailler en même temps avec les groupes commutatifs et les espaces vectoriels.

Un morphisme de R-modules est un homomorphisme de groupes compatible avec la loi externe, i.e., $f(a.m) = f(a).m$, pour tout $a \in R$ et tout $m \in M$.

Définition 5.1 *Une suite de morphismes de R-modules,*

$$M_1 \xrightarrow{f_1} M_2 \xrightarrow{f_2} \dots M_n \xrightarrow{f_n} M_{n+1},$$

est dite exacte *si l'on a* $\operatorname{Im} f_i = \operatorname{Ker} f_{i+1}$*, pour tout* $i = 1, \dots, n-1$.

En particulier, une suite de la forme $0 \longrightarrow A \xrightarrow{f} B$ est exacte si, et seulement, si $0 = \operatorname{Im} 0 = \operatorname{Ker} f$, c'est-à-dire si, et seulement si, l'application f est injective. De même, la suite $A \xrightarrow{f} B \longrightarrow 0$ est exacte si, et seulement, si l'application f est surjective.

Définition 5.2 *Une* suite exacte courte *est une suite exacte de la forme*

$$0 \longrightarrow A \xrightarrow{f} B \xrightarrow{g} C \longrightarrow 0.$$

Des observations précédentes, nous constatons qu'une telle suite est exacte si, et seulement si, les trois conditions suivantes sont satisfaites : f est injective, g est surjective, et $\operatorname{Im} f = \operatorname{Ker} g$.

Exemples :

1. Pour tout entier $n \geq 2$, la multiplication par n et la réduction modulo n donnent une suite exacte courte de groupes abéliens,

$$0 \longrightarrow \mathbb{Z} \xrightarrow{\text{mult}_n} \mathbb{Z} \xrightarrow{\rho} \mathbb{Z}/n\mathbb{Z} \longrightarrow 0.$$

2. L'injection d'un sous-R-module, $i\colon M_1 \hookrightarrow M_2$, fournit la suite exacte courte :
$$0 \longrightarrow M_1 \xrightarrow{i} M_2 \longrightarrow M_2/M_1 \longrightarrow 0.$$
3. De même, à toute surjection de R-modules, $\rho\colon M \to N$, on associe la suite exacte courte :
$$0 \longrightarrow \operatorname{Ker}\rho \longrightarrow M \xrightarrow{\rho} N \longrightarrow 0.$$

Venons-en maintenant au concept le plus important de cette section, celui de complexe de chaînes.

Définition 5.3 *Un* complexe de chaînes, (C_*, d), *est une suite de R-modules et de morphismes de R-modules de la forme*
$$\dots \xrightarrow{d_{n+1}} C_n \xrightarrow{d_n} C_{n-1} \xrightarrow{d_{n-1}} C_{n-2} \longrightarrow \dots \longrightarrow C_2 \xrightarrow{d_2} C_1 \xrightarrow{d_1} C_0 \xrightarrow{d_0} 0,$$
avec $d_n \circ d_{n+1} = 0$ pour tout $n \geq 1$.

Un complexe de chaînes est infini à gauche et se termine avec $C_0 \to 0$ à droite. Les objets C_n sont des R-modules et si on souhaite être plus explicite on parle de complexe de R-modules. L'application d_n s'appelle la *différentielle* ou *l'application bord du complexe.*

Par définition, *le R-module des cycles de degré n* est le noyau de d_n, $Z_n(C_*, d) = \operatorname{Ker}(d_n\colon C_n \to C_{n-1})$. S'il n'y a pas d'ambiguïté, on le note plus brièvement Z_n. *Le R-module des bords de degré n* est l'image de d_{n+1}, $B_n(C_*, d) = \operatorname{Im}(d_{n+1}\colon C_{n+1} \to C_n)$. Il est aussi noté B_n.

Comme $d_n \circ d_{n+1} = 0$, on a l'inclusion $B_n \subset Z_n$. Le quotient Z_n/B_n se note $H_n(C_*, d)$ et s'appelle le n-ème *R-module d'homologie du complexe* (C_*, d). Si $x \in Z_n$, son image dans le quotient est notée $[x]$ et appelée *classe d'homologie* de x. À tout complexe de chaînes, (C_*, d), on associe donc une suite infinie de R-modules,
$$H_0(C_*, d),\ H_1(C_*, d),\ H_2(C_*, d), \dots, H_n(C_*, d), \dots$$
Comme illustration, le lecteur est invité à effectuer le calcul proposé dans l'Exercice 5.10.

Définition 5.4 *Un* morphisme de complexes de chaînes, $f\colon (C_*, d) \to (D_*, d)$, *est la donnée de deux complexes de chaînes (C_*, d), (D_*, d), et d'une suite de morphismes de R-modules, $f_n : C_n \to D_n$, tels que $d_n \circ f_n = f_{n-1} \circ d_n$, pour tout $n \geq 1$,* *c'est-à-dire tels que le diagramme suivant commute pour tout* $n \geq 1$,

$$\begin{array}{ccc} C_n & \xrightarrow{f_n} & D_n \\ {\scriptstyle d_n}\downarrow & & \downarrow{\scriptstyle d_n} \\ C_{n-1} & \xrightarrow{f_{n-1}} & D_{n-1}. \end{array}$$

Soit $f\colon (C_*, d) \to (D_*, d)$ un morphisme de complexes de chaînes. Si $x \in C_n$ est un cycle, alors $f_n(x)$ est aussi un cycle car $d_n f_n(x) = f_{n-1}(d_n x) = 0$. Si $x \in C_n$ est un bord, $x = d_{n+1}y$, on a $f_n(x) = f_n(d_{n+1}y) = d_{n+1}f_{n+1}(y)$ qui est un bord aussi. En conséquence tout morphisme de complexe de chaînes, f, induit un morphisme de R-modules entre les groupes d'homologie,

$$H_n(f) = H_n(C_*, d) \to H_n(D_*, d), \text{ défini par } H_n(f)([x]) = [f_n(x)]\,.$$

Il résulte directement de la définition que

$$H_n(\mathrm{id}) = \mathrm{id} \quad \text{et} \quad H_n(f \circ g) = H_n(f) \circ H_n(g)\,,$$

si f et g sont composables.

Définition 5.5 *Si f et g sont deux morphismes de complexes de chaînes, $f, g\colon (C_*, d) \to (D_*, d)$, une* homotopie h entre f et g *est la donnée d'une suite de morphismes de R-modules, $h_n\colon C_n \to D_{n+1}$, tels que*

$$f_n - g_n = d_{n+1} \circ h_n + h_{n-1} \circ d_n\,,$$

pour tout $n \geq 0$. Dans cette égalité, on pose $h_{-1} = 0$.

Dans la suite de ce livre, nous ne spécifions pas les indices dans l'écriture de morphismes de complexes, de différentielles ou d'homotopies, lorsque ceux-ci n'apportent pas d'information significative.

Proposition 5.6 *Si deux morphismes de complexes de chaînes, $f, g\colon (C_*, d) \to (D_*, d)$, sont homotopes, ils induisent la même application en homologie.*

> *Démonstration.* Si x est un cycle de C_n, la différence $f_n(x) - g_n(x) = d_{n+1}h_n(x)$ est un bord, d'où l'égalité des classes d'homologie associées, $[f_n(x)] = [g_n(x)]$.

Définition 5.7 *Une* suite exacte courte de complexes de chaînes,

$$0 \longrightarrow A_* \xrightarrow{f} B_* \xrightarrow{g} C_* \longrightarrow 0,$$

est la donnée de trois complexes de chaînes, A_*, B_*, C_* et de deux morphismes de complexes de chaînes, f et g, le tout tel que, pour tout $n \geq 0$, on ait une suite exacte courte

$$0 \longrightarrow A_n \xrightarrow{f} B_n \xrightarrow{g} C_n \longrightarrow 0.$$

Une suite exacte courte de complexes de chaînes consiste donc en un diagramme commutatif à lignes exactes et dans lequel le composé de deux applications verticales est nul,

$$\begin{array}{ccccccccc}
0 & \longrightarrow & A_{n+1} & \xrightarrow{f_{n+1}} & B_{n+1} & \xrightarrow{g_{n+1}} & C_{n+1} & \longrightarrow & 0 \\
 & & \downarrow{\scriptstyle d_{n+1}} & & \downarrow{\scriptstyle d_{n+1}} & & \downarrow{\scriptstyle d_{n+1}} & & \\
0 & \longrightarrow & A_n & \xrightarrow{f_n} & B_n & \xrightarrow{g_n} & C_n & \longrightarrow & 0 \\
 & & \downarrow{\scriptstyle d_n} & & \downarrow{\scriptstyle d_n} & & \downarrow{\scriptstyle d_n} & & \\
 & & \cdots & & \cdots & & \cdots & & \\
 & & \downarrow{\scriptstyle d_2} & & \downarrow{\scriptstyle d_2} & & \downarrow{\scriptstyle d_2} & & \\
0 & \longrightarrow & A_1 & \xrightarrow{f_1} & B_1 & \xrightarrow{g_1} & C_1 & \longrightarrow & 0 \\
 & & \downarrow{\scriptstyle d_1} & & \downarrow{\scriptstyle d_1} & & \downarrow{\scriptstyle d_1} & & \\
0 & \longrightarrow & A_0 & \xrightarrow{f_0} & B_0 & \xrightarrow{g_0} & C_0 & \longrightarrow & 0.
\end{array}$$

➤ **Construction du connectant**

Montrons comment un tel diagramme permet de construire un morphisme de R-modules

$$\delta_n : H_n(C) \to H_{n-1}(A),$$

appelé *connectant.* Si $x \in Z_n(C)$, la surjectivité de g_n implique l'existence de $y \in B_n$ avec $g_n(y) = x$. Dans ce cas, on a $g_{n-1}(d_n y) = d_n g_n(y) = d_n x = 0$. Par exactitude en B_{n-1}, il existe $z \in A_{n-1}$ avec $f_{n-1}(z) = d_n y$. L'élément z est un cycle, car f_{n-2} est injectif et $f_{n-2}(d_{n-1}z) = d_{n-1} f_{n-1}(z) = d_{n-1} d_n(y) = 0$.

Si x' est un autre cycle de C_n on peut lui associer comme ci-dessus des éléments $y' \in B_n$ et $z' \in A_{n-1}$ avec $g_n(y') = x'$ et $f_{n-1}(z') = d_n y'$. Si x' est homologue à x, alors il existe $t \in C_{n+1}$ avec $d_{n+1}t = x - x'$. Par surjectivité de g_{n+1}, il existe $u \in B_{n+1}$ avec $g_{n+1}(u) = t$. Dans ce cas, on a $g_n\left(d_{n+1}u - y + y'\right) = 0$ et il existe $v \in A_n$ avec $f_n(v) = y - y' - d_{n+1}u$. Comme f_{n-1} est injectif et que $f_{n-1}(d_n v - (z - z')) = d_n f_n(v) - (d_n y - d_n y') = 0$, on obtient $d_n v = z - z'$ et l'égalité $[z] = [z'] \in H_{n-1}(C)$. En résumé le diagramme en zig-zag

$$\begin{array}{ccc}
 & & y \xmapsto{g_n} x \\
 & & \downarrow{\scriptstyle d_n} \\
z & \xmapsto{f_{n-1}} & d_n y
\end{array}$$

définit une application $\delta_n : H_n(C) \to H_{n-1}(A)$, avec $\delta_n([x]) = [z]$.

Montrons que δ_n est un morphisme de R-modules. Prenons $x \in Z_n(C)$ et des éléments $y \in B_n$ et $z \in A_{n-1}$ avec $g_n(y) = x$ et $f_{n-1}(z) = d_n y$ alors, par définition, on a $\delta_n[x] = [z]$. D'autre part, pour tout élément $r \in R$, on a $f_{n-1}(rz) = d_n(ry)$ et $g_n(ry) = rx$. Ceci implique $\delta_n([rx]) = r\delta_n[x]$. Si maintenant, pour $x' \in Z_n(C)$, on a des éléments $y' \in B_n$ et $z' \in A_{n-1}$ avec $g_n(y') = x'$ et $f_{n-1}(z') = d_n y'$, alors $f_{n-1}(z + z') = d_n(y + y')$ et $g_n(y + y') = x + x'$. Donc, $\delta_n([x + x']) = [z + z'] = [z] + [z'] = \delta_n([x]) + \delta_n([x'])$.

Théorème 5.8 *Si* $0 \longrightarrow A_* \xrightarrow{f} B_* \xrightarrow{g} C_* \longrightarrow 0$ *est une suite exacte courte de complexes de chaînes, on lui associe une suite exacte longue en homologie,*

$$\ldots \longrightarrow H_n(A) \xrightarrow{H_n(f)} H_n(B) \xrightarrow{H_n(g)} H_n(C) \xrightarrow{\delta_n} H_{n-1}(A) \xrightarrow{H_{n-1}(f)} H_{n-1}(B) \longrightarrow \ldots$$
$$\ldots \longrightarrow H_1(B) \xrightarrow{H_1(g)} H_1(C) \xrightarrow{\delta_1} H_0(A) \xrightarrow{H_0(f)} H_0(B) \xrightarrow{H_0(g)} H_0(C) \longrightarrow 0.$$

Démonstration. Décomposons la preuve suivant les divers maillons rencontrés dans la suite d'homomorphismes entre les groupes d'homologie.

- $H_n(A) \xrightarrow{H_n(f)} H_n(B) \xrightarrow{H_n(g)} H_n(C)$.
  De $g_n \circ f_n = 0$, on déduit $H_n(g) \circ H_n(f) = H_n(g \circ f) = 0$ et $\mathrm{Im}\, H_n(f) \subset \mathrm{Ker}\, H_n(g)$. Si $[x] \in \mathrm{Ker}\, H_n(g)$, il existe $y \in C_{n+1}$ tel que $dy = g_n(x)$. Par surjectivité de g_{n+1}, il existe $u \in B_{n+1}$ tel que $g_{n+1}(u) = y$, d'où $g_n(x - du) = g_n(x) - dy = 0$. L'exactitude de la suite entre les complexes implique l'existence de $y' \in A_n$ tel que $x - du = f_n(y')$. L'élément y' est un cycle car $f_n(dy') = df_n(y') = dx - d(du)) = 0$ et l'application f_n est injective. Il s'ensuit $H_n(f)([y']) = [x - du] = [x]$ et $[x] \in \mathrm{Im}\, H_n(f)$.
- $H_n(C) \xrightarrow{\delta_n} H_{n-1}(A) \xrightarrow{H_{n-1}(f)} H_{n-1}(B)$.
  Rappelons que si $[x] \in H_n(C)$, la classe $\delta_n[x] = [z]$ est définie par un cycle z vérifiant $f_{n-1}(z) = dy$ avec $g_n(y) = x$. On a alors $(H_{n-1}(f) \circ \delta_n)[x] = [f_{n-1}(z)] = [dy] = 0$ et $\mathrm{Im}\, \delta_n \subset \mathrm{Ker}\, H_{n-1}(f)$. Si $[z] \in \mathrm{Ker}\, H_{n-1}(f)$, il existe $y \in B_n$ tel que $f_{n-1}(z) = dy$. Par définition, il s'ensuit $[z] = \delta_n[g_n(y)]$ et $[z] \in \mathrm{Im}\, \delta_n$.
- $H_n(B) \xrightarrow{H_n(g)} H_n(C) \xrightarrow{\delta_n} H_{n-1}(A)$.
  Si $y \in Z_n(B)$, on a $(\delta_n \circ H_n(g))[y] = \delta_n[g_n(y)] = 0$ car $d(y) = 0$. On a ainsi établi l'inclusion $\mathrm{Im}\, H_n(g) \subset \mathrm{Ker}\, \delta_n$. Si $[x] \in \mathrm{Ker}\, \delta_n$, alors il existe $y \in B_n$, $z \in A_{n-1}$ et $t \in A_n$ tel que $g_n(y) = x$, $f_{n-1}(z) = dy$ et $dt = z$. Dans ce cas, l'élément $y - f_n(t)$ est un cycle de B et $H_n(g)[y - f_n(t)] = [g_n(y) - (g_n \circ f_n)(t)] = [g_n(y)] = [x]$. Ceci montre $\mathrm{Ker}\, \delta_n \subset \mathrm{Im}\, H_n(g)$.

Le corollaire suivant est connu sous le nom de *Lemme du serpent.*

Corollaire 5.9 *Considérons le diagramme commutatif suivant, à lignes exactes, formé de R-modules et de morphismes de R-modules,*

$$\begin{array}{ccccccccc} 0 & \longrightarrow & A & \xrightarrow{f} & B & \xrightarrow{g} & C & \longrightarrow & 0 \\ & & \uparrow{\scriptstyle\alpha} & & \uparrow{\scriptstyle\beta} & & \uparrow{\scriptstyle\gamma} & & \\ 0 & \longrightarrow & A' & \xrightarrow{f'} & B' & \xrightarrow{g'} & C' & \longrightarrow & 0. \end{array}$$

Alors il existe une suite exacte

$$\begin{array}{ccccccc} 0 \longrightarrow \operatorname{Ker}(\alpha) \longrightarrow \operatorname{Ker}(\beta) \longrightarrow \operatorname{Ker}(\gamma) \\ \swarrow \\ \operatorname{Coker}(\alpha) \longrightarrow \operatorname{Coker}(\beta) \longrightarrow \operatorname{Coker}(\gamma) \longrightarrow 0. \end{array}$$

En particulier, si deux morphismes parmi $\{\alpha, \beta, \gamma\}$ sont des isomorphismes, il en est de même du troisième.

Démonstration. Définissons trois complexes de chaînes, M_*, N_* et P_* par $M_0 = A'$, $M_1 = A, d = \alpha$, $M_i = 0$ si $i \geq 2$, et des valeurs analogues pour N_* et P_* à partir de (B', B, β) et (C', C, γ) respectivement. L'homologie de chacun de ces complexes se réduit au noyau de la différentielle en degré 0 et à son conoyau en degré 1. La suite exacte longue en homologie, décrite dans le Théorème 5.8, correspond donc ici à la suite Ker-Coker de l'énoncé.

Nous en déduisons une propriété fréquemment utilisée dans la suite de ce livre.

Corollaire 5.10 (Lemme des cinq.) *Considérons le diagramme commutatif suivant, à lignes exactes, formé de R-modules et de morphismes de R-modules,*

$$\begin{array}{ccccccccc} A_1 & \xrightarrow{f_1} & A_2 & \xrightarrow{f_2} & A_3 & \xrightarrow{f_3} & A_4 & \xrightarrow{f_4} & A_5 \\ \downarrow{\scriptstyle\varphi_1} & & \downarrow{\scriptstyle\varphi_2} & & \downarrow{\scriptstyle\varphi_3} & & \downarrow{\scriptstyle\varphi_4} & & \downarrow{\scriptstyle\varphi_5} \\ B_1 & \xrightarrow{g_1} & B_2 & \xrightarrow{g_2} & B_3 & \xrightarrow{g_3} & B_4 & \xrightarrow{g_4} & B_5, \end{array}$$

dans lequel φ_1, φ_2, φ_4, φ_5 sont des isomorphismes. Alors l'homomorphisme φ_3 est également un isomorphisme.

Démonstration. Les flèches φ_1, φ_2 étant des isomorphismes, elles induisent un isomorphisme $\overline{\varphi}_2\colon \operatorname{Coker} f_1 \to \operatorname{Coker} g_1$. De même, les isomorphismes φ_4 et φ_5 induisent un isomorphisme $\overline{\varphi}_4\colon \operatorname{Ker} f_4 \to \operatorname{Ker} g_4$. Du diagramme de l'énoncé, nous déduisons le diagramme commutatif

$$\begin{array}{ccccccccc}
0 & \longrightarrow & \operatorname{Coker} f_1 & \longrightarrow & A_3 & \longrightarrow & \operatorname{Ker} f_4 & \longrightarrow & 0 \\
 & & \overline{\varphi}_2 \downarrow \cong & & \varphi_3 \downarrow & & \cong \downarrow \overline{\varphi}_4 & & \\
0 & \longrightarrow & \operatorname{Coker} g_1 & \longrightarrow & B_3 & \longrightarrow & \operatorname{Ker} g_4 & \longrightarrow & 0,
\end{array}$$

dont on vérifie facilement l'exactitude des lignes. Il reste à appliquer le Corollaire 5.9 pour conclure.

La suite exacte longue d'homologie établie dans le Théorème 5.8 est compatible avec les morphismes entre complexes de chaînes, au sens de la proposition suivante.

Proposition 5.11 *Si*

$$\begin{array}{ccccccccc}
0 & \longrightarrow & A_* & \xrightarrow{f} & B_* & \xrightarrow{g} & C_* & \longrightarrow & 0 \\
 & & \alpha \uparrow & & \beta \uparrow & & \uparrow \gamma & & \\
0 & \longrightarrow & A'_* & \xrightarrow{f'} & B'_* & \xrightarrow{g'} & C'_* & \longrightarrow & 0
\end{array}$$

est un diagramme commutatif de complexes de chaînes, à lignes exactes, alors il existe un diagramme commutatif à lignes exactes

$$\begin{array}{cccccccccc}
\cdots \xrightarrow{\delta_{n+1}} & H_n(A) & \xrightarrow{H_n(f)} & H_n(B) & \xrightarrow{H_n(g)} & H_n(C) & \xrightarrow{\delta_n} & H_{n-1}(A) & \longrightarrow \cdots \\
 & H_n(\alpha) \uparrow & & H_n(\beta) \uparrow & & \uparrow H_n(\gamma) & & \uparrow H_{n-1}(\alpha) & \\
\cdots \xrightarrow{\delta_{n+1}} & H_n(A') & \xrightarrow{H_n(f')} & H_n(B') & \xrightarrow{H_n(g')} & H_n(C') & \xrightarrow{\delta_n} & H_{n-1}(A') & \longrightarrow \cdots
\end{array}$$

Démonstration. Il suffit de démontrer la commutativité du carré

$$\begin{array}{ccc}
H_n(C) & \xrightarrow{\delta_n} & H_{n-1}(A) \\
H_n(\gamma) \uparrow & & \uparrow H_{n-1}(\alpha) \\
H_n(C') & \xrightarrow{\delta_n} & H_{n-1}(A')
\end{array}$$

Soit $x \in Z_n(C')$. Choisissons $y \in B'_n$ et $z \in A'_{n-1}$ tels que $g'_n(y) = x$ et $f'_{n-1}(z) = dy$. Par définition, on a $\delta_n[x] = [z]$ et $(H_{n-1}(\alpha) \circ \delta_n)[x] = H_{n-1}(\alpha)[z] = [\alpha_{n-1}(z)]$. D'autre part, des deux égalités, $(f_{n-1} \circ \alpha_{n-1})(z) = (\beta_{n-1} \circ f'_{n-1})(z) = d\beta_n(y)$ et $(g_n \circ \beta_n)(y) = (\gamma_n \circ g'_n)(y) = \gamma_n(x)$, il découle, par définition, $\delta_n[\gamma_n(x)] = [\alpha_{n-1}(z)]$. Il reste à constater :

$$(\delta_n \circ H_n(\gamma))[x] = \delta_n[\gamma_n(x)] = [\alpha_{n-1}(z)] = (H_{n-1}(\alpha) \circ \delta_n)[x].$$

Les complexes de chaînes sont des objets délicats à manier. Étant à la base de l'homologie, avant d'aller plus loin dans la lecture, nous invitons le lecteur à s'entraîner à leur utilisation avec les premiers exercices situés à la fin de ce chapitre.

5.2 COMPLEXES SIMPLICIAUX. HOMOLOGIE SIMPLICIALE

Dans cette section, nous présentons la notion de complexe simplicial et lui associons un complexe de chaînes particulier, appelé *complexe des chaînes simpliciales*. Les complexes simpliciaux sont l'extension en dimension quelconque des complexes simpliciaux de dimension 2 introduits pour l'étude des surfaces, cf. Définition 2.28.

Rappelons qu'une partie A de $\mathbb{R}^m$ est dite *convexe* si, pour tout couple de points de A, le segment qui les joint est situé dans A. Par exemple, pour tout $m \geq 1$, les boules E^m et les cubes $[0, 1]^m$ sont des convexes de $\mathbb{R}^m$. La propriété suivante est immédiate.

Lemme 5.12 *L'intersection de parties convexes est une partie convexe.*

Définition 5.13 *On appelle* enveloppe convexe d'une partie *A de $\mathbb{R}^m$ l'intersection de toutes les parties convexes contenant A.*

Le lemme ci-dessus implique que l'enveloppe convexe de A est le plus petit convexe contenant A. L'enveloppe convexe d'un ensemble fini de points, $A = \{a_1, \dots, a_n\}$, est notée $\langle a_1, \dots, a_n\rangle$.

Proposition 5.14 *L'enveloppe convexe d'un ensemble fini de points, $A = \{a_1, \dots, a_n\} \subset \mathbb{R}^m$, peut être décrite par*

$$\langle a_1, \dots, a_n\rangle = \left\{ x \in \mathbb{R}^m \;\middle|\; x = \sum_{i=1}^{n} t_i a_i \text{ , avec } t_i \geq 0 \text{ pour tout } i\text{, et } \sum_{i=1}^{n} t_i = 1 \right\}.$$

Démonstration. Pour tout $r = 1, \dots n$, notons

$$A_r = \left\{ x \in \mathbb{R}^m \;\middle|\; x = \sum_{i=1}^{r} t_i a_i \text{ , avec } t_i \geq 0 \text{ pour tout } i\text{, et } \sum_{i=1}^{r} t_i = 1 \right\}$$

et montrons, par récurrence sur r, que $\langle a_1, \dots, a_r\rangle = A_r$.

C'est trivialement vrai pour $r = 1$. Pour $r = 2$, le segment joignant a_1 à a_2 est formé des points x tels qu'il existe $t \in [0, 1]$ avec $x = (1 - t)a_1 + ta_2$, que l'on peut aussi écrire $x = t_1a_1 + t_2a_2$ avec $t_2 + t_1 = 1$.

Supposons donc le résultat vrai pour tout entier p, $p \leq r - 1$. L'espace A_r est convexe car, si $x = \sum_{i=1}^{r} t_ia_i$ et $y = \sum_{i=1}^{r} s_ia_i$ sont dans A_r, alors, pour tout $t \in [0, 1]$, on a $tx + (1 - t)y = \sum_{i=1}^{r}(tt_i + (1 - t)s_i)a_i \in A_r$. D'autre part A_r contient les points $a_1, \dots, a_r$; il contient donc le plus petit convexe contenant ces points, d'où $\langle a_1, \dots, a_r\rangle \subset A_r$.

Maintenant, soit $x = \sum_{i=1}^{r} t_ia_i \in A_r$. Si $t_r = 1$, alors $x = a_r$ et $x \in \langle a_1, \dots, a_r\rangle$. Si $t_r \neq 1$, on peut écrire

$$x = t_ra_r + (1 - t_r)\sum_{i=1}^{r-1} \frac{t_i}{1 - t_r}a_i\,.$$

Ceci montre que x appartient à un segment de droite joignant a_r à un point de $A_{r-1} = \langle a_1, \ldots, a_{r-1}\rangle \subset \langle a_1, \ldots, a_r\rangle$. Le point x appartient donc au convexe $\langle a_1, \ldots, a_r\rangle$.

Définition 5.15 *Les points $a_1, \ldots, a_n$ sont dits* géométriquement indépendants *si les vecteurs $\{\overrightarrow{a_1 a_i} \mid 2 \leq i \leq n\}$ sont linéairement indépendants. Dans ce cas, l'enveloppe convexe $\langle a_1, \ldots, a_n\rangle$ est appelée un $(n-1)$*-simplexe.

Si $\sigma = \langle a_1, \ldots, a_n\rangle$ est un simplexe, les simplexes $\langle a_{i_1}, \ldots, a_{i_r}\rangle$, avec $r \leq n$ et $1 \leq i_1 < i_2 \ldots < i_r \leq n$, sont appelés faces de σ.

Remarquons que tout élément du simplexe $\langle a_1, \ldots, a_n\rangle$ s'écrit de manière unique sous la forme $\sum_{i=1}^n t_i a_i$, avec $t_i \geq 0$ et $\sum_{i=1}^n t_i = 1$. Pour tout i, $1 \leq i \leq n+1$, notons e_i le point de $\mathbb{R}^{n+1}$ ayant toutes ses coordonnées nulles sauf la i-ème égale à 1.

Définition 5.16 *Le n*-simplexe standard Δ^n *est le n-simplexe $\langle e_1, \ldots, e_{n+1}\rangle \subset \mathbb{R}^{n+1}$,*

$$\Delta^n = \left\{ (t_1, \ldots, t_{n+1}) \;\middle|\; t_i \geq 0, \sum_{i=1}^{n+1} t_i = 1 \right\}.$$

Lemme 5.17 *Si C est une partie convexe de $\mathbb{R}^n$ et si le point a est dans l'intérieur de C, alors toute demi-droite issue de a rencontre le bord ∂C de C en au plus un point.*

Démonstration. Supposons qu'une demi-droite issue de a rencontre ∂C en p et en q, successivement. Puisque a est dans l'intérieur de C, il existe une boule ouverte B, contenant a et incluse dans C. Par convexité, C contient tous les segments de droite joignant un point de B au point q. Le point p appartient donc à un cône ouvert contenu dans C ; ceci est en contradiction avec l'hypothèse $p \in \partial C$.

Proposition 5.18 *Si C est un convexe borné de $\mathbb{R}^n$, contenant un point intérieur a, alors son bord, ∂C, est homéomorphe à la sphère S^{n-1}.*

Démonstration. Quitte à faire une translation, on peut supposer que a est l'origine des coordonnées. Considérons alors l'application $\partial C \to S^{n-1}$, $x \mapsto x/||x||$. Le lemme précédent implique l'injectivité de cette application. Supposons l'existence d'un point $y \in S^{n-1}$ ne se trouvant pas dans l'image de cette application. Ceci implique qu'aucun point de la demi-droite $[ay)$ ne se trouve dans le bord de C. Or, le point a étant intérieur à C, il existe des points de C sur cette demi-droite. En conséquence, toute la demi-droite $[ay)$ se trouve dans C, ce qui contredit l'hypothèse C borné.

L'application précédente, de ∂C dans S^{n-1}, est donc bijective, continue, de source un espace compact et de but un espace séparé ; c'est un homéomorphisme.

Corollaire 5.19 *Le bord, $\partial\Delta^n$, du simplexe standard est homéomorphe à S^{n-1}.*

Démonstration. Il suffit d'exhiber un point intérieur à Δ^n. La projection canonique $p\colon \mathbb{R}^{n+1} \to \mathbb{R}^n$, définie par $p(x_1, \dots, x_{n+1}) = (x_1, \dots, x_n)$, induit un homéomorphisme entre Δ^n et

$$p(\Delta^n) = \left\{(t_1, \dots, t_n) \in \mathbb{R}^n \;\middle|\; t_i \geq 0 \text{ pour tout } i, \text{ et } \sum t_i \leq 1\right\}.$$

Le point $(\frac{1}{n+1}, \dots, \frac{1}{n+1})$ étant un point intérieur à $p(\Delta^n)$, le résultat s'ensuit.

La Définition 2.28 s'étend en dimension quelconque n de la façon suivante.

Définition 5.20 *Un* complexe simplicial fini de dimension n, K, *est une réunion finie de simplexes de $\mathbb{R}^{n+1}$ telle que :*

- *si $\sigma \in K$, toutes ses faces sont dans K ;*
- *si $\sigma \in K$ et $\tau \in K$, leur intersection est soit vide, soit une face commune ;*
- *K contient au moins un simplexe de dimension n.*

Une application simpliciale, $f\colon K \to L$, *est une application entre deux complexes simpliciaux, qui envoie, de manière affine, tout simplexe de K sur un simplexe de L.*

En particulier, tout simplexe standard a une structure de complexe simplicial.

➤ **Construction du complexe des chaînes simpliciales**

Si K est un complexe simplicial fini et R un anneau, on construit un complexe de R-modules $(C_*(K; R), d)$ de la manière suivante.

1. D'abord, on appelle *simplexe orienté* de K, un simplexe de K muni d'un ordre sur ses sommets.
2. On forme le R-module libre, E_n, engendré par les simplexes orientés de K de dimension n et on note $C_n(K; R)$ le quotient de E_n par la relation d'équivalence
$$\langle a_{\sigma(1)}, \dots, a_{\sigma(n+1)}\rangle = (-1)^{\varepsilon_\sigma}\langle a_1, \dots, a_{n+1}\rangle,$$
pour toute permutation σ de $\{1, \dots, n+1\}$. Ici ε_σ désigne la signature de la permutation σ. En particulier, on a $\langle a_1, a_2\rangle = -\langle a_2, a_1\rangle$ et $\langle a_1, a_2, a_3\rangle = -\langle a_2, a_1, a_3\rangle = \langle a_2, a_3, a_1\rangle$. Le module $C_n(K; R)$ est indépendant de l'ordre choisi sur l'ensemble des sommets de chaque simplexe car il contient un, et un seul, générateur pour chaque simplexe de K, quel que soit l'ordre choisi sur l'ensemble de ses sommets.
3. Le bord $d\colon C_n(K; R) \to C_{n-1}(K; R)$ est le morphisme de R-modules défini sur les générateurs de $C_n(K; R)$ par
$$d\langle a_1, \dots, a_n\rangle = \sum_{i=1}^{n} (-1)^{i+1}\langle a_1, \dots, \widehat{a_i}, \dots, a_n\rangle,$$

où l'écriture $\widehat{a_i}$ signifie que l'on a *enlevé* le sommet a_i. Cette différentielle est bien compatible avec la relation d'équivalence définie sur E_n. La vérification pour une permutation de deux sommets consécutifs est immédiate et suffisante pour conclure.

Lemme 5.21 *Le couple* $(C_* K; R), d)$ *est un complexe de chaînes.*

Démonstration. Calculons $d \circ d$.

$$\begin{aligned} d^2\langle a_1, \dots, a_n\rangle &= \sum_{i=1}^{n}(-1)^{i+1} d\langle a_1, \dots, \widehat{a_i}, \dots, a_n\rangle \\ &= \sum_{j<i}(-1)^{i+j}\langle a_1, \dots, \widehat{a_j}, \dots, \widehat{a_i}, \dots, a_n\rangle + \\ &\qquad \sum_{j>i}(-1)^{i+j+1}\langle a_1, \dots, \widehat{a_i}, \dots, \widehat{a_j}, \dots, a_n\rangle = 0. \end{aligned}$$

Définition 5.22 *Le complexe* $(C_*(K; R), d)$ *s'appelle* le complexe des chaînes simpliciales du complexe simplicial K, *à coefficients dans l'anneau* R. *Son homologie se note* $H_*(K; R)$ *et s'appelle* l'homologie simpliciale de K à coefficients dans R. *Lorsque l'anneau de référence* R *est explicite par le contexte, on note* $C_n(K)$ *et* $H_n(K)$ *pour* $C_n(K; R)$ *et* $H_n(K; R)$.

Toute application simpliciale, $f\colon K \to L$, induit un morphisme de complexes de chaînes, $C(f)\colon C_*(K) \to C_*(L)$, vérifiant $C_n(\mathrm{id}) = \mathrm{id}$ et $C_n(f \circ g) = C_n(f) \circ C_n(g)$.

Proposition 5.23 *Si* K *est connexe par arcs, on a* $H_0(K; R) = R$.

Démonstration. Considérons l'application $\varepsilon\colon C_0(K) \to R$ définie par $\varepsilon(\sum_i r_i\langle a_i\rangle) = \sum_i r_i$, avec $r_i \in R$. Elle est clairement surjective et de $(\varepsilon \circ d)\langle a_1, a_2\rangle = \varepsilon\langle a_1\rangle - \varepsilon\langle a_2\rangle = 0$, nous déduisons $d(C_1(K)) \subset \operatorname{Ker}\varepsilon$. Considérons maintenant un élément $\sum_{i=1}^{m} r_i\langle p_i\rangle$ du noyau de ε. Le complexe K étant connexe par arcs, il existe, pour chaque $i \in \{1, \dots, m\}$, une suite de 1-simplexes connectant p_1 à p_i ; notons les $\langle p_1, q_1\rangle, \langle q_1, q_2\rangle, \dots, \langle q_n, p_i\rangle$. La somme σ_i de ces 1-simplexes vérifie $\langle p_i\rangle - \langle p_1\rangle = d\sigma_i$, d'où l'on déduit $d(\sum_{i=2}^{m} r_i\sigma_i) = \sum_{i=2}^{m} r_i\langle p_i\rangle - (\sum_{i=2}^{m} r_i)\langle p_1\rangle = \sum_{i=1}^{m} r_i\langle p_i\rangle$. Il s'ensuit $\operatorname{Ker}\varepsilon = d(C_1(K))$ et $R = C_0(K)/d(C_1(K)) = H_0(K)$.

Étudions maintenant quelques exemples.

Homologie du simplexe standard. *Le simplexe standard a son homologie concentrée en degré 0,* $H_0(\Delta^n) = R$ *et* $H_p(\Delta^n) = 0$ *si* $p > 0$.

Le résultat en degré 0 découle de la Proposition 5.23 car Δ^n est connexe par arcs. Si $\sigma = \langle e_{i_1}, \ldots, e_{i_q} \rangle$ est un simplexe de Δ^n ne contenant pas le sommet e_1, on note $e_1\sigma$, le simplexe $\langle e_1, e_{i_1}, \ldots, e_{i_q} \rangle$. On a alors

$$d(e_1\sigma) = \sigma - e_1(d\sigma)\,, \text{ si } q \geq 2, \quad \text{et} \quad d(e_1\langle e_{i_1}\rangle) = \langle e_{i_1}\rangle - \langle e_1 \rangle\,.$$

Si $p \geq 1$, toute p-chaîne σ de $C_p(K)$ s'écrit $\sigma = e_1\sigma_1 + \sigma_2$ où σ_1 et σ_2 sont des sommes de simplexes ne contenant pas le sommet e_1. Si σ est un cycle, on a $d\sigma = \sigma_1 - e_1(d\sigma_1) + d\sigma_2 = 0$, ce qui implique $\sigma_1 + d\sigma_2 = 0$ et $d\sigma_1 = 0$. Le simplexe σ est donc le bord de la chaîne $e_1\sigma_2$, car $d(e_1\sigma_2) = \sigma_2 - e_1 d\sigma_2 = \sigma_2 + e_1\sigma_1 = \sigma$. Nous avons montré que, si $p \geq 1$, tout p-cycle est un bord ce qui entraîne la nullité des groupes d'homologie correspondants.

Remarquons que le bord $\partial\Delta^n$ de Δ^n dans $\mathbb{R}^{n+1}$ est la réunion de toutes les faces de dimension strictement inférieure à n dans Δ^n. C'est donc un complexe simplicial de dimension $n - 1$.

Homologie de $\partial\Delta^n$. *Pour $n \geq 2$, nous avons*

$$H_p(\partial\Delta^n; R) = \begin{cases} R & si\ p = 0,\ n-1, \\ 0 & autrement. \end{cases}$$

Le résultat en degré 0 découle aussi de la Proposition 5.23 car $\partial\Delta^n$ est connexe par arcs. Nous définissons le complexe A_* par la suite exacte courte suivante de complexes de chaînes,

$$0 \longrightarrow C_*(\partial\Delta^n; R) \xrightarrow{\ i\ } C_*(\Delta^n; R) \xrightarrow{\ \rho\ } A_* \longrightarrow 0,$$

où l'application i est l'injection canonique et ρ l'application quotient degré par degré, $\rho\colon C_q(\Delta^n) \to A_q = C_q(\Delta^n)/C_q(\partial\Delta^n)$. Clairement, on a $A_q = 0$ pour $q \neq n$ et $A_n = R$, d'où $H_q(A_*) = 0$ pour $q \neq n$ et $H_n(A_*) = R$. D'autre part, rappelons que $H_q(\Delta^n) = 0$ pour $q > 0$ et $H_0(\Delta^n) = R$. Écrivons la suite exacte longue d'homologie associée à la suite exacte courte ci-dessus,

$$\ldots \to H_q(\Delta^n) \to H_q(A) \to H_{q-1}(\partial\Delta^n) \to H_{q-1}(\Delta^n) \to H_{q-1}(A) \to \ldots$$

Si $q \neq 1$ et $q \neq n$, la nullité des groupes d'homologie de A_* et de Δ^n implique $H_{q-1}(\partial\Delta^n) = 0$. Pour $q = n$, cette longue suite exacte donne un isomorphisme $R = H_n(A) \to H_{n-1}(\partial\Delta^n)$.

La détermination de l'homologie simpliciale d'un complexe simplicial se réduit à des calculs de noyaux et d'images d'applications linéaires. Malheureusement, le nombre généralement élevé de simplexes en rend la réalisation effective longue et fastidieuse ; des méthodes plus efficaces seront introduites dans le chapitre suivant.

Cependant, le lecteur est invité à déterminer l'homologie simpliciale des complexes simpliciaux associés aux triangulations du Tore, $S^1 \times S^1$, et du Plan projectif, $P_2(\mathbb{R})$, décrites dans le Chapitre 2, et d'établir :

$$H_1(S^1 \times S^1;\mathbb{Z}) = \mathbb{Z} \oplus \mathbb{Z},\ H_2(S^1 \times S^1;\mathbb{Z}) = \mathbb{Z},\ H_k(S^1 \times S^1;\mathbb{Z}) = 0,\ \text{si } k > 2,$$
$$H_1(P_2(\mathbb{R});\mathbb{Z}) = \mathbb{Z}/2\mathbb{Z},\ H_k(P_2(\mathbb{R});\mathbb{Z}) = 0,\ \text{si } k > 1.$$

Nous avons gardé la notation de l'espace topologique pour désigner le complexe simplicial associé. Cette possibilité est justifiée dans la Section 6.3 : pour des espaces topologiques triangulés, l'homologie simpliciale ne dépend pas de la triangulation choisie.

5.3 HOMOLOGIE SINGULIÈRE D'UN ESPACE TOPOLOGIQUE

Un espace topologique quelconque, X, n'est a priori pas décrit comme la réunion de simplexes. Nous allons cependant introduire un complexe similaire au précédent, en choisissant comme simplexes toutes les applications continues de source le simplexe standard et de but l'espace X.

Définition 5.24 *Un* p-simplexe singulier *d'un espace topologique* X *est une application continue,* $\sigma\colon \Delta^p \to X$.

Distinguons les diverses faces d'un simplexe standard.

Définition 5.25 *La* i-ème face *de* Δ^n *est l'image de l'application* $\varepsilon_n^i\colon \Delta^{n-1} \to \Delta^n$, *définie sur les coordonnées barycentriques par* $\varepsilon_n^i(t_1,\dots t_n) = (t_1,\dots,0,\dots,t_n)$, *où le nombre* 0 *est placé en position* i.

Remarquons $\varepsilon_n^i(e_j) = e_j$ si $j < i$ et $\varepsilon_n^i(e_j) = e_{j+1}$ si $j \geq i$. Remarquons également l'égalité $\varepsilon_{n+1}^i \circ \varepsilon_n^j = \varepsilon_{n+1}^j \circ \varepsilon_n^{i-1}\colon \Delta^{n-1} \to \Delta^{n+1}$ entre composés d'opérateurs face, lorsque $i < j$. Le 1-simplexe $\Delta^1 = \langle e_1, e_2\rangle$ a deux faces, qui sont ses deux sommets, et le 2-simplexe $\Delta^2 = \langle e_1, e_2, e_3\rangle$ a trois faces visualisées ainsi,

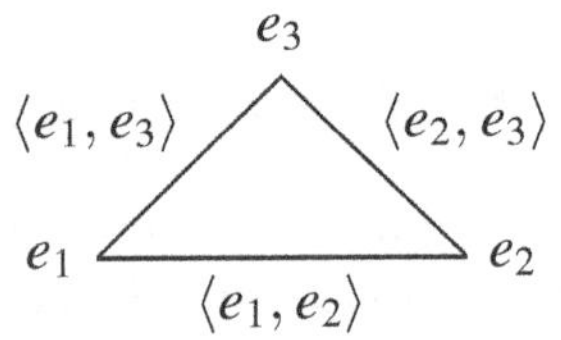

➤ Construction du complexe des chaînes singulières

Soit X un espace topologique et R un anneau commutatif. Notons $S_n(X;R)$ le R-module libre engendré par les applications continues de Δ^n dans X,

$$S_n(X;R) = \left\{ \sum_{i\in I} n_i\sigma_i \,|\sigma_i\colon \Delta^n \to R,\ n_i \in R \text{ et } I \text{ fini} \right\}.$$

Ainsi, $S_0(X;\mathbb{Z})$ est le groupe abélien libre engendré par les points de X et $S_1(X;\mathbb{R})$ est l'espace vectoriel réel engendré par tous les chemins dans X.

L'opérateur bord est l'application linéaire $d\colon S_n(X;R) \to S_{n-1}(X;R)$, définie sur les générateurs par

$$d\sigma = \sum_{i=1}^{n+1} (-1)^{i+1} \sigma \circ \varepsilon_n^i.$$

Proposition 5.26 *Le couple $(S_*(X;R), d)$ est un complexe de chaînes.*

Démonstration. Calculons $d \circ d$ sur un n-simplexe singulier σ.

$$\begin{aligned}(d\circ d)(\sigma) &= \sum_{i=1}^{n+1}\sum_{j=1}^{n} (-1)^{i+j} \sigma \circ \varepsilon_n^i \circ \varepsilon_{n-1}^j \\ &= \sum_{i>j} (-1)^{i+j} \sigma \circ \varepsilon_n^i \circ \varepsilon_{n-1}^j + \sum_{j\geq i} (-1)^{i+j} \sigma \circ \varepsilon_n^i \circ \varepsilon_{n-1}^j.\end{aligned}$$

Remplaçons j par $j-1$ dans le deuxième terme de cette somme pour obtenir :

$$(d\circ d)(\sigma) = \sum_{i>j} (-1)^{i+j} \sigma \circ \varepsilon_n^i \circ \varepsilon_{n-1}^j - \sum_{j>i} (-1)^{i+j} \sigma \circ \varepsilon_n^i \circ \varepsilon_{n-1}^{j-1}.$$

En permutant les indices i et j dans le deuxième terme de la somme et en utilisant l'égalité $\varepsilon_n^i \circ \varepsilon_{n-1}^j = \varepsilon_n^j \circ \varepsilon_{n-1}^{i-1}$ déjà remarquée, on constate que cette somme est bien nulle, d'où $d \circ d = 0$.

Définition 5.27 *Le complexe $(S_*(X;R), d)$ s'appelle* le complexe des chaînes singulières de l'espace X, *à coefficients dans l'anneau R. Son homologie se note $H_*(X;R)$ et s'appelle* l'homologie singulière de X à coefficients dans R. *Lorsque l'anneau de référence R est explicite par le contexte, on note $S_n(X)$ et $H_n(X)$ pour $S_n(X;R)$ et $H_n(X;R)$.*

Remarque : Si $c_1, \ldots, c_{p+1}$ sont des points dont l'enveloppe convexe $\langle c_1, \ldots, c_{p+1}\rangle$ est incluse dans X, nous disposons d'un p-simplexe singulier particulier défini par $\sigma(t_1, \ldots, t_{p+1}) = \sum_i t_i c_i$. Nous désignons ce simplexe par $\sigma = \langle c_1, \ldots, c_{p+1} \rangle$. En utilisant $\varepsilon_n^i(e_j) = e_j$ si $j < i$ et $\varepsilon_n^i(e_j) = e_{j+1}$ si $j \geq i$, le bord de ce simplexe σ s'écrit aussi

$$d\langle c_1, \ldots, c_{p+1} \rangle = \sum_{i=1}^{p+1} (-1)^{i+1} \langle c_1, \ldots, \widehat{c_i}, \ldots, c_{p+1} \rangle,$$

où nous reconnaissons la valeur prise par l'opérateur bord du complexe des chaînes simpliciales.

Homologie d'un singleton. Si l'espace est formé d'un seul point, $X = \{a\}$, chaque R-module libre $S_n(X; R)$ est engendré par un seul élément, l'application constante $\sigma_n \colon \Delta^n \to X$. L'application bord vérifie

$$d\sigma_n = \sum_{i=1}^{n+1} (-1)^{i+1} \sigma_n \circ \varepsilon_n^i = \left(\sum_{i=1}^{n+1} (-1)^{i+1} \right) \sigma_{n-1} = \begin{cases} 0 & \text{si } n \text{ est impair,} \\ \sigma_{n-1} & \text{si } n \text{ est pair.} \end{cases}$$

Le complexe des chaînes singulières de $X = \{a\}$ a donc la forme suivante,

$$\begin{array}{ccccccccc}
\longrightarrow S_4(X) & \xrightarrow{d} & S_3(X) & \xrightarrow{d} & S_2(X) & \xrightarrow{d} & S_1(X) & \xrightarrow{d} & S_0(X) \\
\| & & \| & & \| & & \| & & \| \\
\longrightarrow R\,\sigma_4 & \xrightarrow{\cong} & R\,\sigma_3 & \xrightarrow{0} & R\,\sigma_2 & \xrightarrow{\cong} & R\,\sigma_1 & \xrightarrow{0} & R\,\sigma_0.
\end{array}$$

Il s'ensuit :

$$H_q(\{a\}; R) = \begin{cases} R & \text{si } q = 0, \\ 0 & \text{autrement.} \end{cases}$$

Proposition 5.28 *Si l'espace X est connexe par arcs, son homologie singulière vérifie $H_0(X; R) = R$.*

> *Démonstration.* Nous procédons comme dans la Proposition 5.23. Considérons l'application $\varepsilon \colon S_0(X) \to R$ définie par $\varepsilon(\sum_i a_i \sigma_i) = \sum_i a_i$, avec $a_i \in R$ et $\sigma_i \colon \Delta^0 \to X$. Elle est clairement surjective. Si $\sigma \colon \Delta^1 \to X$ est une application continue, l'égalité $d\sigma = \sigma \circ \varepsilon_1^1 - \sigma \circ \varepsilon_1^2 = \sigma(e_2) - \sigma(e_1)$ implique $(\varepsilon \circ d)(\sigma) = 0$ et $d(S_1(X)) \subset \operatorname{Ker} \varepsilon$. Considérons maintenant un élément $\sum_{i=1}^m a_i x_i$ du noyau de ε. L'espace X étant connexe par arcs, il existe, pour chaque $i \in \{1, \ldots, m\}$, une application continue $\sigma_i \colon \Delta^1 \to X$ avec $\sigma_i(e_1) = x_1$ et $\sigma_i(e_2) = x_i$. De $d\left(\sum_{i=2}^m a_i \sigma_i\right) = \sum_{i=2}^m a_i (x_i - x_1) = \sum_{i=2}^m a_i x_i - \left(\sum_{i=2}^m a_i\right) x_1 = \sum_{i=1}^m a_i x_i$, nous déduisons $\operatorname{Ker} \varepsilon = d(S_1(X))$ et $R = S_0(X)/d(S_1(X)) = H_0(X)$.

Rappelons que les composantes connexes par arcs d'un espace X forment une partition de X. L'image d'une partie connexe par arcs, par une application continue, étant connexe par arcs, si $\sigma\colon \Delta^n \to X$ est un simplexe, son image doit être contenue dans une des composantes connexes par arcs de X. Ecrivons $X = \cup_{i\in I} X_i$, où les X_i sont les composantes connexes par arcs de X. On a alors $\{\sigma : \Delta^n \to X \text{ continue}\} = \amalg_{i\in I}\{\sigma : \Delta^n \to X_i \text{ continue}\}$ et

$$S_n(X;R) = \oplus_{i\in I} S_n(X_i;R)\,.$$

Proposition 5.29 *Si $X = \cup_{i\in I} X_i$ est la partition d'un espace en ses composantes connexes par arcs, on a, pour tout $n \geq 0$,*

$$H_n(X;R) = \oplus_{i\in I} H_n(X_i;R).$$

En conséquence, $H_0(X;R)$ est le R-module libre engendré par les composantes connexes par arcs de X.

Démonstration. Si σ est un n-simplexe singulier de la composante X_i, toutes ses faces $\sigma\circ\varepsilon_n^j$ sont dans X_i. Si $\omega \in Z_n(X;R)$ est un cycle, il s'écrit donc de manière unique $\omega = \sum_i \omega_i$ avec $\omega_i \in Z_n(X_i;R)$. Nous obtenons ainsi un morphisme de R-modules,

$$\varphi\colon Z_n(X;R) \to \oplus_{i\in I} H_n(X_i;R)\,, \qquad \varphi(\omega) = \sum_i [\omega_i].$$

Si $\omega = d\omega'$, en décomposant ω' sous la forme $\omega' = \sum_i \omega'_i$ avec $\omega'_i \in S_{n+1}(X_i;R)$, on obtient $d\omega'_i = \omega_i$ et l'application φ prend la valeur 0 sur $d(S_{n+1}(X))$. Elle induit donc, par passage au quotient, un morphisme de R-modules,

$$\overline{\varphi}\colon H_n(X;R) \to \oplus_{i\in I} H_n(X_i;R).$$

Le morphisme $\overline{\varphi}$ est surjectif car $\sum_i[\omega_i] = \overline{\varphi}([\sum_i \omega_i])$. Il est aussi injectif car si $\overline{\varphi}([\omega]) = 0$, alors $\omega_i = d\psi_i$ pour tout i, et $\omega = d(\sum_i \psi_i)$.

Regardons l'anneau R comme un complexe de chaînes concentré en degré 0 avec différentielle nulle et considérons le morphisme $\varepsilon\colon S_*(X;R) \to R$ défini par $\varepsilon(\sum_i a_i\sigma_i) = \sum_i a_i$ si $\sum a_i\sigma_i \in S_0(X;R)$, et $\varepsilon(\omega) = 0$ si $\omega \in S_q(X;R)$ avec $q > 0$. Il est facile de vérifier que ε est un morphisme de complexes. On obtient ainsi une suite exacte courte de complexes de chaînes,

$$0 \longrightarrow \widetilde{S}_*(X;R) \longrightarrow S_*(X;R) \xrightarrow{\ \varepsilon\ } R \longrightarrow 0$$

où $\widetilde{S}_*(X;R) = \operatorname{Ker}\varepsilon$ par définition.

Définition 5.30 *L'homologie du complexe $\widetilde{S}_*(X;R)$ se note $\widetilde{H}_*(X;R)$ et s'appelle* homologie réduite de X.

La suite exacte longue d'homologie, associée à la suite exacte courte de complexes ci-dessus, fournit les isomorphismes :

$$\begin{cases} \widetilde{H}_q(X;R) = H_q(X;R), \text{ si } q > 0\,, \\ \widetilde{H}_0(X;R) = \operatorname{Ker}(\varepsilon\colon H_0(X;R) \to R). \end{cases}$$

Soit $f\colon X \to Y$ une application continue. La composition définit un morphisme de R-modules, $S_n(f)\colon S_n(X;R) \to S_n(Y;R)$, par $S_n(f)(\sigma) = f \circ \sigma$. Remarquons que, par définition, on a $S_n(\mathrm{id}) = \mathrm{id}$ et $S_n(f \circ g) = S_n(f) \circ S_n(g)$, si f et g sont composables.

Lemme 5.31 *L'application $S_*(f)\colon S_*(X;R) \to S_*(Y;R)$ induite par les $S_n(f)$ est un morphisme de complexes de chaînes.*

Démonstration. C'est une conséquence directe des définitions comme le montrent les égalités ci-dessous,

$$\begin{aligned} d(S_n(f)(\sigma)) &= d(f\circ\sigma) = \sum_i (-1)^{i+1} f\circ\sigma\circ\varepsilon_n^i \\ &= S_{n-1}(f)\left(\sum_i (-1)^{i+1}\sigma\circ\varepsilon_n^i\right) = S_{n-1}(f)(d\sigma)\,. \end{aligned}$$

Nous obtenons donc des homomorphismes en homologie, définis par $H_n(f)[\omega] = [S_n(f)(\omega)]$. Ils vérifient $H_n(\mathrm{id}) = \mathrm{id}$ et $H_n(f \circ g) = H_n(f) \circ H_n(g)$, si f et g sont composables. L'égalité $\varepsilon \circ S_*(f) = \varepsilon$ implique que f induit un morphisme de complexes $\widetilde{S}_*(f)\colon \widetilde{S}_*(X;R) \to \widetilde{S}_*(Y;R)$ et des homomorphismes en homologie réduite $\widetilde{H}_n(f)\colon \widetilde{H}_n(X;R) \to \widetilde{H}_n(Y;\mathbb{R})$.

Proposition 5.32 *Si A est un rétracte de X, le groupe $H_n(A;R)$ s'injecte dans le groupe $H_n(X;R)$, pour tout $n \geq 0$.*

Démonstration. Notons r une rétraction de l'inclusion $\iota\colon A \to X$. De $r\circ\iota = \mathrm{id}_A$, nous déduisons $H_n(r) \circ H_n(\iota) = \mathrm{id}$ et le résultat annoncé.

Le reste de cette section est consacré au comportement de $S(f)$ vis-à-vis de l'homotopie d'applications.

Théorème 5.33 *Si $f, g\colon X \to Y$ sont des applications continues homotopes, alors on a $H_n(f) = H_n(g)$, pour tout $n \geq 0$. En particulier, si $f\colon X \to Y$ est une équivalence d'homotopie, alors $H_n(f)$ est un isomorphisme, pour tout $n \geq 0$.*

Démonstration. Notons $K: X \times [0,1] \to Y$ l'homotopie entre f et g, et $i_0, i_1: X \to X \times [0,1]$ les injections définies par $i_t(x) = (x,t)$, pour $t = 0$ ou 1. Par hypothèse, on a $f = K \circ i_0$ et $g = K \circ i_1$. En conséquence, si nous montrons $H_n(i_0) = H_n(i_1)$, il s'ensuivra $H_n(f) = H_n(g)$. Pour ce faire, il suffit de construire une homotopie de chaînes entre $S_*(i_0)$ et $S_*(i_1)$.

Remarquons que $\Delta^1 \times [0,1]$ est un rectangle que l'on peut décomposer en deux triangles, et que $\Delta^2 \times [0,1]$ est une pyramide à base triangulaire, que l'on peut décomposer en trois tétraèdres, comme indiqué sur la figure suivante.

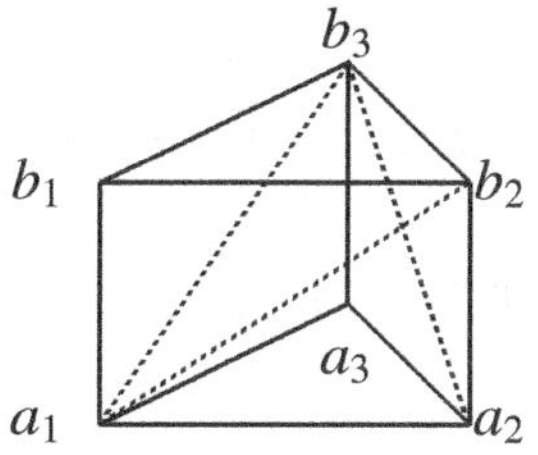

Plus généralement, le produit $\Delta^n \times [0,1]$ se décompose canoniquement en l'union de $n+1$ $(n+1)$-simplexes ne s'intersectant que sur leur bord. Pour exprimer ceci concrètement, rappelons que les sommets de Δ^n sont notés (e_i) et posons $a_i = (e_i, 0)$ et $b_i = (e_i, 1)$, avec $1 \leq i \leq n+1$; les points a_i et b_i sont les sommets de $\Delta^n \times [0,1]$. Formons alors un simplexe singulier, $P_n \in S_{n+1}(\Delta^n \times [0,1])$, défini par

$$P_n = \sum_{i=1}^{n+1} (-1)^{i+1} \langle a_1, \ldots, a_i, b_i, \ldots, b_{n+1} \rangle .$$

Nous avons identifié ici l'enveloppe convexe $\langle c_1, \ldots, c_{n+1} \rangle$ avec le simplexe singulier $\Delta^n \to \langle c_1, \ldots c_{n+1} \rangle$ qui envoie $(t_1, \ldots, t_{n+1})$ sur $\sum_i t_i c_i$. Montrons l'égalité

$$dP_n + \sum_{j=1}^{n+1} (-1)^{j+1} S_n(\varepsilon_n^j \times id)(P_{n-1}) = \langle b_1, \ldots, b_{n+1} \rangle - \langle a_1, \ldots, a_{n+1} \rangle . \tag{5.1}$$

Comme nous l'avons déjà remarqué, sur ces simplexes singuliers particuliers, l'opérateur bord du complexe des chaînes singulières coïncide avec celui des chaînes simpliciales. Nous obtenons donc :

$$\begin{aligned} d(P_n) &= \sum_{j<i}(-1)^{i+j}\langle a_1,\dots,\widehat{a}_j,\dots,a_i,b_i,\dots,b_{n+1}\rangle \\ &\quad+\sum_{i}\langle a_1,\dots,\widehat{a}_i,b_i,\dots,b_{n+1}\rangle \\ &\quad-\sum_{i}\langle a_1,\dots,a_i,\widehat{b}_i,\dots,b_{n+1}\rangle \\ &\quad+\sum_{j>i}(-1)^{i+j+1}\langle a_1,\dots,a_i,b_i,\dots,\widehat{b}_j,\dots,b_{n+1}\rangle\,. \end{aligned}$$

D'autre part, comme $\varepsilon_n^j(e_i)=e_i$ si $i<j$, et $\varepsilon_n^j(e_i)=e_{i+1}$ si $i\geq j$, on a

$$S_n(\varepsilon_n^j\times id)(P_{n-1})=\sum_{i<j}(-1)^{i+1}\langle a_1,\dots,a_i,b_i,\dots,\widehat{b}_j,\dots,b_{n+1}\rangle$$

$$+\sum_{i>j}(-1)^{i}\langle a_1,\dots,\widehat{a}_j,\dots,a_i,b_i,\dots,b_{n+1}\rangle\,.$$

Nous avons ainsi établi l'égalité (5.1). Construisons maintenant une homotopie de complexes de chaînes entre $S_*(i_1)$ et $S_*(i_0)$,

$$h_n : S_n(X)\to S_{n+1}(X\times[0,1])\,,$$

en posant

$$h_n(\sigma)=S_{n+1}(\sigma\times id)(P_n)\,,$$

que l'on étend linéairement. Le fait que h_* soit l'homotopie cherchée découle des égalités suivantes :

$$\begin{aligned} (dh+hd)(\sigma) &= d(S_{n+1}(\sigma\times\mathrm{id})(P_n))+h\left(\sum_{i=1}^{n+1}(-1)^{i+1}\sigma\circ\varepsilon_n^i\right) \\ &= S_n(\sigma\times\mathrm{id})(d(P_n))+ \\ &\qquad\sum_{i=1}^{n+1}(-1)^{i+1}(S_n(\sigma\times\mathrm{id})\circ S_n(\varepsilon_n^i\times\mathrm{id}))(P_{n-1}) \\ &= S_n(\sigma\times\mathrm{id})(\langle b_1,\dots,b_{n+1}\rangle-\langle a_1,\dots,a_{n+1}\rangle) \\ &= S_n(i_1)(\sigma)-S_n(i_0)(\sigma). \end{aligned}$$

5.4 THÉORÈME DES COEFFICIENTS UNIVERSELS

Le but de cette section est de montrer comment l'homologie à coefficients dans un anneau R peut se déduire de l'homologie à coefficients dans $\mathbb{Z}$. Remarquons que $S_*(X;R)$ est le produit tensoriel de $S_*(X;\mathbb{Z})$ avec R, i.e., $S_*(X;R) = S_*(X;\mathbb{Z}) \otimes R$. Si (C_*, d) est un complexe de chaînes formé de groupes abéliens, nous sommes donc amenés à étudier le lien entre $H_*(C_*, d) \otimes R$ et $H_*(C_* \otimes R, d)$. Commençons par étudier le comportement des suites exactes vis-à-vis du produit tensoriel.

Proposition 5.34 *Si la suite de groupes abéliens,* $A \xrightarrow{f} B \xrightarrow{g} C \longrightarrow 0$*, est exacte et si* M *est un groupe abélien, alors la suite*

$$A \otimes M \xrightarrow{f\otimes \mathrm{id}} B \otimes M \xrightarrow{g\otimes \mathrm{id}} C \otimes M \longrightarrow 0$$

est aussi exacte.

Démonstration. La surjectivité de $g \otimes \mathrm{id}$ provient de la surjectivité de g. D'autre part, le composé $(g \otimes \mathrm{id}) \circ (f \otimes \mathrm{id})$ est nul car $g \circ f$ est nul. L'application $(g \otimes \mathrm{id})$ induit donc une application

$$\psi \colon (B \otimes M)/\mathrm{Im}\,(f \otimes \mathrm{id}) \to C \otimes M.$$

L'exactitude en $B \otimes M$ équivaut à la bijectivité de l'application ψ. Pour démontrer cette dernière, nous construisons une application $\varphi \colon C \otimes M \to (B \otimes M)/\mathrm{Im}\,(f \otimes \mathrm{id})$, en posant $\varphi(c \otimes m) = [b \otimes m]$, où $b \in B$ est tel que $g(b) = c$. Cette application ne dépend pas du choix de b, car si nous avons $g(b) = g(b') = c$, alors, par exactitude en B de la suite de départ, il existe $a \in A$ avec $f(a) = b - b'$. Il s'ensuit $(b \otimes m) - (b' \otimes m) = (f \otimes \mathrm{id})(a \otimes m)$ et $[b \otimes m] = [b' \otimes m]$ dans le quotient par $\mathrm{Im}\,(f \otimes \mathrm{id})$. De façon évidente, φ est un inverse de ψ, ce qui termine la preuve.

Ce résultat ne peut s'étendre aux suites exactes $0 \to A \to B$. Il suffit, par exemple, de remarquer que la multiplication par 2 de $\mathbb{Z}$ dans $\mathbb{Z}$ est injective et devient l'application nulle après tensorisation par $\mathbb{Z}/2\mathbb{Z}$. Précisons quelques propriétés des groupes abéliens, suffisantes pour ce qui suit ; le lecteur désirant plus d'informations sur ce point pourra consulter [39].

Proposition 5.35

1. *Si* $0 \longrightarrow A \xrightarrow{i} B \xrightarrow{\rho} C \longrightarrow 0$ *est une suite exacte de groupes abéliens et* $r \colon B \to A$ *un homomorphisme de groupes tel que* $r \circ i = \mathrm{id}_A$*, alors le groupe* B *est isomorphe à* $A \oplus C$.
2. *Si* $0 \longrightarrow A \xrightarrow{i} B \xrightarrow{\rho} C \longrightarrow 0$ *est une suite exacte de groupes abéliens et* $\sigma \colon C \to B$ *un homomorphisme de groupes tel que* $\rho \circ \sigma = \mathrm{id}_C$*, alors le groupe*

B est isomorphe à $A \oplus C$. De plus, un tel homomorphisme σ existe toujours si le groupe C est abélien libre.

3. *Tout sous-groupe d'un groupe abélien libre est libre.*
4. *Tout groupe abélien sans torsion et finiment engendré est libre.*

Démonstration. 1) Il suffit d'appliquer le Corollaire 5.9 au diagramme

$$\begin{array}{ccccccccc} 0 & \longrightarrow & A & \xrightarrow{i} & B & \xrightarrow{\rho} & C & \longrightarrow & 0 \\ & & \| & & \downarrow{\scriptstyle r\oplus\rho} & & \| & & \\ 0 & \longrightarrow & A & \longrightarrow & A \oplus C & \longrightarrow & C & \longrightarrow & 0. \end{array}$$

2) On procède de même avec l'homomorphisme $i \oplus \sigma \colon A \oplus C \to B$. Si C est libre, pour chaque élément x d'une base de C, on choisit un élément $y \in B$ tel que $\rho(y) = x$. L'extension linéaire de cette correspondance $x \mapsto y$ donne l'homomorphisme σ cherché.

3) Soit A un groupe abélien libre et B un sous-groupe de A. Nous faisons la démonstration dans le cas où le groupe A est finiment engendré. (Le cas général nécessite de munir d'un bon ordre l'ensemble des indices d'une base de A, ce qui dépasse le cadre de ce livre, cf. [4] pour une preuve en toute généralité.) La preuve s'effectue par récurrence sur le nombre p d'éléments d'une base de A. Si $p = 1$, alors A est isomorphe à $\mathbb{Z}$ où le résultat est bien connu. Supposons le résultat vrai pour tout groupe abélien libre admettant une base ayant moins de p éléments et soit A un groupe abélien libre de base $\{x_1, \ldots, x_p\}$, i.e., $A = \mathbb{Z}x_1 \oplus \cdots \oplus \mathbb{Z}x_p$. Si $B \subset \mathbb{Z}x_2 \oplus \cdots \oplus \mathbb{Z}x_p$, le résultat découle directement de la récurrence ; nous supposons donc que ce n'est pas le cas. Notons $\rho_1 \colon A \to \mathbb{Z}x_1$ la projection définie par $\rho_1(x_1) = x_1$ et $\rho_1(x_i) = 0$ si $i > 1$. Nous nous intéressons à la restriction $\tilde{\rho}_1 \colon B \to \mathbb{Z}x_1$ de ρ_1 à B. Le noyau de $\tilde{\rho}_1$ est un sous-groupe de $\mathbb{Z}x_2 \oplus \cdots \oplus \mathbb{Z}x_p$; il est libre par récurrence. L'image de $\tilde{\rho}_1$ est un sous-groupe de $\mathbb{Z}x_1$; c'est aussi un groupe abélien libre. En appliquant le point 2) à la suite

$$0 \longrightarrow \operatorname{Ker}(\tilde{\rho}_1) \longrightarrow B \longrightarrow \operatorname{Im}(\tilde{\rho}_1) \longrightarrow 0,$$

nous obtenons un isomorphisme $B \cong \operatorname{Im}(\tilde{\rho}_1) \oplus \operatorname{Ker}(\tilde{\rho}_1)$ et B est un groupe abélien libre.

4) Rappelons qu'un groupe abélien est sans torsion s'il n'a pas d'élément x tel que $rx = 0$ avec $r \in \mathbb{Z}$, $r \neq 0$. Soit A un groupe abélien finiment engendré sans torsion, admettant $S = \{x_1, \ldots, x_p\}$ comme système de générateurs. Notons k le nombre maximal d'éléments de S, $\{x_{i_1}, \ldots, x_{i_k}\}$, tels que, si $(n_1, \ldots, n_k)$ sont des entiers relatifs vérifiant $n_1 x_{i_1} + \cdots + n_k x_{i_k} =$

0, alors on a $n_i = 0$, pour $i = 1, \dots, k$. Fixons une telle suite $(x_{i_1}, \dots, x_{i_k})$ et notons B le sous-groupe de A engendré par ces éléments. Par construction, B est un groupe abélien libre. Si x est un élément de S différent des éléments choisis, il existe des entiers $(n, n_1, \dots, n_k)$ non tous nuls tels que $nx + n_1 x_{i_1} + \dots + n_k x_{i_k} = 0$. Si $n = 0$, alors tous les n_i sont nuls, par choix de la suite, donc $n \neq 0$ et l'égalité précédente implique $nx \in B$. En procédant ainsi pour tous les éléments x de S et en égalant r au produit des différents entiers n trouvés, on obtient l'inclusion $rA \subset B$. Le groupe rA est donc un groupe abélien libre, d'après le point 3). Pour terminer, remarquons que l'application $x \mapsto rx$ est un homomorphisme de groupes de A dans A, injectif car A est sans torsion. C'est donc un isomorphisme et $A \cong rA$ est un groupe abélien libre.

Définition 5.36 *Si A est un groupe abélien, on appelle* résolution libre de A *une suite exacte de groupes abéliens,*

$$\dots \longrightarrow L_n \xrightarrow{d_n} L_{n-1} \xrightarrow{d_{n-1}} \dots \xrightarrow{d_2} L_1 \xrightarrow{d_1} L_0 \xrightarrow{\varepsilon} A \longrightarrow 0,$$

où les L_i sont des groupes abéliens libres.

Montrons que deux résolutions libres du groupe abélien A sont toujours reliées par des homomorphismes de groupes compatibles avec les applications d_i.

Proposition 5.37 *Considérons deux résolutions libres $L_* \xrightarrow{\varepsilon} A$ et $L'_* \xrightarrow{\varepsilon'} A$ du groupe abélien A.*

1. *Il existe des homomorphismes, $f_n \colon L_n \to L'_n$, vérifiant $\varepsilon' \circ f_0 = \varepsilon$ et $d_n \circ f_n = f_{n-1} \circ d_n$, pour tout $n > 0$,*

$$\begin{array}{ccccccccccccc}
\dots \longrightarrow & L_n & \xrightarrow{d_n} & L_{n-1} & \xrightarrow{d_{n-1}} \dots \xrightarrow{d_2} & L_1 & \xrightarrow{d_1} & L_0 & \xrightarrow{\varepsilon} & A & \longrightarrow 0, \\
& \downarrow{\scriptstyle f_n} & & \downarrow{\scriptstyle f_{n-1}} & & \downarrow{\scriptstyle f_1} & & \downarrow{\scriptstyle f_0} & & \Vert & \\
\dots \longrightarrow & L'_n & \xrightarrow{d_n} & L'_{n-1} & \xrightarrow{d_{n-1}} \dots \xrightarrow{d_2} & L'_1 & \xrightarrow{d_1} & L'_0 & \xrightarrow{\varepsilon'} & A & \longrightarrow 0.
\end{array}$$

2. *Deux tels homomorphismes, $f, g \colon L_* \to L'_*$, sont homotopes.*

Démonstration. Construisons f_n par récurrence sur n. Pour $n = 0$ nous choisissons une base $(x_i)_{i \in I}$ de L_0 et posons $f_0(x_i) = a_i$, où $a_i \in L'_0$ est tel que $\varepsilon'(a_i) = \varepsilon(x_i)$. L'application f_0 est ensuite étendue linéairement à tout L_0. Supposons avoir construit $f_0, f_1, \dots, f_{n-1}$ commutant avec les applications d_i, $i \leq n-1$, comme dans l'énoncé. Par hypothèse de récurrence, nous avons $d_{n-1} \circ f_{n-1} \circ d_n = f_{n-2} \circ d_{n-1} \circ d_n = 0$, comme le montre le diagramme commutatif suivant,

$$\begin{array}{ccccc} L_n & \xrightarrow{d_n} & L_{n-1} & \xrightarrow{d_{n-1}} & L_{n-2} \\ & & \downarrow{\scriptstyle f_{n-1}} & & \downarrow{\scriptstyle f_{n-2}} \\ L'_n & \xrightarrow{d_n} & L'_{n-1} & \xrightarrow{d_{n-1}} & L'_{n-2}. \end{array}$$

Choisissons une base $(x_i)_{i \in I}$ de L_n. Pour tout $i \in I$, par exactitude en L'_{n-1}, il existe $y_i \in L'_n$ tel que $d_n(y_i) = (f_{n-1} \circ d_n)(x_i)$. Posons $f_n(x_i) = y_i$ et étendons f_n linéairement à tout L_n. Le morphisme $f\colon L_* \to L'_*$ est ainsi construit par récurrence sur n.

Supposons maintenant avoir deux tels homomorphismes, $f, g\colon L_* \to L'_*$. Construisons, par récurrence sur n, une application $h_n\colon L_n \to L'_{n+1}$ vérifiant $d_{n+1} \circ h_n + h_{n-1} \circ d_n = f_n - g_n$. Choisissons une base $(x_i)_{i \in I}$ de L_0. De $\varepsilon'(f_0(x_i) - g_0(x_i)) = 0$ et de l'exactitude en L'_0, nous déduisons l'existence de $t_i \in L'_1$ tel que $f_0(x_i) - g_0(x_i) = d_1 t_i$. Posons $h_0(x_i) = t_i$ et étendons h_0 linéairement à tout L_0. Supposons avoir construit h_i, vérifiant $d_{i+1} \circ h_i + h_{i-1} \circ d_i = f_i - g_i$, pour $i \leq n-1$, et choisissons une base $(x_i)_{i \in I}$ de L_n. De $d_n\left(f_n(x_i) - g_n(x_i) - h_{n-1}(d_n x_i)\right) = f_{n-1}(d_n x_i) - g_{n-1}(d_n x_i) - d_n(h_{n-1}(d_n x_i)) = 0$ et de l'exactitude en L'_n, nous déduisons l'existence de $t_i \in L'_{n+1}$ tel que $d_{n+1} t_i = f_n(x_i) - g_n(x_i) - h_{n-1}(d_n x_i)$. Posons $h_n(x_i) = t_i$ et étendons h_n linéairement à tout L_n. L'homotopie h_* est ainsi construite par récurrence sur n.

Corollaire 5.38 *Si A et B sont deux groupes abéliens et $L_* \to A$ une résolution libre de A, l'homologie du complexe* $(L_* \otimes B, d \otimes \mathrm{id})$, *ne dépend pas du choix de la résolution* (L_*, d).

Démonstration. Si L_* et L'_* sont deux résolutions de A, la Proposition 5.37 fournit des morphismes de complexes $f : L_* \to L'_*$ et $g : L'_* \to L_*$ avec $g \circ f$ et $f \circ g$ homotopes à l'identité et vérifiant $\varepsilon \circ g \circ f = \varepsilon$, $\varepsilon \circ f \circ g = \varepsilon$. On en déduit que $g \otimes \mathrm{id}$ et $f \otimes \mathrm{id}$ sont inverses homotopiques l'un de l'autre et induisent des isomorphismes en homologie.

Si A et B sont deux groupes abéliens, nous définissons

$$\mathrm{Tor}_p(A, B) = H_p(L_* \otimes B, d \otimes \mathrm{id}),$$

où L_* est une résolution libre de A. Le corollaire précédent nous assure que $\mathrm{Tor}_p(A, B)$ est indépendant de la résolution libre choisie pour A. La Proposition 5.34 nous garantit l'exactitude de la suite

$$L_1 \otimes B \xrightarrow{d_1 \otimes \mathrm{id}} L_0 \otimes B \longrightarrow A \otimes B \longrightarrow 0,$$

d'où

$$\mathrm{Tor}_0(A, B) = A \otimes B.$$

Tout sous-groupe d'un groupe abélien libre étant libre, *tout groupe abélien admet une résolution libre* de la forme

$$0 \longrightarrow L_1 \xrightarrow{d_1} L_0 \xrightarrow{d_0} A \longrightarrow 0,$$

où L_0 est le groupe abélien libre engendré par A, d_0 est l'application identité sur A étendue linéairement à tout L_0, L_1 est le noyau de d_0, et d_1 est l'injection canonique. Il s'ensuit

$$\mathrm{Tor}_p(A, B) = 0, \text{ pour tout } p \geq 2.$$

Nous posons donc

$$\mathrm{Tor}\,(A, B) = \mathrm{Tor}_1(A, B).$$

Remarquons aussi que $\mathrm{Tor}(A, B) = H_1(L_* \otimes B) = \mathrm{Ker}\,(d_1 \otimes \mathrm{id})$. En utilisant la Proposition 5.34, nous obtenons donc une suite exacte

$$0 \longrightarrow \mathrm{Tor}(A, B) \longrightarrow L_1 \otimes B \longrightarrow L_0 \otimes B \longrightarrow A \otimes B \longrightarrow 0. \tag{5.2}$$

Pour terminer avec ces premières propriétés de $\mathrm{Tor}(A, B)$, remarquons que, si A est un groupe abélien libre, on peut choisir $0 \to L_1 = 0 \to L_0 = A \to A \to 0$ comme résolution libre de A, d'où

$$\mathrm{Tor}(A, B) = 0 \text{ si } A \text{ est un groupe abélien } \textit{libre}.$$

Exemple : *Si p et q sont des nombres entiers, alors $\mathrm{Tor}(\mathbb{Z}/p\mathbb{Z}, \mathbb{Z}/q\mathbb{Z}) = \mathbb{Z}/m\mathbb{Z}$, où m est le plus grand commun diviseur de p et de q.* En effet une résolution libre de $\mathbb{Z}/p\mathbb{Z}$ est donnée par

$$0 \longrightarrow \mathbb{Z} \xrightarrow{\mathrm{mult}_p} \mathbb{Z} \longrightarrow \mathbb{Z}/p\mathbb{Z} \longrightarrow 0.$$

La suite exacte (5.2) devient, dans ce cas particulier,

$$0 \longrightarrow \mathrm{Tor}(\mathbb{Z}/p\mathbb{Z}, \mathbb{Z}/q\mathbb{Z}) \longrightarrow \mathbb{Z}/q\mathbb{Z} \xrightarrow{\mathrm{mult}_p} \mathbb{Z}/q\mathbb{Z} \longrightarrow \mathbb{Z}/p\mathbb{Z} \otimes \mathbb{Z}/q\mathbb{Z} \longrightarrow 0,$$

d'où

$$\mathrm{Tor}(\mathbb{Z}/p\mathbb{Z}, \mathbb{Z}/q\mathbb{Z}) = \mathrm{Ker}\,(\mathrm{mult}_p \colon \mathbb{Z}/q\mathbb{Z} \to \mathbb{Z}/q\mathbb{Z}) \cong \mathbb{Z}/m\mathbb{Z}.$$

Le groupe abélien Tor est l'outil adéquat pour la comparaison entre homologie à coefficients dans un anneau R et homologie à coefficients dans $\mathbb{Z}$, rendant cette dernière universelle.

Théorème 5.39 (Théorème des coefficients universels) *Soit (C_*, d) un complexe de groupes abéliens libres et R un anneau commutatif, alors, pour tout $n \geq 1$, on a une suite exacte,*

$$0 \longrightarrow H_n(C) \otimes R \longrightarrow H_n(C \otimes R) \longrightarrow \mathrm{Tor}(H_{n-1}(C), R) \longrightarrow 0.$$

De plus, cette suite exacte admet une section induisant un isomorphisme,

$$H_n(C \otimes R) \cong (H_n(C) \otimes R) \oplus \mathrm{Tor}(H_{n-1}(C), R).$$

Démonstration. Notons Z_n et B_n les sous-groupes abéliens libres de C_n formés respectivement des cycles et des bords, $i_n : B_n \to Z_n$ et $j_n : Z_n \to C_n$ les injections canoniques, aussi notées i et j s'il n'y a pas d'ambiguïté. Remarquons $\mathrm{Coker}\, i_n = H_n(C)$. En munissant $Z_* \otimes R$ et $B_* \otimes R$ de la différentielle nulle, nous obtenons une suite exacte courte de complexes de chaînes,

$$0 \longrightarrow Z_* \otimes R \xrightarrow{j \otimes \mathrm{id}} C_* \otimes R \xrightarrow{d \otimes \mathrm{id}} B_{*-1} \otimes R \longrightarrow 0.$$

La longue suite exacte induite en homologie s'écrit

$$B_n \otimes R \xrightarrow{i_n \otimes \mathrm{id}} Z_n \otimes R \longrightarrow H_n(C \otimes R) \longrightarrow B_{n-1} \otimes R \xrightarrow{i_{n-1} \otimes \mathrm{id}} Z_{n-1} \otimes R.$$

Pour tout $n \geq 1$, nous en extrayons la suite exacte courte

$$0 \longrightarrow \mathrm{Coker}\,(i_n \otimes \mathrm{id}) \longrightarrow H_n(C \otimes R) \longrightarrow \mathrm{Ker}\,(i_{n-1} \otimes \mathrm{id}) \longrightarrow 0.$$

Il nous reste à interpréter les noyau et conoyau ci-dessus. La suite $0 \longrightarrow B_n \xrightarrow{i_n} Z_n \longrightarrow H_n(C) \longrightarrow 0$ étant une résolution libre de $H_n(C)$, nous avons $\mathrm{Ker}\,(i_n \otimes \mathrm{id}) = \mathrm{Tor}(H_n(C), R)$. D'autre part, la Proposition 5.34 implique $\mathrm{Coker}\,(i_n \otimes \mathrm{id}) = (\mathrm{Coker}\, i_n) \otimes R = H_n(C) \otimes R$. Nous avons ainsi obtenu la suite exacte de l'énoncé.

Il reste à construire la section. Dans la suite exacte courte,

$$0 \longrightarrow Z_n \xrightarrow{j} C_n \xrightarrow{d} B_{n-1} \longrightarrow 0,$$

il existe une application $\sigma : B_{n-1} \to C_n$ tel que $d \circ \sigma = \mathrm{id}$, car B_{n-1} est libre. Si $x \in C_n$, on a $d(x - \sigma(dx)) = 0$ et $x - \sigma(dx) \in Z_n$. Nous pouvons donc construire un morphisme de chaînes, $r : C_n \to Z_n$, en posant

$r(x) = x - \sigma(dx)$. Il vérifie $r(x) = x$ si $x \in Z_n$, d'où $r \circ j = \mathrm{id}$. Par composition avec la surjection canonique de l'espace des cycles dans l'homologie, nous obtenons un homomorphisme de groupes, $C_n \to Z_n \to H_n(C)$. En munissant $H_*(C)$ de la différentielle nulle, cet homomorphisme est un morphisme de complexes de chaînes, $C_* \to H_*(C)$, dont la restriction aux cycles est la surjection canonique, $Z_* \to H_*(C)$. La tensorisation par R donne un morphisme de complexes, $C_* \otimes R \to H_*(C) \otimes R$, qui induit en homologie une application $\tilde{r}\colon H(C_* \otimes R) \to H_*(C) \otimes R$. Notons $\iota\colon H_n(C) \otimes R \to H_n(C \otimes R)$ l'homomorphisme construit dans la première partie de cette preuve. Évaluons $\tilde{r} \circ \iota$ sur un élément $[x] \otimes 1$ de $H_n(C) \otimes R$. La restriction aux cycles de l'application $C_n \to H_n(C)$ étant la surjection canonique, $Z_n \to H_n(C)$, $\tilde{r} \circ \iota$ envoie $[x] \otimes 1$ sur lui-même, d'où $\tilde{r} \circ \iota = \mathrm{id}$. Le résultat découle maintenant de la Proposition 5.35.

Dans le cas particulier du complexe des chaînes singulières d'un espace topologique, ce résultat s'énonce comme suit.

Corollaire 5.40 *Si X est un espace topologique et R un anneau commutatif, pour tout $n \geq 1$, on a une suite exacte courte,*

$$0 \longrightarrow H_n(X;\mathbb{Z}) \otimes R \longrightarrow H_n(X;R) \longrightarrow \mathrm{Tor}(H_{n-1}(X;\mathbb{Z}), R) \longrightarrow 0,$$

admettant une section induisant un isomorphisme,

$$H_n(X;R) \cong (H_n(X;\mathbb{Z}) \otimes R) \oplus \mathrm{Tor}(H_{n-1}(X;\mathbb{Z}), R).$$

Le reste de cette section est consacré au développement de quelques propriétés du groupe abélien $\mathrm{Tor}(A, B)$, permettant de rendre effectif le résultat précédent. Commençons par remarquer que $\mathrm{Tor}(-,-)$ permet de compléter l'étude du comportement des suites exactes au produit tensoriel, initiée dans la Proposition 5.34.

Proposition 5.41 *Si la suite de groupes abéliens, $0 \longrightarrow B_1 \xrightarrow{f} B_2 \xrightarrow{g} B_3 \longrightarrow 0$, est exacte et si A est un groupe abélien, alors la suite*

$$\begin{array}{l} 0 \longrightarrow \mathrm{Tor}(A, B_1) \longrightarrow \mathrm{Tor}(A, B_2) \longrightarrow \mathrm{Tor}(A, B_3) \\ \qquad \swarrow \\ A \otimes B_1 \longrightarrow A \otimes B_2 \longrightarrow A \otimes B_3 \longrightarrow 0 \end{array}$$

est aussi exacte.

Démonstration. Notons $0 \longrightarrow L_1 \longrightarrow L_0 \longrightarrow A \longrightarrow 0$ une résolution libre de A. Les groupes abéliens L_1 et L_0 étant libres, nous avons un morphisme de suites exactes courtes,

$$\begin{array}{ccccccccc} 0 & \longrightarrow & L_1 \otimes B_1 & \longrightarrow & L_1 \otimes B_2 & \longrightarrow & L_1 \otimes B_3 & \longrightarrow & 0 \\ & & \downarrow & & \downarrow & & \downarrow & & \\ 0 & \longrightarrow & L_0 \otimes B_1 & \longrightarrow & L_0 \otimes B_2 & \longrightarrow & L_0 \otimes B_3 & \longrightarrow & 0. \end{array}$$

Le résultat découle alors du lemme du serpent, cf. Corollaire 5.9.

Proposition 5.42 *Si A et B sont deux groupes abéliens, les propriétés suivantes sont vérifiées.*

1. *Si A ou B est un groupe abélien libre, alors on a* $\mathrm{Tor}(A, B) = 0$.
2. $\mathrm{Tor}(A, B) \cong \mathrm{Tor}(B, A)$.
3. *Si B est un groupe abélien sans torsion, alors on a* $\mathrm{Tor}(A, B) = 0$.

Démonstration.

1. Le résultat est déjà démontré si A est libre. Supposons donc B libre et choisissons une résolution libre de A, $0 \to L_1 \to L_0 \to A \to 0$. Soit $(x_j)_{j \in I}$ une base du groupe abélien libre B, nous notons $\mathbb{Z}x_j$ le groupe, isomorphe à $\mathbb{Z}$, engendré par x_j. De $B = \oplus_{j \in I} \mathbb{Z}x_j$, nous déduisons $L_* \otimes B = L_* \otimes (\oplus_{j \in I} \mathbb{Z}x_j) = \oplus_{j \in I}(L_* \otimes \mathbb{Z}x_j)$, et

$$\begin{aligned} \mathrm{Tor}(A, B) &= H_1(\oplus_{j \in I}(L_* \otimes \mathbb{Z}x_j)) = \oplus_{j \in I} H_1(L_* \otimes \mathbb{Z}x_j) \\ &= \oplus_{j \in I} H_1(L_*) \otimes \mathbb{Z}x_j = 0. \end{aligned}$$

2. Choisissons une résolution libre de B, $0 \to L'_1 \to L'_0 \to B \to 0$. Les groupes L'_1 et L'_0 étant libres, la suite exacte de la Proposition 5.41 se réduit à

$$0 \longrightarrow \mathrm{Tor}(A, B) \longrightarrow A \otimes L'_1 \xrightarrow{\mathrm{id} \otimes d_1} A \otimes L'_0 \longrightarrow A \otimes B \longrightarrow 0.$$

L'existence des isomorphismes $A \otimes L'_1 \cong L'_1 \otimes A$ et $A \otimes L'_0 \cong L'_0 \otimes A$ fait que l'application $\mathrm{id} \otimes d_1$ coïncide, à isomorphisme près, avec l'application $d_1 \otimes \mathrm{id} \colon L'_1 \otimes A \to L'_0 \otimes A$, dont le noyau est $\mathrm{Tor}(B, A)$. Il s'ensuit $\mathrm{Tor}(B, A) = \mathrm{Ker}\,(d_1 \otimes \mathrm{id}) \cong \mathrm{Ker}\,(\mathrm{id} \otimes d_1) = \mathrm{Tor}(A, B)$.

3. Choisissons une résolution libre de A,

$$0 \longrightarrow L_1 \xrightarrow{d_1} L_0 \xrightarrow{\varepsilon} A \longrightarrow 0.$$

Le groupe $\mathrm{Tor}(A, B)$ est le noyau de $d_1 \otimes \mathrm{id}\colon L_1 \otimes B \to L_0 \otimes B$. Soit $\sum_{j \in I} a_j \otimes x_j \in \mathrm{Ker}\,(d_1 \otimes \mathrm{id})$ et soit C le sous groupe de B engendré par la famille finie $(x_j)_{j \in I}$. Tout groupe abélien finiment engendré sans torsion étant libre, le groupe C est libre et $\mathrm{Tor}(A, C) = \mathrm{Ker}\,(d_1 \otimes \mathrm{id}\colon L_1 \otimes C \to L_0 \otimes C) = 0$. Il s'ensuit $\sum_{j \in I} a_j \otimes x_j = 0$ et $\mathrm{Tor}(A, B) = 0$.

Exemple : Le groupe des nombres rationnels étant sans torsion, on a $\mathrm{Tor}(A, \mathbb{Q}) = \mathrm{Tor}(\mathbb{Q}, A) = 0$, pour tout groupe abélien A. En particulier, pour tout espace topologique X, l'homologie singulière vérifie

$$H_n(X; \mathbb{Q}) = H_n(X; \mathbb{Z}) \otimes \mathbb{Q}\,.$$

Un tel résultat n'est plus valable si on remplace le corps des rationnels par un corps fini, comme le montre l'exemple des homologies du plan projectif réel, à coefficients dans $\mathbb{Z}$ et dans $\mathbb{Z}/2\mathbb{Z}$, cf. Page 176.

EXERCICES

Exercice 5.1 Si $f\colon A_* \to B_*$ est un morphisme de complexes de chaînes, vérifier que $\operatorname{Ker} f$, $\operatorname{Im} f$ et $B/\operatorname{Im} f$ sont des complexes de chaînes.

Exercice 5.2 (Lemme des cinq)

Le diagramme ci-dessous est un morphisme entre deux suites exactes de groupes abéliens.

$$\begin{CD}
A_1 @>{f_1}>> A_2 @>{f_2}>> A_3 @>{f_3}>> A_4 \\
@V{\varphi_1}VV @V{\varphi_2}VV @V{\varphi_3}VV @V{\varphi_4}VV \\
B_1 @>{g_1}>> B_2 @>{g_2}>> B_3 @>{g_3}>> B_4
\end{CD}$$

1) On suppose φ_1 surjective et φ_2, φ_4 injectives. Montrer qu'alors φ_3 est injective.

2) On suppose φ_4 injective et φ_1, φ_3 surjectives. Montrer qu'alors φ_2 est surjective.

3) En déduire une nouvelle démonstration du Lemme des Cinq, cf. Corollaire 5.10.

Exercice 5.3 Considérons un diagramme commutatif de complexes de chaînes, à lignes exactes,

$$\begin{CD}
0 @>>> A_* @>>> B_* @>>> C_* @>>> 0 \\
@. @V{\varphi}VV @V{\psi}VV @V{\rho}VV @. \\
0 @>>> D_* @>>> E_* @>>> F_* @>>> 0.
\end{CD}$$

Montrer que si deux des applications, φ, ψ et ρ, induisent des isomorphismes en homologie, il en est de même pour la troisième.

Exercice 5.4 Considérons un diagramme commutatif de complexes de chaînes, à lignes exactes

$$\begin{CD}
0 @>>> A_* @>>> B_* @>>{f}> C_* @>>> 0 \\
@. @V{\varphi}VV @V{\psi}VV @. @. \\
0 @>>> D_* @>>> E_* @>{g}>> F_* @>>> 0
\end{CD}$$

Montrer qu'il existe un morphisme de complexes de chaînes, $\ell\colon C_* \to F_*$, tel que $\ell \circ f = g \circ \psi$.

Exercice 5.5

1) Montrer que, pour toute suite exacte de groupes abéliens,

$$0 \longrightarrow A \stackrel{i}{\longrightarrow} B \stackrel{\rho}{\longrightarrow} C \longrightarrow 0$$

les conditions suivantes sont équivalentes :

1. il existe un homomorphisme $r\colon B \to A$ tel que $r \circ i = \mathrm{id}_A$,
2. il existe un homomorphisme $\sigma\colon C \to B$ tel que $\rho \circ \sigma = \mathrm{id}_C$,
3. il existe un isomorphisme de groupes, $B \cong A \oplus C$.

Dans ce cas, on dit que la suite exacte *se scinde.* On remarquera que c'est toujours la cas si le groupe abélien C est libre.

2) Donner un exemple de suite exacte courte de complexes de chaînes qui se scinde comme suite de groupes abéliens et ne se scinde pas comme suite de complexes.

Exercice 5.6

Soit (A_*, d) un complexe de chaînes formé de groupes abéliens. On définit une famille de groupes abéliens par $(sA)_n = A_{n-1}$, les éléments de $(sA)_n$ étant notés sa avec $a \in A_{n-1}$.

1) Soit $d\colon (sA)_n \to (sA)_{n-1}$ l'homomorphisme de groupes défini par $d(sa) = -s(da)$. Montrer que $((sA)_*, d)$ est un complexe de chaînes.

2) Définissons sur $A_* \oplus (sA)_*$ un homomorphisme d par $d(a, sa') = (da + a', \quad s(da'))$. Montrer que $(A_* \oplus (sA)_*, d)$ est un complexe de chaînes.

3) Soit $f\colon (A_*, d) \to (B_*, d)$ un morphisme de complexes de chaînes formés de groupes abéliens. Montrer que f est homotope à l'application nulle si, et seulement si, il existe un morphisme de complexes de chaînes, $F\colon (A_* \oplus (sA)_*, d) \to (B_*, d)$, égal à f sur A_*.

4) Calculer $H(A_* \oplus (sA)_*, d)$.

Exercice 5.7

Soit $f\colon (A_*, d) \to (B_*, d)$ un morphisme entre complexes de chaînes formés de groupes abéliens. On définit une famille de groupes abéliens par $(Cf)_n = B_n \oplus A_{n-1}$ et une famille d'applications $d\colon (Cf)_n \to (Cf)_{n-1}$ par $d(b, a) = (db + f(a), -da)$.

1) Montrer que $((Cf)_*, d)$ est un complexe de chaînes. On l'appelle le cône sur f.

2) Soit $(sA)_*$ le complexe de chaînes défini par $(sA)_n = A_{n-1}$, $d(sa) = -s(da)$, introduit dans l'Exercice 5.6. Montrer qu'il existe une suite exacte courte de complexes de chaînes,

$$0 \longrightarrow B_* \stackrel{j}{\longrightarrow} (Cf)_* \stackrel{\rho}{\longrightarrow} (sA)_* \longrightarrow 0,$$

et que le connectant de la suite exacte longue d'homologie associée est $H(f)\colon H(A) \to H(B)$.

3) Soit $g\colon (B_*, d) \to (C_*, d)$ un morphisme entre complexes de chaînes formés de groupes abéliens. Montrer que $g \circ f$ est homotope à l'application nulle si, et seulement si, il existe un morphisme de complexes de chaînes, $G\colon ((Cf)_*, d) \to (C_*, d)$, égal à g sur B_*.

4) S'il existe une homotopie de chaînes entre j et l'application nulle, construire un inverse homotopique à droite de f.

5) S'il existe une homotopie de chaînes entre ρ et l'application nulle, construire un inverse homotopique à gauche de f.

Exercice 5.8 Dans cet exercice, on considère des complexes formés de groupes abéliens. Un complexe de chaînes C_* est dit *acyclique* si $H(C) = 0$ et *contractile* si l'application identité sur C_* est homotope à l'application nulle.

1) Montrer qu'un complexe contractile est acyclique. .

2) Soit C_* le complexe de chaînes défini par $C_n = \mathbb{Z}/4\mathbb{Z}$ pour tout n et dont le bord est la multiplication par 2. Montrer que C_* est acyclique mais n'est pas contractile. La réciproque de la première question est donc fausse en général.

3) Soit C_* un complexe *libre*. Montrer que C_* est acyclique si, et seulement si, il est contractile.

4) Soit $f\colon (C_*, d) \to (D_*, d)$ un morphisme de complexes de chaînes. Si le cône sur f est contractile, montrer qu'alors f est une équivalence d'homotopie. (On utilisera les deux dernières questions de l'exercice précédent.)

5) Soit $f\colon (C_*, d) \to (D_*, d)$ un morphisme entre complexes *libres*. Montrer que $H(f)\colon H(C) \to H(D)$ est un isomorphisme si, et seulement si, f est une équivalence d'homotopie.

Exercice 5.9 À un complexe simplicial K, on associe le complexe de chaînes, $(T_*(K), d)$, défini comme suit.

- Le module $T_n(K)$ est le R-module libre engendré par les suites finies $\langle a_1, \dots, a_{n+1}\rangle$, où les a_i sont des sommets contenus dans un même simplexe de K.
- L'application bord est définie comme dans le complexe des chaînes simpliciales,

$$d\langle a_1, \dots, a_{n+1}\rangle = \sum_{i=1}^{n+1} (-1)^{i+1} \langle a_1, \dots, \widehat{a_i}, \dots, a_n\rangle.$$

La différence entre $T_*(K)$ et le complexe des chaînes simpliciales, $C_*(K)$, est que, dans $T_*(K)$, on ne suppose pas que les éléments a_i des suites finies, $\langle a_1, \dots, a_n \rangle$, sont tous distincts et ordonnés. Ainsi, toute permutation des sommets donne un nouvel élément, linéairement indépendant de l'élément de départ.

Fixons un ordre sur les sommets de K et définissons des morphismes $\psi\colon T_n(K) \to C_n(K)$ et $\varphi\colon C_n(K) \to T_n(K)$. Si $a_1 < a_2 < \dots < a_{n+1}$, on pose $\varphi(\langle a_1, \dots, a_{n+1} \rangle) = \langle a_1, \dots, a_{n+1} \rangle$. Pour tout $\langle a_{i_1}, \dots, a_{i_{n+1}} \rangle \in T_n(K)$, on pose

$$\psi(\langle a_{i_1}, \dots, a_{i_{n+1}} \rangle) = \begin{cases} 0 & \text{si deux sommets } a_{i_j} \text{ sont identiques,} \\ \langle a_{i_1}, \cdots a_{i_{n+1}} \rangle & \text{si les } a_{i_j} \text{ sont distincts 2 à 2.} \end{cases}$$

1) Si $X = \langle a_1, \dots, a_{n+1} \rangle$, montrer que $H_q(T_*(X)) = 0$ si $q > 0$.

2) Montrer que les morphismes φ et ψ sont des homomorphismes de complexes de chaînes inverses homotopiques l'un de l'autre, i.e., $\psi \circ \varphi \simeq \mathrm{id}$ et $\varphi \circ \psi \simeq \mathrm{id}$.

3) Montrer que l'application φ induit un isomorphisme en homologie.

Exercice 5.10 Soit $p \geq 0$. Soit C_* le complexe de chaînes défini par :

- $C_n = \mathbb{Z}$ si $0 \leq n \leq p$, et $C_n = 0$ pour $n > p$,
- le bord $d\colon C_k \to C_{k-1}$ est la multiplication par 2, si k est pair, et l'application nulle, si k est impair.

Déterminer $H_k(C; \mathbb{Z})$ et $H_k(C; \mathbb{Z}/2\mathbb{Z})$. Retrouver ce dernier à partir de l'homologie à coefficients entiers, en utilisant le théorème des coefficients universels.

SOLUTION DES EXERCICES

Exercice 5.1 Un morphisme $f : A_* \to B_*$ est la donnée d'une suite de morphismes de R-modules, $f_n : A_n \to B_n$, vérifiant $df_n = f_{n-1}d$, pour tout $n > 0$.

Pour construire le complexe de chaînes $(\text{Ker } f)_*$, nous posons $(\text{Ker } f)_n = \text{Ker } f_n$. L'égalité $df_n = f_{n-1}d$, implique $d(\text{Ker } f_n) \subset \text{Ker } f_{n-1}$, ce qui définit la différentielle de $(\text{Ker } f)_*$ comme la restriction de celle de A_*.

L'égalité $df_n = f_{n-1}d$ implique aussi $d(\text{Im } f_n) \subset \text{Im } f_{n-1}$. Les sous-modules $\{\text{Im } f_n\}$ forment donc un sous-complexe de B_*, noté $(\text{Im } f)_*$.

Notons $\rho_n : B_n \to B_n/\text{Im } f_n$ l'homomorphisme quotient. Si $x \in B_n$ et si $[x]$ désigne sa classe dans $B_n/\text{Im } f_n$, on pose $\overline{d}[x] = [dx] \in B_{n-1}/\text{Im } f_{n-1}$. Vérifions d'abord que l'application $\overline{d} : B_n/\text{Im } f_n \to B_{n-1}/\text{Im } f_{n-1}$ est bien définie. En effet, si $[x] = [x']$, alors il existe y tel que $x - x' = f_n(y)$ et l'égalité $dx - dx' = df_n(y) = f_{n-1}dy$ implique $[dx] = [dx']$. L'application $\overline{d}$ munit la suite $(B_n/\text{Im } f_n)_n$ d'une structure de complexe de chaînes noté $(B/\text{Im } f)_*$. Les applications quotient ρ_n induisent un morphisme de complexes de chaines $\rho : B_* \to (B/\text{Im } f)_*$.

Exercice 5.2

1) Soit $x \in A_3$ tel que $\varphi_3(x) = 0$. De $\varphi_4(f_3(x)) = g_3(\varphi_3(x)) = 0$ et de l'injectivité de φ_4, nous déduisons $f_3(x) = 0$. L'exactitude en A_3 implique alors l'existence de $x' \in A_2$ tel que $x = f_2(x')$. De $g_2(\varphi_2(x')) = \varphi_3(f_2(x')) = \varphi_3(x) = 0$ et de l'exactitude en B_2, nous déduisons l'existence de $y \in B_1$ tel que $g_1(y) = \varphi_2(x')$. Finalement, la surjectivité de φ_1 implique l'existence de $x'' \in A_1$, tel que $\varphi_1(x'') = y$. Observons maintenant que

$$\varphi_2(x' - f_1(x'')) = \varphi_2(x') - g_1(\varphi_1(x'')) = \varphi_2(x') - g_1(y) = 0.$$

L'injectivité de φ_2 implique $x' = f_1(x'')$. Il s'ensuit $x = f_2(x') = (f_2 \circ f_1)(x'') = 0$ et le noyau de φ_3 est ainsi réduit à 0.

2) La méthode de preuve utilisée ci-dessus s'appelle "chasse dans le diagramme" ; nous invitons le lecteur à s'y exercer dans cette nouvelle question, en commençant avec la donnée de $y \in B_2$. La surjectivité de φ_3 implique alors l'existence de $x \in A_3$ tel que $\varphi_3(x) = g_2(y)$. Ensuite, on a $\varphi_4(f_3(x)) = g_3(g_2(y)) = 0$, donc ...

3) C'est une conséquence directe des deux questions précédentes.

Exercice 5.3 Il suffit d'appliquer le Lemme des cinq aux suites exactes longues induites en homologie.

Exercice 5.4 Les complexes A_* et D_* sont des sous-complexes respectifs de B_* et D_*. L'application $\ell \colon C_* \to F_*$ est l'application induite entre les complexes quotients, $B_*/A_* \cong C_* \to E_*/D_* \cong F_*$.

Exercice 5.5

1) Les propriétés 1. et 2. sont des conséquences directes de 3. Le fait que chacune d'entre elles implique 3. est contenu dans la Proposition 5.35.

2) Considérons les complexes suivants :

- $A_* : A_1 = \mathbb{Z}b,\ A_k = 0$ si $k \neq 1,\ d = 0$,
- $B_* : B_0 = \mathbb{Z}b,\ B_1 = \mathbb{Z}a,\ da = b,\ db = 0$,
- $C_* : C_0 = \mathbb{Z}a,\ C_k = 0$ si $k > 0$ et $d = 0$.

La suite de groupes abéliens,

$$0 \longrightarrow \mathbb{Z}b \xrightarrow{\ i\ } \mathbb{Z}a \oplus \mathbb{Z}b \xrightarrow{\ \rho\ } \mathbb{Z}a \longrightarrow 0,$$

se scinde mais la suite exacte courte de complexes de chaînes,

$$0 \longrightarrow A_* \xrightarrow{\ i\ } B_* \xrightarrow{\ \rho\ } C_* \longrightarrow 0,$$

ne se scinde pas, c'est-à-dire, il n'existe pas de morphisme de complexes de chaînes, $\sigma \colon C_* \to B_*$, tel que $\rho \circ \sigma = \mathrm{id}$.

Exercice 5.6 Les points **1)** et **2)** se vérifient facilement. Pour la question **3)**, si f est homotope à l'application nulle par une homotopie $h = \{h_i \colon A_i \to B_{i+1}\}$, on définit F sur $A_* \oplus (sA)_*$ par $F(a) = f(a)$ et $F(sa) = h(a)$, et on vérifie sa compatibilité aux différentielles. Réciproquement, si le morphisme F est donné, on construit l'homotopie par $h(a) = F(sa)$. La vérification de l'égalité $d \circ h + h \circ d = f$ est à nouveau sans difficulté.

4) Tout cycle, (a, sa'), vérifie $da + a' = 0$ et $s(da') = 0$. Il s'ensuit $d(sa) = a - s(da) = a + sa'$ et tout cycle est un bord.

Exercice 5.7

1) Il suffit de remarquer

$$d(d(b,a)) = d(db + f(a), -da) = (d^2b + df(a) - f(da), d^2a) = (0,0).$$

2) La première partie de la question est sans difficulté ; j est l'injection canonique et $\rho(b,a) = sa$. Construisons le connectant : si sa est un cycle de $(sA)_{n+1}$, on a $\rho(0,a) = sa$. Pour déterminer l'image de la classe associée à sa par le connectant, on calcule le bord de $(0,a)$ dans $(Cf)_*$, à savoir $d(0,a) = (f(a), -da) = (f(a), 0)$. Il s'ensuit $\delta = H_n(f)\colon H_n(A) \to H_n(B)$.

3) La preuve est similaire à celle de la question **3)** de l'exercice 5.6 ; nous en laissons l'adaptation au lecteur.

4) Soit $h\colon B_n \to (Cf)_{n+1} = B_{n+1} \oplus A_n$ une homotopie de chaînes entre j et l'application nulle. Nous définissons $g\colon B_n \to A_n$ et $h'\colon B_n \to B_{n+1}$ par $h(b) = (h'(b), g(b)) \in B_{n+1} \oplus A_n$, si $b \in B_n$. Remarquons

$$(dh + hd)(b) = (dh'(b) + f(g(b)) + h'(db), -dg(b) + g(db)).$$

L'égalité $(dh + hd)(b) = (b, 0)$ implique donc $dg = gd$ et $dh' + h'd = \mathrm{id} - f \circ g$. Ainsi, g est un morphisme de complexes de chaînes et h' une homotopie de chaînes entre $f \circ g$ et l'identité.

5) Soit $h\colon (Cf)_n = B_n \oplus A_{n-1} \to (sA)_{n+1} = A_n$ une homotopie de chaînes entre ρ et l'application nulle. Nous définissons $g'\colon B_n \to A_n$ et $h'\colon A_{n-1} \to A_n$ par $g'(b) = h(b, 0)$ et $h'(a) = h(0, a)$, c'est-à-dire $h(b,a) = g'(b) + h'(a)$. Remarquons $(dh + hd)(b,a) = -dg'(b) + g'(db) - dh'(a) - h'(da) + g'(f(a))$. L'égalité $(dh + hd)(b,a) = \rho(b,a) = sa$ implique $dg' = g'd$ et $dh' + h'd = g' \circ f - \mathrm{id}$. Ainsi, g' est un morphisme de chaînes et h' une homotopie entre $g' \circ f$ et l'identité.

Exercice 5.8

1) Si C_* est contractile, l'identité sur C_* est homotope à l'application nulle, donc l'identité sur $H(C)$ est égale à l'application nulle, ce qui implique $H(C) = 0$.

2) Les groupes des cycles et des bords sont réduits à $\{0, 2\}$ en toute dimension, donc $H(C) = 0$. Une application h telle que $hd + dh = \mathrm{id}$ doit vérifier $dh(2) = 2$, d'où $h(2)$ vaut 1 ou 3. Pour qu'un tel h soit un homomorphisme, on doit avoir $2h(2) = h(2) + h(2) = h(2 + 2) = 0$, ce qui n'est pas vrai, ni pour $h(2) = 1$, ni pour $h(2) = 3$.

3) Construisons l'homotopie entre l'identité et l'application nulle, par récurrence sur n. Supposons avoir construit h_j tel que $dh_j + h_{j-1}d = \mathrm{id}$ pour $j < n$ et choisissons une base $(x_i)_{i\in I}$ de C_n. L'élément $x_i - h_{n-1}(dx_i)$ étant un cycle, c'est aussi un bord car $H_n(C) = 0$. Il existe donc $y_i \in C_{n+1}$ tel que $dy_i = x_i - h_{n-1}(dx_i)$. Il suffit de poser $h_n(x_i) = y_i$ et de l'étendre linéairement.

4) Considérons la suite exacte courte associée à f, établie dans l'exercice précédent,

$$0 \longrightarrow D_* \xrightarrow{\ j\ } (Cf)_* \xrightarrow{\ \rho\ } (sC)_* \longrightarrow 0. \tag{5.3}$$

De $(Cf)_*$ contractile, on déduit facilement $j \simeq 0$ et $\rho \simeq 0$. Le résultat est alors une conséquence des deux dernières questions de l'exercice précédent.

5) Si f est une équivalence d'homotopie, on sait déjà que $H(f)$ est un isomorphisme. Supposons maintenant que $H(f)$ est un isomorphisme. Rappelons que la suite exacte longue, associée à la suite exacte courte (5.3) ci-dessus, a pour connectant $H(f)$; on obtient donc $H(Cf) = 0$. Comme C_* et D_* sont libres, il en est de même pour $(Cf)_*$; le complexe $(Cf)_*$ est donc contractile d'après le point **3)**. Il reste ensuite à appliquer le résultat établi en **4)**.

Exercice 5.9

1) Notons $\varepsilon\colon T_*(X) \to T_*(X)$ l'application définie par $\varepsilon\langle a_{i_1}, \ldots, a_{i_r}\rangle = 0$ si $r > 1$, et $\varepsilon\langle a_{i_1}\rangle = \langle a_1\rangle$, où a_1 est fixé. On vérifie que ε est un morphisme de chaînes. Si nous montrons que ε est homotope à l'identité, il en résultera que l'identité et l'application nulle coïncident sur $H_p(T_*(X))$ pour $p \geq 1$, ce que nous voulons démontrer.

L'homotopie cherchée, $h\colon T_{r-1}(X) \to T_r(X)$, est définie par $h\langle a_{i_1}, \ldots, a_{i_r}\rangle = \langle a_1, a_{i_1}, \ldots, a_{i_r}\rangle$. On vérifie en effet facilement que $dh + hd = \mathrm{id} - \varepsilon$.

2) Les applications φ et ψ sont clairement des morphismes de complexes. De plus, on a $\psi \circ \varphi = \mathrm{id}$; il suffit donc d'établir que $\varphi \circ \psi$ est homotope à l'identité. Construisons pour cela une homotopie de chaînes, $h_*\colon T_*(X) \to T_{*+1}(X)$. L'application définie par $h_0(\langle a\rangle) = 0$ vérifie $dh_0 = \mathrm{id} - \varphi \circ \psi$ sur T_0. Supposons avoir construit h_p pour $p < n$ tel que $dh_p + h_{p-1}d = \mathrm{id} - \varphi \circ \psi$ sur T_p pour tout $p < n$. Soit alors $\sigma = \langle a_{i_1}, \ldots, a_{i_{n+1}}\rangle$. En utilisant l'hypothèse de récurrence, on constate que l'élément $h_{n-1}(d\sigma) - \sigma - (\varphi \circ \psi)(\sigma)$ est un cycle de $\langle a_{i_1}, \ldots, a_{i_{n+1}}\rangle$. D'après la question précédente, c'est un bord et il existe un élément $h_n(\sigma)$ avec $dh_n(\sigma) + h_{n-1}(d\sigma) = \sigma - (\varphi \circ \psi)(\sigma)$.

3) C'est une conséquence directe de la question précédente.

Exercice 5.10

On trouve :

$$H_k(C;\mathbb{Z}) = \begin{cases} \mathbb{Z} & \text{si } k = 0 \text{ ou } k = p \text{ impair,} \\ \mathbb{Z}/2\mathbb{Z} & \text{si } k \text{ impair,} \\ 0 & \text{sinon.} \end{cases}$$

$$H_k(C;\mathbb{Z}/2\mathbb{Z}) = \begin{cases} \mathbb{Z}/2\mathbb{Z} & \text{si } k \leq p, \\ 0 & \text{sinon.} \end{cases}$$

Chapitre **6**

L'homologie singulière et ses applications

Ce chapitre développe l'homologie singulière introduite au Chapitre 5. Le cœur est formé des théorèmes de la Section 6.2, chaînes $\mathcal{U}$-petites, Mayer-Vietoris, excision, qui permettent la détermination des groupes d'homologie de nombreux espaces topologiques. Ces groupes sont commutatifs et plus faciles à appréhender que le groupe fondamental. Ils fournissent des applications concrètes importantes ; les plus facilement accessibles, pour un ouvrage d'introduction comme celui-ci, sont développées dans la Section 6.4. Tout au long de ce chapitre, nous utilisons l'homologie pour étendre en dimension n plusieurs théorèmes démontrés dans le Chapitre 1 à partir de propriétés du groupe fondamental. Ce sont notamment les théorèmes de Borsuk-Ulam, de Lusternik-Schnirelmann, de Brouwer ou d'invariance de la dimension.

Tout complexe simplicial donne naissance à deux suites de groupes d'homologie, les groupes d'homologie simpliciale et les groupes d'homologie singulière. Nous montrons dans la Section 6.3 que ces deux homologies coïncident, permettant ainsi le calcul de l'homologie singulière à partir d'une triangulation et, surtout, établissant que l'homologie simpliciale d'un espace triangulé ne dépend pas de la triangulation choisie. Dans la Section 6.5, nous introduisons un complexe engendré par les cellules d'un espace cellulaire et leur application d'attachement, et ayant pour homologie l'homologie singulière. Par exemple, ce complexe donne facilement les groupes d'homologie des espaces projectifs complexes. Pour les espaces projectifs réels, la situation est plus délicate. À l'aide de la notion de transfert introduite dans la Section 6.6, nous calculons leurs groupes d'homologie à coefficients dans $\mathbb{Z}/2\mathbb{Z}$.

Nous présentons également la caractéristique d'Euler d'un espace cellulaire, ou d'un complexe simplicial, et l'utilisons en exercice pour déterminer les 5 polyèdres réguliers en dimension 3, et pour caractériser le nombre minimum de sommets nécessaires pour trianguler une surface.

Dans la dernière section, nous détaillons plusieurs applications dans des domaines extérieurs à la Topologie. En particulier, nous montrons comment le théorème de Brouwer implique, dans certains jeux, l'existence de positions d'équilibres, appelés équilibres de Nash.

Dans tout ce chapitre, la lettre R désigne un anneau commutatif.

6.1 HOMOLOGIE RELATIVE

Si C_* est un sous-complexe du complexe de chaînes D_*, le quotient $(D/C)_*$ s'insère dans une suite exacte courte de complexes,

$$0 \longrightarrow C_* \longrightarrow D_* \longrightarrow (C/D)_* \longrightarrow 0,$$

qui engendre une suite exacte longue en homologie. Une telle situation se rencontre en homologie singulière lorsque A est un sous-espace de l'espace topologique X. Le complexe $S_*(A; R)$ est alors un sous-complexe de $S_*(X; R)$; le complexe quotient $S_*(X; R)/S_*(A; R)$ se note $S_*(X, A; R)$ et s'appelle *le complexe des chaînes relatives de la paire* (X, A). Son homologie, notée $H_*(X, A; R)$, est *l'homologie relative de la paire* (X, A) *à coefficients dans l'anneau* R. La suite exacte longue associée à la suite exacte courte, $0 \to S_*(A; R) \to S_*(X; R) \to S_*(X, A; R) \to 0$, est appelée *suite exacte longue d'homologie de la paire* (X, A). Elle est de la forme :

$$\longrightarrow H_{n+1}(X, A; R) \longrightarrow H_n(A; R) \longrightarrow H_n(X; R) \longrightarrow H_n(X, A; R) \longrightarrow$$

Une application continue entre paires topologiques, $f\colon (X, A) \to (Y, B)$, est une application continue $f\colon X \to Y$ telle que $f(A) \subset B$. Elle induit un morphisme de chaînes, $S_*(f)\colon S_*(X, A; R) \to S_*(Y, B; R)$, et un homomorphisme $H_*(f)\colon H_*(X, A; R) \to H_*(Y, B; R)$.

Définition 6.1 *Deux applications continues entre paires topologique, $f, g\colon (X, A) \to (Y, B)$, sont* homotopes *s'il existe une application continue $F\colon (X \times [0, 1], A \times [0, 1]) \to (Y, B)$ telle que $F(x, 0) = f(x)$ et $F(x, 1) = g(x)$. Cette relation est une relation d'équivalence dont l'ensemble des classes est noté* $[(X, A), (Y, B)]$.

Proposition 6.2 *Si f, $g\colon (X, A) \to (Y, B)$ sont deux applications continues et homotopes entre paires topologiques, on a $H_n(f) = H_n(g)$, pour tout $n \geq 0$.*

Démonstration. C'est une conséquence du Théorème 5.33. L'homotopie F, entre f et g, donne naissance à une homotopie de chaînes, h, entre les morphismes $S_*(f)$ et $S_*(g)$ de $S_*(X; R)$ dans $S_*(Y; R)$. Par construction, cette homotopie envoie $S_*(A; R)$ dans $S_*(B; R)$. Par passage au quotient, elle induit donc une homotopie de chaînes entre les morphismes $S_*(f)$, $S_*(g)\colon S_*(X, A; R) \to S_*(Y, B; R)$.

Il existe également une suite exacte longue d'homologies relatives, associée à la donnée de trois espaces emboîtés.

Proposition 6.3 *Si $A \subset B \subset X$ sont des inclusions entre espaces topologiques, il existe une suite exacte longue d'homologie relative,*

$$\longrightarrow H_{n+1}(X, B; R) \xrightarrow{\delta} H_n(B, A; R) \longrightarrow H_n(X, A; R) \longrightarrow H_n(X, B; R) \xrightarrow{\delta}$$

appelée suite exacte longue du triplet (X, B, A).

Ce résultat est une conséquence immédiate du lemme suivant, appliqué aux complexes de chaînes singulières, $S_*(A; R) \subset S_*(B; R) \subset S_*(X; R)$.

Lemme 6.4 *Considérons trois complexes de chaînes, C_*, D_*, E_*, tels que C_* est un sous-complexe de D_*, lui-même sous-complexe de E_*. Alors, il existe une suite exacte longue d'homologie entre les quotients,*

$$\longrightarrow H_{n+1}(E_*/D_*) \xrightarrow{\delta} H_n(D_*/C_*) \longrightarrow H_n(E_*/C_*) \longrightarrow H_n(E_*/D_*) \xrightarrow{\delta}$$

Démonstration. L'inclusion canonique $j\colon D_* \to E_*$ induit un morphisme injectif, encore noté $j\colon (D/C)_* \to (E/C)_*$, envoyant la classe $x + C_* \in (D/C)_*$ sur la classe $j(x) + C_*$. De même, l'identité sur E_* donne un morphisme surjectif $\rho\colon (E/C)_* \to (E/D)_*$. De façon évidente, le composé $\rho \circ j\colon (D/C)_* \to (E/D)_*$ est l'application nulle, d'où l'inclusion $\operatorname{Im} j \subset \operatorname{Ker} \rho$. Si $x + C_*$ est un élément du noyau de ρ, alors $x \in D_*$ donc $x + C_*$ est dans l'image de j. Nous avons donc une suite exacte courte

$$0 \longrightarrow (D/C)_* \xrightarrow{j} (CE/C)_* \xrightarrow{\rho} (E/D)_* \longrightarrow 0.$$

Il reste à lui appliquer le Théorème 5.8.

Rappelons le complexe $\widetilde{S}_*(X; R)$, défini comme le noyau de l'homomorphisme $\varepsilon\colon S_*(X; R) \to R$, caractérisé par $\varepsilon = 0$ sur $S_n(X; R)$ avec $n > 0$ et $\varepsilon(\sum_i a_i x_i) = \sum_i a_i$ si $x_i \in X$. Remarquons $S_*(X)/S_*(A) = \widetilde{S}_*(X)/\widetilde{S}_*(A)$, il n'y a donc pas de raison d'introduire la notion d'homologie relative réduite. Étudions maintenant l'homologie de X, relative à un point $x_0 \in X$. Notons q_X l'application composée suivante,

$$q_X\colon \widetilde{S}_*(X; R) \to S_*(X; R) \to S_*(X, \{x_0\}; R).$$

Proposition 6.5 *Le morphisme de chaînes, q_X, induit un isomorphisme entre l'homologie réduite et l'homologie relative à un point, i.e., $H(q_X)\colon \widetilde{H}_*(X;R) \cong H_*(X,\{x_0\};R)$.*

Démonstration. Considérons le diagramme commutatif suivant entre complexes de chaînes, où les flèches verticales sont induites par l'inclusion canonique, $\{x_0\} \to X$,

$$\begin{array}{ccccccccc} 0 & \longrightarrow & \widetilde{S}_*(\{x_0\};R) & \longrightarrow & S_*(\{x_0\};R) & \xrightarrow{\varepsilon} & R & \longrightarrow & 0 \\ & & \downarrow & & \downarrow & & \| & & \\ 0 & \longrightarrow & \widetilde{S}_*(X;R) & \longrightarrow & S_*(X;R) & \xrightarrow{\varepsilon} & R & \longrightarrow & 0. \end{array}$$

L'application du lemme du serpent (cf. Corollaire 5.9) à ce diagramme donne un isomorphisme de complexes de chaînes,

$$\widetilde{S}_*(X;R)/\widetilde{S}_*(\{x_0\};R) \cong S_*(X;R)/S_*(\{x_0\};R) = S_*(X,\{x_0\};R).$$

Nous obtenons donc une suite exacte courte de complexes de chaînes,

$$0 \longrightarrow \widetilde{S}_*(\{x_0\};R) \longrightarrow \widetilde{S}_*(X;R) \longrightarrow S_*(X,\{x_0\};R) \longrightarrow 0.$$

Le résultat découle alors de la suite exacte longue d'homologie associée et de $\widetilde{H}_p(\{x_0\};R) = 0$, pour tout $p \geq 0$.

6.2 THÉORÈMES D'EXCISION

Les théorèmes de cette section sont à la base des calculs et propriétés de l'homologie singulière, développés dans la suite de ce chapitre. La clef de voûte est le théorème des chaînes $\mathcal{U}$-petites qui exprime que les simplexes singuliers peuvent être choisis "aussi petits que l'on veut" lorsque l'on calcule l'homologie singulière.

Si X est un espace topologique et $\mathcal{U}$ un recouvrement ouvert de X, on note $S_q^{\mathcal{U}}(X;R)$ le R-module libre engendré par les q-simplexes singuliers, $\sigma\colon \Delta^q \to X$, dont l'image est contenue dans un des ouverts de $\mathcal{U}$. Toutes les faces d'un élément de $S_q^{\mathcal{U}}(X;R)$ étant dans $S_{q-1}^{\mathcal{U}}(X;R)$, on obtient un complexe de chaînes, $S_*^{\mathcal{U}}(X;R)$, appelé le *complexe des chaînes $\mathcal{U}$-petites. Le complexe réduit des chaînes $\mathcal{U}$-petites* est défini par $\widetilde{S}_q^{\mathcal{U}}(X;R) = S_q^{\mathcal{U}}(X;R) \cap \widetilde{S}_q(X;R)$.

Théorème 6.6 (Théorème des chaines $\mathcal{U}$-petites.) *Les inclusions $S_*^{\mathcal{U}}(X;R) \to S_*(X;R)$ et $\widetilde{S}_*^{\mathcal{U}}(X;R) \to \widetilde{S}_*(X;R)$ sont des morphismes de chaînes induisant des isomorphismes en homologie.*

Ce théorème utilise une subdivision barycentrique des simplexes avec un contrôle précis de leurs "diamètres". Nous l'admettons, renvoyant à [43, Page 177] pour une preuve assez concise ou à [22, Proposition 2.21].

> ***Remarque :*** Le Théorème 6.6 reste vrai si $\mathcal{U}$ est une famille de parties de X dont les intérieurs recouvrent X ; nous n'utiliserons pas cette généralité dans la suite. Observons aussi que le théorème ne peut être vrai sans aucune hypothèse sur le recouvrement $\mathcal{U}$. Par exemple, $\mathcal{U} = \big\{\{(1,0)\}, S^1\backslash\{(1,0)\}\big\}$ est un recouvrement de S^1 par deux parties contractiles disjointes, donc $S_*^{\mathcal{U}}(S^1) = S_*(\{(1,0)\}) \oplus S_*(S^1\backslash\{(1,0)\})$ a une homologie réduite nulle. Or, l'on a $H_1(S^1;\mathbb{Z}) = \mathbb{Z}$, cf. Théorème 6.15.

Nous déduisons du Théorème 6.6 une série de corollaires, commençant par une version relative. Soit $\mathcal{U}$ un recouvrement ouvert de X et $A \subset X$. On définit $\mathcal{U} \cap A = \{U_i \cap A \mid U_i \in \mathcal{U}\}$ et $S_*^{\mathcal{U}}(X, A; R) = S_*^{\mathcal{U}}(X; R)/S_*^{\mathcal{U}\cap A}(A; R)$.

Corollaire 6.7 *L'inclusion* $S_*^{\mathcal{U}}(X, A; R) \to S_*(X, A; R)$ *induit un isomorphisme en homologie.*

> *Démonstration.* Il suffit d'appliquer le lemme des 5 aux suites exactes longues d'homologie associées aux deux suites exactes courtes suivantes,
>
> $$\begin{array}{ccccccccc} 0 & \longrightarrow & S_*^{\mathcal{U}\cap A}(A;R) & \longrightarrow & S_*^{\mathcal{U}}(X;R) & \longrightarrow & S_*^{\mathcal{U}}(X,A;R) & \longrightarrow & 0 \\ & & \downarrow & & \downarrow & & \downarrow & & \\ 0 & \longrightarrow & S_*(A;R) & \longrightarrow & S_*(X;R) & \longrightarrow & S_*(X,A;R) & \longrightarrow & 0. \end{array}$$

Détaillons maintenant le cas particulier où l'espace X est muni d'un recouvrement $\mathcal{U}$ formé de deux ouverts, U et V. Notons $i_U \colon U \cap V \hookrightarrow U$, $i_V \colon U \cap V \hookrightarrow V$, $j_U \colon U \hookrightarrow X$ et $j_V \colon : V \hookrightarrow X$ les inclusions canoniques. Par définition même des complexes y figurant, nous avons deux suites exactes courtes,

$$0 \longrightarrow S_*(U \cap V) \xrightarrow{S_*(i_U)-S_*(i_V)} S_*(U) \oplus S_*(V) \xrightarrow{S_*(j_U)+S_*(j_V)} S_*^{\mathcal{U}}(X) \longrightarrow 0,$$

$$0 \longrightarrow \widetilde{S}_*(U \cap V) \xrightarrow{\widetilde{S}_*(i_U)-\widetilde{S}_*(i_V)} \widetilde{S}_*(U) \oplus \widetilde{S}_*(V) \xrightarrow{S_*(j_U)+S_*(j_V)} \widetilde{S}_*^{\mathcal{U}}(X) \longrightarrow 0. \tag{6.1}$$

De ces deux suites exactes courtes et du Théorème 6.6, nous déduisons le résultat suivant, appelé *Théorème de Mayer-Vietoris.*

Corollaire 6.8 (Théorème de Mayer-Vietoris) *Si $\{U, V\}$ est un recouvrement ouvert de X, il existe deux suites exactes longues,*

$$\longrightarrow H_p(U \cap V) \xrightarrow{\varphi} H_p(U) \oplus H_p(V) \xrightarrow{\psi} H_p(X) \xrightarrow{\delta} H_{p-1}(U \cap V) \longrightarrow$$

et

$$\longrightarrow \widetilde{H}_p(U \cap V) \xrightarrow{\varphi} \widetilde{H}_p(U) \oplus \widetilde{H}_p(V) \xrightarrow{\psi} \widetilde{H}_p(X) \xrightarrow{\delta} \widetilde{H}_{p-1}(U \cap V) \longrightarrow$$

où $\varphi = H(i_U) - H(i_V)$, $\psi = H(j_U) + H(j_V)$ et δ est un connectant.

Rappelons que l'avantage de travailler avec l'homologie réduite est que, si X est un espace contractile, alors $\widetilde{H}_p(U) = 0$ pour tout $p \geq 0$. Faisons une pause avec un exemple avant de reprendre la liste des applications du théorème des chaînes $\mathcal{U}$-petites.

Homologie d'un bouquet de deux espaces. Considérons deux espaces, X et Y, correctement pointés (cf. Définition 3.13) et $X \vee Y$ leur bouquet. Les ouverts U et V, construits dans la preuve de la Proposition 3.15, forment un recouvrement de $X \vee Y$. L'ouvert U se rétracte par déformation sur X, l'ouvert V sur Y et l'ouvert $U \cap V$ sur le point de base. La suite exacte longue d'homologie réduite de Mayer-Vietoris fournit alors, pour tout $n \geq 0$, un isomorphisme

$$\widetilde{H}_n(X \vee Y) \cong \widetilde{H}_n(X) \oplus \widetilde{H}_n(Y) .$$

Si A est une partie d'un espace X, nous notons $\overline{A}$ l'adhérence de A et $\operatorname{Int} A$ son intérieur.

Corollaire 6.9 (Théorème d'excision) *Si A et U sont deux parties d'un espace topologique X, vérifiant $\overline{U} \subset \operatorname{Int} A$, l'injection $(X \backslash U, A \backslash U) \hookrightarrow (X, A)$ induit un isomorphisme en homologie,*

$$H_*(X \backslash U, A \backslash U; R) \cong H_*(X, A; R) .$$

Ce théorème s'appelle excision car l'homologie de la paire (X, A) s'obtient en excisant U. Des conséquences concrètes de ce corollaire sont développées dans la Section 6.4.

Démonstration. Considérons le recouvrement, $\mathcal{U}$, de X, formé des ouverts $\operatorname{Int} A$ et $X \backslash \overline{U}$, ainsi que le recouvrement, $\mathcal{U}_A$, de A, formé de $\operatorname{Int} A$ et $A \backslash \overline{U}$. Les inclusions $S_*^{\mathcal{U}_A}(A) \to S_*(A)$ et $S_*^{\mathcal{U}}(X) \to S_*(X)$ fournissent un diagramme commutatif de morphismes de complexes de chaînes, à lignes exactes,

$$\begin{array}{ccccccccc}
0 & \longrightarrow & S_*^{\mathcal{U}_A}(A) & \longrightarrow & S_*^{\mathcal{U}}(X) & \longrightarrow & S_*^{\mathcal{U}}(X)/S_*^{\mathcal{U}_A}(A) & \longrightarrow & 0 \\
 & & \downarrow & & \downarrow & & \downarrow{\scriptstyle \varphi} & & \\
0 & \longrightarrow & S_*(A) & \longrightarrow & S_*(X) & \longrightarrow & S_*(X,A) & \longrightarrow & 0,
\end{array}$$

où φ est obtenu par passage au quotient. Le Théorème 6.6 et le lemme des 5 impliquent que φ induit un isomorphisme en homologie. Remarquons $S_*^{\mathcal{U}}(X) = S_*(\operatorname{Int} A) + S_*(X\backslash\overline{U})$ et $S_*^{\mathcal{U}_A}(A) = S_*(\operatorname{Int} A) + S_*(A\backslash\overline{U})$, où la somme des sous-espaces vectoriels n'est pas directe. Cette décomposition entraîne $S_*^{\mathcal{U}}(X)/S_*^{\mathcal{U}_A}(A) \cong S_*(X\backslash\overline{U})/S_*(A\backslash\overline{U})$.

Ce que nous venons de faire avec (X, A) et $(\operatorname{Int} A, X\backslash\overline{U})$, nous le recommençons avec $(X\backslash U, A\backslash U)$ et $(\operatorname{Int}(A\backslash U), X\backslash\overline{U})$. Nous obtenons un morphisme de chaînes $S_*^{\mathcal{U}}(X\backslash U)/S_*^{\mathcal{U}_{A\backslash U}}(A\backslash U) \to S_*(X\backslash U, A\backslash U)$, induisant un isomorphisme en homologie, et un isomorphisme $S_*^{\mathcal{U}}(X\backslash U)/S_*^{\mathcal{U}_{A\backslash U}}(A\backslash U) \cong S_*(X\backslash\overline{U})/S_*(A\backslash\overline{U})$.

En regroupant les deux étapes, nous avons les isomorphismes suivants,

$$H_*(X, A) \cong H_*(X\backslash\overline{U}, A\backslash\overline{U}) \cong H_*(X\backslash U, A\backslash U).$$

Un passage au complémentaire permet d'exprimer le théorème d'excision sous une forme différente.

Corollaire 6.10 *Si X est un espace topologique, A et B deux parties de X dont les intérieurs recouvrent X, alors l'inclusion $(B, A\cap B) \to (X, A)$ induit un isomorphisme $H_*(B, A\cap B; R) \cong H_*(X, A; R)$.*

Démonstration. Posons $U = X\backslash B$. De $\operatorname{Int} B \subset B$, on déduit $X\backslash B \subset X\backslash \operatorname{Int} B$ et $\overline{U} = \overline{X\backslash B} \subset X\backslash\operatorname{Int} B \subset \operatorname{Int} A$, car $X\backslash\operatorname{Int} B$ est fermé et $X = \operatorname{Int} A \cup \operatorname{Int} B$. L'hypothèse du Corollaire 6.9 est donc vérifiée. Il suffit maintenant de remarquer que $X\backslash U = B$ et $A\backslash U = A\backslash(X\backslash B) = A\cap B$ pour obtenir l'isomorphisme annoncé.

Le résultat suivant est une excision cellulaire, cf. la Section 2.2 pour les définitions et propriétés d'espaces cellulaires.

Proposition 6.11 *Si l'espace X est obtenu à partir de A par adjonction d'un nombre fini de cellules, alors la projection $p\colon X \to X/A$ induit un isomorphisme $H_*(p)\colon H_*(X, A; R) \to H_*(X/A, \{A\}; R) \cong \widetilde{H}_*(X/A; R)$.*

Démonstration. Appelons *cône sur* A, l'espace $CA = A \times [0,1]/A \times \{1\}$ et posons

$$X \cup_A CA = (X \times \{0\}) \cup_{A \times \{0\}} CA\,.$$

Notons $[a,t] \in CA$ la classe d'équivalence de $(a,t) \in A \times [0,1]$. L'espace $X \cup_A CA$ admet un recouvrement, $\mathcal{U}$, formé des ouverts U et V suivants, $U = X \cup \{[a,t] \mid a \in A \text{ et } t < \frac{3}{4}\}$ et $V = \{[a,t] \mid a \in A \text{ et } t > \frac{1}{2}\}$. L'ouvert U se rétracte sur X par une équivalence d'homotopie, ψ, qui envoie $[a,t]$ sur $[a,0] \in X$. L'ouvert V se rétracte par déformation sur $\{[a,1] \mid a \in A\}$ qui est un point dans CA. L'ouvert $U \cap V$ se rétracte par déformation sur $\{[a,5/8] \mid a \in A\}$ qui est homéomorphe à A. Considérons maintenant le diagramme commutatif suivant de complexes de chaînes, à lignes exactes,

$$\begin{array}{ccccccccc}
0 & \longrightarrow & \widetilde{S}_*(U \cap V) & \longrightarrow & \widetilde{S}_*(U) \oplus \widetilde{S}_*(V) & \longrightarrow & \widetilde{S}^{\mathcal{U}}_*(X \cup_A CA) & \longrightarrow & 0 \\
 & & \big\downarrow {\scriptstyle S_*(\psi)} & & \big\downarrow {\scriptstyle S_*(\psi)\oplus 0} & & \big\downarrow {\scriptstyle \overline{\psi}} & & \\
0 & \longrightarrow & \widetilde{S}_*(A) & \longrightarrow & \widetilde{S}_*(X) & \longrightarrow & S_*(X,A) & \longrightarrow & 0,
\end{array}$$

dans lequel la première ligne est la suite exacte courte du théorème de Mayer-Vietoris (cf. Corollaire 6.8) et la flèche $\overline{\psi}$ est obtenue par passage au quotient. La détermination des types d'homotopie de U, V et $U \cap V$ faite précédemment montre que les deux flèches verticales, situées à gauche et au centre, induisent des isomorphismes en homologie. L'application du lemme des 5 implique que $\overline{\psi}$ induit aussi un isomorphisme en homologie.

D'autre part, l'espace CA se rétracte sur $\{[a,1] \mid a \in A\}$ identifié à un point dans CA ; il est donc contractile. L'espace $X \cup_A CA$ étant construit à partir de CA par adjonction d'un nombre fini de cellules, le Corollaire 2.9 entraîne que l'application quotient, $X \cup_A CA \to X \cup_A CA/CA = X/A$, induit un isomorphisme en homologie. La commutativité du diagramme suivant et la Proposition 6.5 permettent alors de conclure que $H_*(p)$ est un isomorphisme.

$$\begin{array}{ccccc}
\widetilde{H}_*(S^{\mathcal{U}}_*(X \cup_A CA)) & \xrightarrow{\cong} & \widetilde{H}_*(X \cup_A CA) & \xrightarrow{\cong} & \widetilde{H}_*(X/A) \\
{\scriptstyle \overline{\psi}}\big\downarrow{\scriptstyle \cong} & & & & {\scriptstyle \cong}\big\downarrow{\scriptstyle H_*(q_{X/A})} \\
H_*(X,A) & & \xrightarrow{\quad H_*(p) \quad} & & H_*(X/A,\{A\}).
\end{array}$$

Corollaire 6.12 *Soit K un complexe simplicial obtenu à partir du complexe simplicial L par l'ajout d'un simplexe de dimension n, dont le bord est entièrement contenu dans L. Alors la projection $p\colon K \to K/L$ induit un isomorphisme en homologie singulière, $H_*(p)\colon H_*(K,L;R) \to H_*(K/L,\{L\};R) \cong \widetilde{H}_*(K/L;R)$.*

Démonstration. Le simplexe ajouté étant homéomorphe à une boule dont le bord est inclus dans L, la paire (K, L) vérifie les hypothèses de la Proposition 6.11 et le résultat s'ensuit.

6.3 HOMOLOGIE SINGULIÈRE ET HOMOLOGIE SIMPLICIALE

Pour tout complexe simplicial fini, K, nous avons construit deux complexes de chaînes,

- le complexe des chaînes simpliciales sur K, noté $C_*(K; R)$,
- le complexe des chaînes singulières sur l'espace topologique sous-jacent à K, noté $S_*(K; R)$.

Le but de cette section est de comparer l'homologie de ces deux complexes, le théorème fondamental s'énonçant comme suit.

Théorème 6.13 *Si K est un complexe simplicial fini, il existe un morphisme de complexes de chaînes, $\varphi_K \colon C_*(K; R) \to S_*(K; R)$, induisant un isomorphisme en homologie.*

Démonstration. Fixons un ordre sur les sommets de K. Pour chaque simplexe $\langle a_1, \ldots, a_p \rangle$ de K, tel que $a_1 < a_2 < \ldots < a_p$, notons $\sigma_{\langle a_1,\ldots,a_p\rangle} \colon \Delta^{p-1} \to K$ le simplexe singulier de K défini par

$$\sigma_{\langle a_1,\ldots,a_p\rangle}\left(\sum_{i=1}^{p} t_i e_i\right) = \sum_{i=1}^{p} t_i a_i \,.$$

Par construction, il vérifie $\sigma_{\langle a_1,\ldots,a_p\rangle} \circ \varepsilon^i_{p-1} = \sigma_{\langle a_1,\ldots,\widehat{a_i},\ldots,a_p\rangle}$, pour tout $i = 1, \ldots, p$. En conséquence, l'application $\varphi_K \colon C_*(K; R) \to S_*(K; R)$ définie par $\varphi_K(\langle a_1, \ldots, a_p \rangle) = \sigma_{\langle a_1,\ldots,a_p\rangle}$ est un morphisme de complexes de chaînes. Nous allons montrer, par récurrence sur la dimension de K, que φ_K induit un isomorphisme en homologie.

Lorsque K est une réunion disjointe de points, φ_K envoie les 0-simplexes $\langle a_i \rangle$ sur un ensemble de cycles de $S_0(K; R)$, représentant une base de $H_0(K; R)$. L'application φ_K induit donc un isomorphisme en homologie lorsque K est de dimension 0.

Supposons le résultat vrai pour les complexes simpliciaux de dimension strictement plus petite que n et considérons, en premier lieu, le cas particulier où $K = \langle a_1, \ldots, a_{n+1} \rangle$. L'injection canonique $\partial K \to K$ et l'application φ_K engendrent le diagramme commutatif suivant, de morphismes de complexes de chaînes, à lignes exactes,

$$\begin{array}{ccccccccc}
0 & \longrightarrow & C_*(\partial K;R) & \longrightarrow & C_*(K;R) & \longrightarrow & R\cdot\langle a_1,\dots,a_{n+1}\rangle & \longrightarrow & 0\\
 & & \downarrow{\scriptstyle \varphi_{\partial K}} & & \downarrow{\scriptstyle \varphi_K} & & \downarrow{\scriptstyle \overline{\varphi}} & & \\
0 & \longrightarrow & S_*(\partial K;R) & \longrightarrow & S_*(K,R) & \longrightarrow & S_*(K,\partial K;R) & \longrightarrow & 0,
\end{array}$$

dans lequel le carré de gauche commute par définition de φ_K et $\varphi_{\partial K}$, et où la colonne de droite est obtenue par passage au quotient. Comme $H_q(\Delta^n) = H_q(C_*(\Delta^n)) = 0$ pour $q > 0$, et $H_0(\Delta^n) = H_0(C_*(\Delta^n)) = R$, l'homomorphisme $H_*(\varphi_K)$ est un isomorphisme. Par l'hypothèse de récurrence, $H_*(\varphi_{\partial K})$ est aussi un isomorphisme. Par le lemme des 5, il en est donc de même pour $H_*(\overline{\varphi})$.

La démonstration du pas de récurrence s'effectue maintenant en ajoutant un seul n-simplexe à la fois. Considérons donc un complexe simplicial M, de dimension inférieure ou égale à n, pour lequel $H_*(\varphi_M)$ est un isomorphisme, et L un complexe simplicial obtenu en ajoutant à M un n-simplexe, $K = \langle a_1,\dots,a_{n+1}\rangle$, dont toutes les faces sont dans M. Nous en déduisons un diagramme commutatif de morphismes de chaînes, à lignes exactes,

$$\begin{array}{ccccccccc}
0 & \longrightarrow & C_*(M;R) & \longrightarrow & C_*(L;R) & \longrightarrow & R\cdot\langle a_1,\dots,a_{n+1}\rangle & \longrightarrow & 0\\
 & & \downarrow{\scriptstyle \varphi_M} & & \downarrow{\scriptstyle \varphi_L} & & \downarrow{\scriptstyle \varphi_{M,L}} & & \\
0 & \longrightarrow & S_*(M;R) & \longrightarrow & S_*(L;R) & \longrightarrow & S_*(L,M;R) & \longrightarrow & 0.
\end{array}$$

Rappelons que $H_*(\varphi_M)$ est un isomorphisme donc, si nous montrons que $H_*(\varphi_{M,L})$ est un isomorphisme, une nouvelle utilisation du lemme des 5 entraînera que $H_*(\varphi_L)$ est un isomorphisme. L'injection i de $(K,\partial K)$ dans (L,M) induit un morphisme $S_*(i)\colon S_*(K,\partial K;R) \to S_*(L,M;R)$ tel que $\varphi_{M,L} = S_*(i)\circ\overline{\varphi}$. En faisant intervenir les applications q_K et q_L de la Proposition 6.5 nous obtenons le diagramme commutatif suivant,

$$\begin{array}{ccc}
R\cdot\langle a_1,\dots,a_{n+1}\rangle & \overset{\varphi_{M,L}}{\searrow} & \\
\downarrow{\scriptstyle \overline{\varphi}} & & \\
S_*(K,\partial K;R) & \underset{S_*(i)}{\longrightarrow} & S_*(L,M;R)\\
\downarrow{\scriptstyle q_K} & & \downarrow{\scriptstyle q_L}\\
S_*(K/\partial K,\{\partial K\};R) & = & S_*(L/M,\{M\};R)
\end{array}$$

Dans ce diagramme, $H_*(q_K)$ et $H_*(q_L)$ sont des isomorphismes d'après la Proposition 6.5, et $H_*(\overline{\varphi})$ est un isomorphisme d'après ce qui précède. En conséquence, $H_*(\varphi_{M,L})$ est aussi un isomorphisme, ce qui termine la preuve.

Définition 6.14 *Si X est un espace topologique, on appelle* triangulation de X *un complexe simplicial fini K homéomorphe à X.*

Le Théorème 6.13 implique, en particulier, que deux triangulations d'un même espace topologique ont des homologies simpliciales isomorphes. Il donne aussi une méthode de calcul de l'homologie singulière d'un espace topologique, à savoir trianguler l'espace et calculer l'homologie simpliciale associée.

Notons également que le Théorème 6.13 est vrai pour un complexe simplicial quelconque. La preuve (cf. [43, Page 191]) utilise une limite sur les sous-complexes ayant un nombre fini de simplexes, technique que nous n'avons pas développée ici.

6.4 APPLICATIONS DES THÉORÈMES D'EXCISION

Comme nous l'avons déjà remarqué, la détermination de l'homologie simpliciale a l'avantage de n'utiliser que des objets élémentaires d'algèbre linéaire mais présente l'inconvénient de calculs longs et fastidieux. Les théorèmes d'excision nous fournissent une méthode plus conceptuelle, que nous allons mettre en pratique dans cette section. Commençons par l'homologie réduite des sphères.

Théorème 6.15 *Pour tout $n \geq 0$, on a,*

$$\widetilde{H}_p(S^n; R) = \begin{cases} R & \textit{si } p = n, \\ 0 & \textit{autrement.} \end{cases}$$

Démonstration. Le théorème se démontre par récurrence sur l'entier n. L'espace S^0 étant constitué de deux points, on sait que $H_p(S^0; R) = 0$ pour $p > 0$ et $H_0(S^0; R) = R^2$. Si σ_1 et σ_{-1} sont les applications de $\Delta^0 = \{e_1\}$ dans $S^0 = \{-1, 1\}$, d'image 1 et -1 respectivement, on a $H_0(S^0; R) = R[\sigma_1] \oplus R[\sigma_{-1}]$. En particulier, $\widetilde{H}_0(S^0)$ est le R-module libre de rang 1 engendré par le cycle $(\sigma_{-1} - \sigma_1)$. Le résultat est donc vrai pour la sphère S^0.

Supposons le résultat vrai pour la sphère S^{n-1}. Nous reprenons le recouvrement $\mathcal{U}$ de la sphère S^n par deux ouverts, déjà étudié dans le Théorème 1.36 :

$$\begin{aligned} U &= \left\{(x_1, \dots, x_{n+1}) \in S^n \mid x_{n+1} > -\frac{1}{2}\right\}, \\ V &= \left\{(x_1, \dots, x_{n+1}) \in S^n \mid x_{n+1} < \frac{1}{2}\right\}. \end{aligned}$$

Les ouverts U et V se rétractent par déformation sur les pôles $(0, \dots, 0, 1)$ et $(0, \dots, 0, -1)$, respectivement. L'ouvert $U \cap V$ se rétracte par déformation sur $\{(x_1, \dots, x_n, 0) \in S_n\}$, homéomorphe à S^{n-1}. La longue suite exacte d'homologie de Mayer-Vietoris (cf. Corollaire 6.8) se réduit donc à

$$0 \longrightarrow \widetilde{H}_p(S^n; R) \xrightarrow{\delta} \widetilde{H}_{p-1}(S^{n-1}; R) \longrightarrow 0.$$

En conséquence, le connectant δ est un isomorphisme et le résultat s'ensuit.

Homologie d'un bouquet de cercles. Soit C_n un bouquet de n cercles. L'itération du calcul de l'homologie d'un bouquet de deux espaces (cf. Page 164) et le résultat précédent donnent :

$$H_q(C_n; R) = \begin{cases} R & \text{si } q = 0, \\ R^n & \text{si } q = 1, \\ 0 & \text{si } q > 1. \end{cases}$$

Le Théorème 6.15 et la Proposition 5.32 impliquent directement les propriétés suivantes.

Corollaire 6.16 *Si $n \neq m$, les sphères S^n et S^m n'ont pas le même type d'homotopie. Pour tout n, la sphère S^n n'est pas un rétracte de la boule E^{n+1}.*

➤ **Générateur de $H_1(S^1; R)$**

Étudions le cas particulier $\delta\colon \widetilde{H}_1(S^1; R) \to \widetilde{H}_0(S^0; R)$ afin de déterminer un générateur de $H_1(S^1; R)$. Nous reprenons les notations de la preuve du Théorème 6.15. Définissons deux applications continues, σ et τ, de $\Delta^1 = [0, 1]$ dans S^1, par $\sigma(t_1, t_2) = e^{i\pi t_2}$ et $\tau(t_1, t_2) = -e^{i\pi t_2}$. On a $\sigma + \tau \in S_1^{\mathcal{U}}(S^1)$ et $d(\sigma + \tau) = \sigma(1) - \sigma(0) + \tau(1) - \tau(0) = 0$; ainsi $(\sigma + \tau)$ est un cycle de $S_1^{\mathcal{U}}(S^1)$. Pour déterminer l'image de la classe $[\sigma + \tau]$ par le connectant δ, revenons aux suites exactes courtes de complexes donnant naissance à la suite de Mayer-Vietoris (cf. le diagramme (6.1) Page 163) et utilisons la construction du connectant établie au Chapitre 5 :
on calcule le bord de $(\sigma + \tau)$ dans le complexe $\widetilde{S}_*(U) + \widetilde{S}_*(V)$, i.e., $d(\sigma + \tau) = (\sigma_{-1} - \sigma_1, \sigma_1 - \sigma_{-1})$. Ensuite, on remarque que c'est l'image de $(\sigma_{-1} - \sigma_1) \in \widetilde{S}_*^{\mathcal{U}}(U \cap V)$ par $\widetilde{S}_*(i_U) - \widetilde{S}_*(i_V)$, donc, par définition, on a :

$$\delta[\sigma + \tau] = [\sigma_{-1} - \sigma_1].$$

Ce dernier étant un générateur de $\widetilde{H}_0(S^0)$, comme nous l'avons déjà remarqué dans la preuve du Théorème 6.15, la classe $[\sigma + \tau]$ est un générateur de $H_1(S^1; R)$. Le lemme suivant fournit un autre générateur, se présentant sous la forme d'un simplexe et non d'une chaîne de simplexes.

Lemme 6.17 *Si ω et ω' sont deux chemins dans un espace X, tels que $\omega(1) = \omega'(0)$, alors le cycle $\omega + \omega' - \omega.\omega'$ est un bord.*

Démonstration. Considérons la projection ρ du simplexe Δ^2 sur la réunion des faces $\langle e_1, e_2\rangle$ et $\langle e_2, e_3\rangle$, parallèlement à la droite joignant e_2 au milieu $(e_1+e_3)/2$ de $\langle e_1, e_3\rangle$. Nous construisons une application continue $\varphi\colon \Delta^2 \to X$ de la façon suivante :

- $\varphi = \omega$ sur $\langle e_1, e_2\rangle$,
- $\varphi = \omega'$ sur $\langle e_2, e_3\rangle$,
- et $\varphi = \varphi \circ \rho$ sur le reste du simplexe, cf. Exercice 6.11 pour une valeur explicite.

La restriction de φ à $\langle e_1, e_3\rangle$ est le composé $\omega.\omega'$; le bord du 2-simplexe φ est donc la chaîne $\omega + \omega' - \omega.\omega'$, ce qui termine la preuve.

Revenons à l'étude du générateur de $H_1(S^1; R)$. L'application $\mu\colon \Delta^1 \to S^1$, définie par $\mu(t_1, t_2) = e^{2\pi i t_2}$, est un chemin égal au composé $\sigma.\tau$. D'après le lemme précédent, elle est homologue à $\sigma + \tau$; c'est donc aussi un générateur du R-module $H_1(S^1; R)$.

Définition 6.18 *Le* degré *d'une application continue, $f\colon S^n \to S^n$, est l'unique entier, $\deg f$, tel que $\widetilde{H}_n(f)(z) = (\deg f)\, z$, pour tout $z \in \widetilde{H}_n(S^n;\mathbb{Z})$.*

Deux applications homotopes ont donc même degré et le degré d'une équivalence d'homotopie est ± 1. Remarquons également que, par définition, on a $\deg \mathrm{id} = 1$, $\deg(g\circ f) = (\deg g)(\deg f)$, si g et f sont composables, et $\deg f = 0$, si f est homotope à une application constante.

Proposition 6.19 *Si $f\colon S^1 \to S^1$ est une application continue, les deux notions de degré, introduits dans les définitions 1.24 et 6.18, coïncident.*

Démonstration. Notons provisoirement $d(f)$ le degré de la Définition 6.18 et gardons la notation $\deg f$ pour celui de la Définition 1.24. Nous savons que toute application continue, $f\colon S^1 \to S^1$, est homotope à une application $z \mapsto z^m$, pour un certain m. Il suffit donc de montrer que les degrés d'une telle application coïncident. On sait déjà que $\deg(z \mapsto z^m) = m$. Pour $m = 1$, cette application est l'identité, donc $d(z \mapsto z) = 1$. Soit $m > 0$. Si μ désigne le générateur de $H_1(S^1;\mathbb{Z})$ décrit ci-dessus et $f(z) = z^m$, alors on a $H_1(f)(\mu) = \mu.\mu\ldots\mu$, m fois, ce qui implique (grâce au Lemme 6.17) $H_1(f)(\mu) = m\mu$ et $d(f) = m$. Un raisonnement identique à partir du chemin inverse, $\overline{\mu}$, donne le résultat si $m < 0$.

Dans le cas $n = 1$, on sait que deux applications de S^1 dans S^1 ont même degré si, et seulement si, elles sont homotopes. Ce résultat est vrai pour tout n ; nous y revenons dans le Chapitre 7, cf. Corollaire 7.19. Précisons le degré des symétries orthogonales par rapport à un hyperplan.

Proposition 6.20 *Toute réflexion orthogonale linéaire de* $\mathbb{R}^{n+1}$ *induit une application de degré* -1 *sur la sphère* S^n.

Démonstration. Soit $e \in S^n$ et H_e le sous-espace vectoriel de $\mathbb{R}^{n+1}$ orthogonal à e. La symétrie orthogonale par rapport à l'hyperplan H_e est définie par $S_e(x) = x - 2\langle e, x\rangle\, e$. Par exemple, si $(e_1, \ldots, e_{n+1})$ est la base canonique de $\mathbb{R}^{n+1}$, alors $S_{e_1}(x_1, x_2, \ldots, x_{n+1}) = (-x_1, x_2, \ldots, x_{n+1})$. La sphère S^n étant connexe par arcs, il existe un chemin $c\colon [0,1] \to S^n$, tel que $c(0) = e_1$ et $c(1) = e$. Ce chemin permet de construire une homotopie, $H\colon S^n \times [0,1] \to S^n$, entre S_{e_1} et S_e, par $H(x,t) = x - 2\langle c(t), x\rangle\, c(t)$. Il suffit donc de déterminer le degré de S_{e_1} et, pour cela, nous raisonnons par récurrence sur la dimension de la sphère.

En dimension 0, on a $H_0(S_{e_1})([\sigma_{-1} - \sigma_1]) = [\sigma_1 - \sigma_{-1}]$ et le degré de S_{e_1} est égal à -1. Supposons maintenant le résultat vrai pour tout p, $p < n$. Comme la symétrie S_{e_1} préserve les ouverts U et V introduits dans la preuve du Théorème 6.15, elle induit un diagramme commutatif à lignes exactes,

$$\begin{array}{ccccccc}
0 & \longrightarrow & H_n(S^n) & \xrightarrow[\cong]{\delta} & H_{n-1}(S^{n-1}) & \longrightarrow & 0 \\
 & & \Big\downarrow {\scriptstyle H_n(S_{e_1})} & & \Big\downarrow {\scriptstyle H_{n-1}(S_{e_1})} & & \\
0 & \longrightarrow & H_n(S^n) & \xrightarrow[\cong]{\delta} & H_{n-1}(S^{n-1}) & \longrightarrow & 0,
\end{array}$$

ce qui implique immédiatement le résultat.

Proposition 6.21 *L'application antipode,* $\mathcal{A}\colon S^n \to S^n$, *définie par* $\mathcal{A}(x) = -x$, *est de degré* $(-1)^{n+1}$.

Démonstration. Il suffit de remarquer, $\mathcal{A} = S_{e_1} \circ S_{e_2} \circ \ldots \circ S_{e_{n+1}}$.

Le résultat suivant généralise, en toute dimension n, un résultat établi pour $n = 1$ dans l'Exercice 4.6.

Proposition 6.22 *Toute application continue,* $f\colon S^n \to S^n$, *sans point fixe est homotope à l'application antipode.*

Démonstration. Si $x \in S^n$, les points $-x$ et $f(x)$ ne sont pas opposés et l'origine n'appartient pas au segment d'extrémités $-x$ et $f(x)$. L'application, H, suivante, est donc bien définie de $S^n \times [0,1]$ dans S^n,

$$H(x,t) = \frac{(1-t)f(x) - tx}{\|(1-t)f(x) - tx\|}\,.$$

C'est une homotopie entre f et l'application antipode $\mathcal{A}$.

Dans le cas d'une sphère paire, ce résultat admet la variante ci-après.

Proposition 6.23 *Pour toute application continue, $f\colon S^{2n} \longrightarrow S^{2n}$, sans point fixe, il existe $x_0 \in S^n$ tel que $f(x_0) = -x_0$.*

Démonstration. Si f n'a pas de point fixe, alors f est homotope à l'application antipode et $\deg f = -1$. Supposons $f(x) \neq -x$, pour tout $x \in S^{2n}$, alors $\mathcal{A} \circ f$ n'a pas de point fixe, donc $\mathcal{A} \circ f$ est homotope à l'application antipode, ce qui implique $\deg f = 1$. Nous avons obtenu une contradiction ; il existe donc au moins un point $x_0 \in S^{2n}$ tel que $f(x_0) = -x_0$.

Ce résultat implique la propriété suivante, que nous interprétons géométriquement ensuite.

Corollaire 6.24 *Il n'existe pas d'application continue, $f\colon S^{2n} \longrightarrow S^{2n}$, telle que x est orthogonal à $f(x)$, pour tout $x \in S^{2n}$.*

Démonstration. Supposons qu'une telle application f existe. Elle ne peut avoir de point fixe car $f(x) = x$ implique $\langle f(x), x\rangle = \|x\|^2 = 1$. Il existe donc un point x_0 tel que $f(x_0) = -x_0$. Mais ceci implique $\langle f(x_0), x_0\rangle = -1$, ce qui contredit $\langle f(x), x\rangle = 0$ pour tout $x \in S^{2n}$.

Le fibré tangent à la sphère S^n est le sous-espace $T(S^n)$ de $\mathbb{R}^{2(n+1)}$ défini par

$$T(S^n) = \{(x, \vec{v}) \in \mathbb{R}^{n+1} \times \mathbb{R}^{n+1} \mid x \in S^n,\ \langle x, \vec{v}\rangle = 0\}.$$

On note $(x, \vec{v})$ un élément de $T(S^n)$, utilisant $\mathbb{R}^{n+1}$ à la fois comme espace affine et comme espace vectoriel. Le vecteur $\vec{v}$ est alors un vecteur tangent à la sphère S^n au point x.

Associer à chaque élément $(x, \vec{v}) \in T(S^n)$ son point de base x, définit une application continue $p\colon T(S^n) \longrightarrow S^n$, i.e., $p(x, \vec{v}) = x$. Par définition, un *champ de vecteurs sur S^n* est une section continue de p, c'est-à-dire une application continue $\vec{v}\colon S^n \longrightarrow T(S^n)$, $x \mapsto (x, \vec{v}_x)$. On appelle *singularité du champ de vecteurs tangents $\vec{v}$*, un point x pour lequel $\vec{v}_x = \vec{0}$. Pour $n = 2$, le résultat suivant est l'impossibilité de peigner une boule chevelue sans tourbillon, mentionnée dans l'introduction.

Théorème 6.25 *La sphère S^n admet un champ de vecteurs tangents sans singularité si, et seulement si, l'entier n est impair.*

Démonstration. Si n est impair, $n = 2m - 1$, on définit un champ de vecteurs tangents sans singularité en posant $\vec{v}_x = (x_2, -x_1, \ldots, , x_{2m}, -x_{2m-1})$, si $x = (x_1, x_2, \ldots, x_{2m}) \in S^{2m-1}$.

Inversement si $\vec{v}$ est un champ de vecteurs sans singularité, $f(x) = \dfrac{\vec{v}_x}{\|\vec{v}_x\|}$ définit une application continue, $f : S^n \to S^n$, telle que $\langle x, f(x)\rangle = 0$, pour tout $x \in S^n$. Ceci est impossible si n est pair d'après le Corollaire 6.24.

Remarque : Le nombre maximum $\rho(n)$, de champs de vecteurs tangents à la sphère S^{n-1}, linéairement indépendants en chaque point, peut être déterminé de façon explicite. Si $n = (2a + 1)2^b$ avec $b = c + 4d$, $0 \leq c \leq 3$, on a $\rho(n) + 1 = 2^c + 8d$. C'est un théorème de Hurwitz, Radon, Eckman et Adams, cf. [2].

L'homologie réduite d'une sphère est bien particulière, n'ayant qu'un seul groupe non nul. Cette spécificité a permis la définition de degré d'une application de S^n dans S^n. Nous montrons maintenant que, dans le cas d'une variété, l'homologie relative, par rapport au complémentaire d'un point, est isomorphe à l'homologie réduite d'une sphère. Cette propriété permet de définir la notion de degré d'une application en un point, cf. [22, §2.2] pour plus de détails.

Proposition 6.26 *Pour toute variété M de dimension m et tout point $x \in M$, on a :*

$$H_q(M, M\backslash\{x\}; R) = \begin{cases} R & \textit{si } q = m, \\ 0 & \textit{autrement.} \end{cases}$$

Démonstration. Rappelons que, par définition d'une variété, tout point $x \in M$ admet un voisinage fermé D, homéomorphe à une boule fermée E^m. Le complémentaire $M\backslash D$ est alors un ouvert dont l'adhérence est incluse dans le complémentaire $M\backslash\{x\}$. Le théorème d'excision (cf. Corollaire 6.9) s'applique donc et l'on a $H_q(M, M\backslash\{x\}; R) \cong H_q(D, D\backslash\{x\}; R) \cong H_q(E^m, S^{m-1}; R)$, car $D\backslash\{x\} \cong E^m\backslash\{0\}$ a le type d'homotopie de S^{m-1}. La suite exacte longue d'homologie relative de la paire (E^m, S^{m-1}) donne :

$$H_q(E^m, S^{m-1}; R) = \begin{cases} R & \text{si } q = m, \\ 0 & \text{autrement,} \end{cases}$$

ce qui termine la preuve.

Par définition, une orientation en $x \in M$ est la donnée d'un générateur de $H_m(M, M\backslash\{x\}; \mathbb{Z}) = \widetilde{H}_{m-1}(D\backslash\{x\}; \mathbb{Z}) \cong \mathbb{Z}$. Il existe donc deux orientations en un point donné.

Revisitons le *théorème d'invariance de la dimension,* démontré au Chapitre 1 (cf. Théorème 1.34) dans le cas du plan.

Théorème 6.27 *Si $n \neq m$, un ouvert U de $\mathbb{R}^m$ ne peut être homéomorphe à un ouvert V de $\mathbb{R}^n$.*

Démonstration. Si x est un point de U, alors $\mathcal{U} = \{U, \mathbb{R}^m \backslash \{x\})$ est un recouvrement ouvert de $\mathbb{R}^m$ et le théorème d'excision (cf. Corollaire 6.10) donne l'isomorphisme $H_*(U, U\backslash\{x\}; R) \cong H_*(\mathbb{R}^m, \mathbb{R}^m\backslash\{x\}; R)$. De même, si $y \in V$, on a $H_*(V, V\backslash\{y\}; R) \cong H_*(\mathbb{R}^n, \mathbb{R}^n\backslash\{y\}; R)$.

Sil existe un homéomorphisme entre U et V, alors on a $H_*(U, U\backslash\{x\}; R) \cong H_*(V, V\backslash\{f(x)\}; R)$. La Proposition 6.26 implique alors $n = m$.

6.5 HOMOLOGIE CELLULAIRE

Dans cette section, nous introduisons un nouveau complexe de chaînes permettant de calculer l'homologie d'un espace cellulaire. Commençons par étudier l'influence de l'attachement d'une cellule sur l'homologie singulière.

Proposition 6.28 *Soit $f\colon S^{n-1} \to X$ une application continue et $Y = X \cup_f e^n$ l'espace obtenu en ajoutant une n-cellule à X le long de f. Les homologies réduites de X et Y, à coefficients dans R, sont reliées ainsi :*

- $\widetilde{H}_q(X) \cong \widetilde{H}_q(Y)$, *si $q \neq n$ et $q \neq n-1$;*
- *on a une suite exacte,*

$$0 \longrightarrow \widetilde{H}_n(X) \longrightarrow \widetilde{H}_n(Y) \longrightarrow \widetilde{H}_{n-1}(S^{n-1}) \xrightarrow{\widetilde{H}_{n-1}(f)} \widetilde{H}_{n-1}(X) \longrightarrow \widetilde{H}_{n-1}(Y) \longrightarrow 0.$$

Démonstration. L'application continue $f\colon S^{n-1} \to X$ se prolonge en $\hat{f}\colon E^n \to Y$, d'où un morphisme de suites exactes entre les suites d'homologie relatives,

$$\begin{array}{ccccccccc}
\longrightarrow & \widetilde{H}_q(X) & \longrightarrow & \widetilde{H}_q(Y) & \longrightarrow & H_q(Y,X) & \longrightarrow & \widetilde{H}_{q-1}(X) & \longrightarrow \\
& \uparrow{\scriptstyle \widetilde{H}_q(f)} & & \uparrow{\scriptstyle \widetilde{H}_q(\hat{f})} & & \uparrow{\scriptstyle \cong} & & \uparrow{\scriptstyle \widetilde{H}_{q-1}(f)} & \\
\longrightarrow & \widetilde{H}_q(S^{n-1}) & \longrightarrow & \widetilde{H}_q(E^n) & \longrightarrow & H_q(E^n, S^{n-1}) & \xrightarrow{\cong} & \widetilde{H}_{q-1}(S^{n-1}) & \longrightarrow
\end{array} \tag{6.2}$$

Par construction de Y, on a $Y/X \cong E^n/S^{n-1} \cong S^n$ et la Proposition 6.11 implique alors $H_q(Y, X) = \widetilde{H}_q(Y/X) \cong \widetilde{H}_q(S^n) \cong H_q(E^n, S^{n-1})$. Pour $q \neq n$ et $q \neq n-1$, la nullité de l'homologie réduite des sphères permet de décomposer en tronçons la suite exacte de la ligne supérieure,

$$0 \longrightarrow \widetilde{H}_q(X) \longrightarrow \widetilde{H}_q(Y) \longrightarrow 0,$$

qui donnent les isomorphismes de la première assertion. Le tronçon manquant est la suite exacte

$$0 \longrightarrow \widetilde{H}_n(X) \longrightarrow \widetilde{H}_n(Y) \longrightarrow H_{n-1}(Y, X) \longrightarrow \widetilde{H}_{n-1}(X) \longrightarrow \widetilde{H}_{n-1}(Y) \longrightarrow 0.$$

Pour obtenir le résultat, il reste à remplacer $H_{n-1}(Y, X)$ par $\widetilde{H}_{n-1}(S^{n-1})$ en suivant les isomorphismes du diagramme (6.2) ci-dessus.

Attacher une n-cellule à un espace ne modifie donc l'homologie qu'en degré $(n-1)$ et n, et ce changement est contrôlé par une suite exacte.

Exemple : Homologie des surfaces. Rappelons (cf. Section 3.4) que toute surface, S, s'obtient à partir d'un bouquet de n cercles, C_n, par adjonction d'une 2-cellule le long d'une application continue, $f\colon S^1 \to C_n$, représentée par le mot associé à la surface S. En conséquence, on a $\widetilde{H}_q(S) = \widetilde{H}_q(C_n) = 0$, pour $q > 2$. Les groupes d'homologie en degrés 1 et 2 sont réglés par la suite exacte,

$$0 \longrightarrow H_2(S) \longrightarrow H_1(S^1) \xrightarrow{H_1(f)} H_1(C_n) \longrightarrow H_1(S) \longrightarrow 0.$$

Lorsque S est un tore à g trous, T_g, le mot associé à la surface est $(a_1b_1a_1^{-1}b_1^{-1})\dots(a_gb_ga_g^{-1}b_g^{-1})$. C'est la classe d'un composé de lacets dans lequel chaque lacet apparaît avec son lacet inverse. La classe d'un composé de lacets, $[\omega.\omega']$, étant égale à la somme des classes, $[\omega] + [\omega']$, l'application $H_1(f)$ est l'application nulle. En conséquence, $H_1(T_g; R) \cong H_1(C_{2g}; R) = R^{2g}$ et $H_2(T_g; R) \cong H_1(S^1; R) = R$.
Supposons maintenant que $S = \#^p P_2(\mathbb{R})$ est une somme connexe de p plans projectifs réels. Le mot associé à la surface est $a_1^2 \dots a_p^2$, d'où $H_1(f)(1) = [a_1^2 \dots a_p^2] = 2([a_1] + \dots + [a_p])$. La détermination de l'homologie dépend de l'anneau R que l'on utilise comme coefficients. Commençons avec $R = \mathbb{Z}$. L'application $H_1(f;\mathbb{Z})\colon H_1(S^1;\mathbb{Z}) = \mathbb{Z} \to H_1(C_p;\mathbb{Z}) = \mathbb{Z}^p$ est caractérisée par $H_1(f;\mathbb{Z})(1) = (2, 2, \dots, 2)$. Elle est injective, d'où $H_2(S;\mathbb{Z}) = \operatorname{Ker} H_1(f;\mathbb{Z}) = 0$. À l'aide d'un changement de base dans $\mathbb{Z}^p$, on peut écrire $H_1(f;\mathbb{Z})(1) = (2, 0, \dots, 0)$, ce qui entraîne $H_1(S;\mathbb{Z}) = \operatorname{Coker} H_1(f;\mathbb{Z}) = \mathbb{Z}/2\mathbb{Z} \oplus \mathbb{Z}^{p-1}$. Par contre, si on choisit $R = \mathbb{Z}/2\mathbb{Z}$, l'application $H_1(f;\mathbb{Z}/2\mathbb{Z})$ est nulle, d'où $H_1(S;\mathbb{Z}/2\mathbb{Z}) = H_1(C_p;\mathbb{Z}/2\mathbb{Z}) = (\mathbb{Z}/2\mathbb{Z})^p$ et $H_2(S;\mathbb{Z}/2\mathbb{Z}) = H_1(S^1;\mathbb{Z}/2\mathbb{Z}) = \mathbb{Z}/2\mathbb{Z}$. Lorsque R est un corps dans lequel l'entier 2 est inversible, par exemple si $R = \mathbb{Q}$, alors $H_1(f; R)$ est une injection $R \hookrightarrow R \oplus R^{p-1}$ et l'on a $H_2(S; R) = 0$ et $H_1(S; R) = R^{p-1}$. En résumé, nous avons montré :

$$\begin{cases} H_1(\#^p P_2(\mathbb{R});\mathbb{Z}) = \mathbb{Z}^{p-1} \oplus \mathbb{Z}/2\mathbb{Z} & ; \quad H_2(\#^p P_2(\mathbb{R});\mathbb{Z}) = 0, \\ H_1(\#^p P_2(\mathbb{R});\mathbb{Z}/2\mathbb{Z}) = (\mathbb{Z}/2\mathbb{Z})^p & ; \quad H_2(\#^p P_2(\mathbb{R});\mathbb{Z}/2\mathbb{Z}) = \mathbb{Z}/2\mathbb{Z}, \\ H_1(\#^p P_2(\mathbb{R});\mathbb{Q}) = \mathbb{Q}^{p-1} & ; \quad H_2(\#^p P_2(\mathbb{R});\mathbb{Q}) = 0. \end{cases}$$

➤ Construction du complexe des chaînes cellulaires

Rappelons (cf. Définition 2.7) qu'un complexe cellulaire fini, X, est un espace de la forme $X = \cup_{i=0}^N X_i$, où X_0 est une réunion finie de points, et où X_n s'obtient à partir de X_{n-1} par adjonction d'un nombre fini de n-cellules le long d'applications continues $f_i\colon S^{n-1} \to X_{n-1}$. Le sous-espace X_n s'appelle le n-squelette de X ; il est la réunion de toutes les cellules de X de dimension $\leq n$.

Notons α_n le nombre de n-cellules de X. Par construction, le quotient X_n/X_{n-1} est un bouquet de α_n sphères S^n. En conséquence, pour tout anneau R, $\widetilde{H}_q(X_n/X_{n-1}; R) = 0$ si $q \neq n$, et $\widetilde{H}_n(X_n/X_{n-1}; R) = R^{\alpha_n}$. Par récurrence à partir de la Proposition 6.28, il est facile de voir que l'on a les propriétés suivantes,

- $H_q(X_n) = 0$ pour $q > n$,
- $H_q(X) \cong H_q(X_{n+1})$ si $q \leq n$,
- pour tout n, il existe une suite exacte longue,

$$0 \longrightarrow H_n(X_n) \xrightarrow{p_n} H_n(X_n, X_{n-1}) \xrightarrow{\delta_n} H_{n-1}(X_{n-1}) \xrightarrow{q_n} H_{n-1}(X_n) \longrightarrow 0, \tag{6.3}$$

extraite de la suite exacte longue de la paire (X_n, X_{n-1}).

L'Exercice 6.4 étudie les relations entre l'homologie d'un complexe cellulaire et celle de certains de ses squelettes. Nous définissons maintenant une famille de groupes abéliens libres par,

$$\mathrm{Cell}_n(X; R) = H_n(X_n, X_{n-1}; R) \cong \widetilde{H}_n(X_n/X_{n-1}; R) = R^{\alpha_n},$$

et une famille d'homomorphismes de groupes, $d\colon \mathrm{Cell}_n(X; R) \to \mathrm{Cell}_{n-1}(X; R)$, par

$$d = p_{n-1} \circ \delta_n \colon\ H_n(X_n, X_{n-1}; R) \xrightarrow{\delta_n} H_{n-1}(X_{n-1}; R) \xrightarrow{p_{n-1}} H_{n-1}(X_{n-1}, X_{n-2}; R).$$

Théorème 6.29 *Le couple* $(\mathrm{Cell}_*(X; R), d)$ *est un complexe de chaînes, appelé* complexe des chaînes cellulaires de X, *et dont l'homologie est l'homologie singulière de* X, *i.e.,* $H_n(\mathrm{Cell}_*(X; R), d) \cong H_n(X; R)$, *pour tout* $n \geq 0$.

Démonstration. Remarquons que $d^2 = p_{n-2} \circ \delta_{n-1} \circ p_{n-1} \circ \delta_n$. Les homomorphismes δ_{n-1} et p_{n-1} sont consécutifs dans la suite exacte longue référencée (6.3), d'où $\delta_{n-1} \circ p_{n-1} = 0$ et $d^2 = 0$. Nous avons donc un complexe de chaînes ; déterminons son homologie.

L'application p_{n-1} étant injective, les n-cycles de $(\mathrm{Cell}_*(X), d)$ s'identifient au noyau de δ_n. En nous reportant à la suite exacte longue (6.3), nous obtenons

$$Z_n(\mathrm{Cell}_*(X; R), d) \cong H_n(X_n; R)\,.$$

En conséquence, la différentielle $d = p_n \circ \delta_{n+1}$, définie ci-dessus, a son image dans $H_n(X_n; R)$, et $H_n(\mathrm{Cell}_*(X), d) \cong H_n(X_n; R)/(\mathrm{Im}\,\delta_{n+1})$. La suite exacte,

$$H_{n+1}(X_{n+1}, X_n) \xrightarrow{\delta_{n+1}} H_n(X_n) \xrightarrow{q_n} H_n(X_{n+1}) \longrightarrow 0,$$

extraite de la suite exacte longue de la paire (X_{n+1}, X_n) implique

$$H_n(X_n; R)/(\mathrm{Im}\,\delta_{n+1}) \cong H_n(X_{n+1}; R).$$

Le résultat découle maintenant de l'isomorphisme $H_n(X; R) \cong H_n(X_{n+1}; R)$ déjà établi.

Exemple : Soit $n \geq 1$. L'espace $P_n(\mathbb{C})$ a une structure cellulaire avec une cellule en dimension paire, q, avec $0 \leq q \leq 2n$, cf. Proposition 2.20. Il s'ensuit :

$$H_q(P_n(\mathbb{C}); R) = \begin{cases} R & \text{si } q \text{ pair et } 0 \leq q \leq 2n, \\ 0 & \text{autrement.} \end{cases}$$

Définition 6.30 *Soit $\Bbbk$ un corps et $(C_i)_{i\in\mathbb{N}}$ une famille de $\Bbbk$-espaces vectoriels de dimension finie, telle qu'il existe un entier N pour lequel on a $C_i = 0$ si $i > N$. Alors, la somme*

$$\chi(C_*; \Bbbk) = \sum_{i\in\mathbb{N}} (-1)^i \dim C_i$$

est bien définie et appelée caractéristique d'Euler-Poincaré de $(C_i)_{i\in\mathbb{N}}$.

Proposition 6.31 *Soit $\Bbbk$ un corps et (C_*, d) un complexe de chaînes dont la famille $(C_i)_{i\in\mathbb{N}}$ vérifie les hypothèses de la Définition 6.30. Alors on a :*

$$\sum_{i=0}^{\infty} (-1)^i \dim C_i = \sum_{i=0}^{\infty} (-1)^i \dim H_i(C_*, d)\,.$$

Démonstration. Notons $Z_p = \operatorname{Ker}(d \colon C_p \to C_{p-1})$ et $B_p = \operatorname{Im}(d \colon C_{p+1} \to C_p)$. Choisissons un supplémentaire, S_p, de B_p dans Z_p et un supplémentaire, E_p, de Z_p dans C_p. Ainsi, pour tout p, on a

$$C_p \cong E_p \oplus S_p \oplus B_p,$$

avec $S_p \cong H_p$. Par construction, l'application $d \colon E_p \to B_{p-1}$ est une bijection, d'où $\sum_{p=0}^{\infty} (-1)^p \dim E_p = \sum_{p=0}^{\infty} (-1)^p \dim B_{p-1}$. Finalement, de $\dim H_p = \dim(Z_p/B_p) = \dim Z_p - \dim B_p = \dim S_p$ et de l'égalité précédente, il découle :

$$\begin{aligned} \sum_{p=0}^{\infty} (-1)^p \dim C_p &= \sum_{p=0}^{\infty} (-1)^p (\dim B_p + \dim S_p + \dim E_p) \\ &= \sum_{p=0}^{\infty} (-1)^p \dim S_p = \sum_{p=0}^{\infty} (-1)^p \dim H_p \end{aligned}$$

Définition 6.32 *Soit* $\Bbbk$ *un corps et* X *un espace tel que chaque espace vectoriel* $H_p(X;\Bbbk)$ *soit de dimension finie et que* $H_p(X;\Bbbk)$ *soit nul pour* p *supérieur à un certain entier* N *fixé.* La caractéristique d'Euler-Poincaré de X *est le nombre entier,*

$$\chi(X;\Bbbk) = \sum_{p=0}^{\infty}(-1)^p \dim H_p(X;\Bbbk).$$

En particulier, un espace contractile a une caractéritique d'Euler-Poincaré égale à 1, $\chi(S^{2n};\Bbbk) = 2$ et $\chi(S^{2n+1};\Bbbk) = 0$.

Exemple : À partir de leurs groupes d'homologie déterminés précédemment, on peut calculer la caractéristique d'Euler-Poincaré des surfaces, à savoir :

$$\chi(T_g;\Bbbk) = 2 - 2g,\ \chi(\#^n P_2(\mathbb{R});\Bbbk) = 2 - n.$$

En particulier, on a $\chi(T_3;\Bbbk) = \chi(\#^6 P_2(\mathbb{R});\Bbbk) = -4$. Ainsi, la donnée de la seule caractéristique d'Euler-Poincaré ne suffit pas à distinguer les divers types d'homotopie des surfaces. Par contre, elle est suffisante pour caractériser les types d'homotopie de surfaces orientables et pour caractériser les types d'homotopie des surfaces non orientables.

Le résultat suivant est une conséquence directe de la Proposition 6.31 appliquée au complexe $(\mathrm{Cell}_*(X), d)$.

Théorème 6.33 *Si* $\Bbbk$ *un corps et* X *un complexe cellulaire fini, on a*

$$\chi(X;\Bbbk) = \sum_{p=0}^{\infty}(-1)^p \dim H_p(X;\Bbbk) = \sum_{p=0}^{\infty}(-1)^p \alpha_p,$$

où α_p *est le nombre de* p*-cellules de* X.

Dans cette égalité, le terme situé à droite ne dépend pas du choix du corps $\Bbbk$; il en est donc de même du terme situé à gauche, que l'on note désormais $\chi(X)$. D'autre part, le terme médian ne dépend pas de la structure cellulaire et il en est donc de même pour le nombre $\sum_{p=0}^{\infty}(-1)^p\alpha_p$.

Un complexe simplicial fini est un cas particulier de complexe cellulaire fini. Si K est une triangulation d'une surface S, ayant s sommets, a arêtes et t triangles, on a toujours $\chi(S) = s - a + t$. Ainsi, toute triangulation de la sphère S^2 vérifie $s - a + t = 2$. Des applications combinatoires de ces formules sont données dans l'Exercice 6.6. En particulier, on y détermine le nombre minimum de sommets d'une triangulation de S. La caractéristique d'Euler-Poincaré permet également de démontrer qu'il n'existe que 5 polyèdres réguliers dans $\mathbb{R}^3$, cf. Exercice 6.7.

6.6 LE TRANSFERT ET SES APPLICATIONS

Soit $p \colon E \to B$ un revêtement à s feuillets. Pour chaque application continue $\sigma \colon \Delta^q \to B$ et chaque $a \in E$ tel que $p(a) = \sigma(e_1)$, nous notons $\sigma_a \colon \Delta^q \to E$ le relevé de σ vérifiant $\sigma_a(e_1) = a$. Le but de cette section est de relier les homologies de E et de B par $S_*(p)$ et par un morphisme de chaînes, $T \colon S_*(B;R) \to S_*(E;R)$, appelé *transfert.*

Proposition 6.34 *L'application linéaire $T \colon S_q(B;R) \to S_q(E;R)$, définie par $T(\sigma) = \sum_a \sigma_a$, où la somme est prise sur tous les points a de E tels que $p(a) = \sigma(e_1)$, est un morphisme de complexe de chaînes.*

Démonstration. Il suffit de constater que si $\varepsilon_n^i \colon \Delta^{n-1} \to \Delta^n$ est l'injection d'une face, alors $T(\sigma \circ \varepsilon_n^i) = \sum_a \sigma_a \circ \varepsilon_n^i = T(\sigma) \circ \varepsilon_n^i$.

L'application $S_*(p) \circ T$ est la multiplication par l'entier s. Elle induit donc la multiplication par s en homologie, ce qui entraîne le résultat suivant.

Corollaire 6.35 *Si $\mathbb{k}$ est un corps de caractéristique zéro, par exemple si $\mathbb{k} = \mathbb{Q}$, l'espace vectoriel $H_*(B;\mathbb{k})$ est un sous-espace vectoriel de $H_*(E;\mathbb{k})$.*

Précisons le lien entre $H_k(B;\mathbb{Q})$ et $H_k(E;\mathbb{Q})$ dans le cas d'un revêtement universel, $p \colon E \to B$ avec $\pi_1(B)$ fini. Ce revêtement étant galoisien, le groupe des automorphismes, $A(p)$, est isomorphe au groupe $\pi_1(B)$. Il agit (transitivement) sur E donc sur $S_*(E;\mathbb{Q})$. Cette action étant compatible avec la différentielle, elle induit une action sur $H_*(E;\mathbb{Q})$.

Proposition 6.36 *Pour tout $n \geq 0$, l'application transfert induit un isomorphisme d'espaces vectoriels, $T \colon H_n(B;\mathbb{Q}) \to H_n(E;\mathbb{Q})^{\pi_1(B)}$, où $H_n(E;\mathbb{Q})^{\pi_1(B)}$ désigne le sous-espace vectoriel de $H_n(E;\mathbb{Q})$ formé des éléments invariants par l'action du groupe $\pi_1(B)$.*

Démonstration. Notons $S_n(E;\mathbb{Q})^{\pi_1(B)}$ le sous-espace de $S_n(E;\mathbb{Q})$ formé des éléments invariants pour l'action de $\pi_1(B)$. Si $\sigma \in S_*(B)$ et si $\sigma_\bullet$ est un relevé de σ, les autres relevés de σ se déduisent de $\sigma_\bullet$ par l'action de $\pi_1(B)$, d'où $T(\sigma) = \sum_a \sigma_a = \sum_{g \in \pi_1(B)} g \cdot \sigma_\bullet$. Cette somme étant invariante par l'action de $\pi_1(B)$, nous avons établi $\operatorname{Im} T \subset S_*(E;\mathbb{Q})^{\pi_1(B)}$.

Réciproquement, soit $\mu \in S_*(E;\mathbb{Q})^{\pi_1(B)}$, i.e., $g \cdot \mu = \mu$, pour tout $g \in \pi_1(B)$. Alors $T(p \circ \mu) = \sum_{g \in \pi_1(B)} g \cdot \mu = |G|\, \mu$, où $|G|$ est l'ordre de G. Nous avons ainsi démontré l'inclusion $S_*(E;\mathbb{Q})^{\pi_1(B)} \subset \operatorname{Im} T$.

Le transfert induit donc un isomorphisme $T \colon H_n(B;\mathbb{Q}) \to H_n(S_*(E;\mathbb{Q})^{\pi_1(B)})$ et la proposition découle alors du lemme suivant.

Lemme 6.37 *Soit (C_*, d) un complexe de chaînes défini sur un corps de caractéristique zéro, et G un groupe fini. Nous supposons que G agit sur chaque C_n et que $d(g \cdot x) = g \cdot dx$, pour tout $x \in C_n$ et tout $g \in G$, de sorte que le sous-espace des invariants forme un sous-complexe, (C_*^G, d), de (C_*, d). Alors l'injection, $i \colon (C_*^G, d) \hookrightarrow (C_*, d)$, induit un isomorphisme $H_n(i) \colon H_n(C_*^G) \cong [H_n(C_*)]^G$, pour tout n.*

Démonstration. Remarquons que, pour tout $x \in C$, l'élément $\dfrac{1}{|G|}\displaystyle\sum_{g \in G} g \cdot x$ est un élément invariant par G.

Si $i(a) = db$ avec $a \in C_*^G$, on vérifie que $i(a) = d\left(\frac{1}{|G|}\sum_{g\in G} g \cdot b\right)$. Ainsi, si $a \in C_*^G$ est un bord dans C_*, c'est aussi un bord dans C_*^G. L'application $H_*(i)$ est donc injective.

Soit maintenant a un cycle de C_* dont la classe $[a]$ est G-invariante. En conséquence, pour tout $g \in G$, on a $[a] = [g \cdot a]$, et donc $[a] = \left[\dfrac{1}{|G|}\displaystyle\sum_{g\in G} g \cdot a\right]$, ce qui établit la surjectivité de l'application $H_*(i)$.

Le transfert est également intéressant pour l'étude de l'homologie à coefficients dans un corps de caractéristique non nulle. Si p est un revêtement à 2 feuillets, la suite,

$$0 \longrightarrow S_*(B; \mathbb{Z}/2\mathbb{Z}) \xrightarrow{T} S_*(E; \mathbb{Z}/2\mathbb{Z}) \xrightarrow{S_*(p)} S_*(B; \mathbb{Z}/2\mathbb{Z}) \longrightarrow 0,$$

est une suite exacte courte de complexe de chaînes. Elle induit donc une suite exacte longue en homologie

$$\ldots \longrightarrow H_q(B) \xrightarrow{H_q(T)} H_q(E) \xrightarrow{H_q(p)} H_q(B) \xrightarrow{\delta_q} H_{q-1}(B) \longrightarrow \ldots$$

Proposition 6.38 *L'homologie, à coefficients dans $\mathbb{Z}/2\mathbb{Z}$, des espaces projectifs réels est donnée par*

$$H_q(P_n(\mathbb{R}); \mathbb{Z}/2\mathbb{Z}) = \begin{cases} \mathbb{Z}/2\mathbb{Z}, & \text{si } 0 \le q \le n, \\ 0, & \text{si } q > n. \end{cases}$$

Démonstration. D'après la Proposition 2.17, l'espace $P_n(\mathbb{R})$ n'a pas de q-cellules pour $q > n$, donc $H_q(P_n(\mathbb{R}); \mathbb{Z}/2\mathbb{Z}) = 0$ pour $q > n$.

Rappelons la surjection canonique $p \colon S^n \to P_n(\mathbb{R})$, obtenue en faisant agir le groupe $\mathbb{Z}/2\mathbb{Z}$ sur la sphère S^n par l'application antipode. Cette projection étant un revêtement à 2 feuillets, l'application transfert fournit une suite exacte en homologie à coefficients dans $\mathbb{Z}/2\mathbb{Z}$,

$$\longrightarrow H_q(S^n) \longrightarrow H_q(P_n(\mathbb{R})) \xrightarrow{\delta_q} H_{q-1}(P_n(\mathbb{R})) \longrightarrow H_{q-1}(S^n) \longrightarrow$$

qui se termine par

$$\longrightarrow H_1(P_n(\mathbb{R})) \xrightarrow{\delta_1} H_0(P_n(\mathbb{R})) \xrightarrow{H_0(T)} H_0(S^n) \xrightarrow{H_0(p)} H_0(P_n(\mathbb{R})) \longrightarrow 0.$$

Comme $H_0(p)$ est un isomorphisme, on a $H_0(T) = 0$. La nullité des groupes d'homologie de S^n, en degré q avec $0 < q < n$, implique que δ_q est un isomorphisme dans ces degrés,

$$H_{n-1}(P_n(\mathbb{R})) \cong H_{n-2}(P_n(\mathbb{R})) \cong \cdots \cong H_0(P_n(\mathbb{R})) \cong \mathbb{Z}/2\mathbb{Z}\,.$$

D'autre part, en degré n, on a la suite exacte

$$0 \longrightarrow H_n(P_n(\mathbb{R})) \longrightarrow H_n(S^n) \longrightarrow H_n(P_n(\mathbb{R})) \xrightarrow{\delta_n} H_{n-1}(P_n(\mathbb{R})) \longrightarrow 0.$$

En écrivant les dimensions des espaces intervenant, ou en utilisant l'Exercice 6.1, on constate que l'exactitude de cette suite se traduit par $2\dim H_n(P_n(\mathbb{R})) = \dim H_n(S^n) + \dim H_{n-1}(P_n(\mathbb{R})) = 2$. Il en résulte $H_n(P_n(\mathbb{R})) \cong \mathbb{Z}/2\mathbb{Z}$ et δ_n est un isomorphisme.

Nous étendons maintenant à une dimension n quelconque le théorème de Borsuk-Ulam et le théorème de Lusternik-Schnirelmann démontrés en 1.29 et 1.33 pour des dimensions particulières.

Théorème 6.39 (Théorème de Borsuk-Ulam) *Si $m > n \geq 1$, il n'existe pas d'application continue, $f : S^m \to S^n$, vérifiant $f(-x) = -f(x)$ pour tout $x \in S^m$.*

Démonstration. Supposons l'existence d'une telle application f. Alors, par passage au quotient, f induit une application $\overline{f} : P_m(\mathbb{R}) \to P_n(\mathbb{R})$ rendant commutatif le diagramme

$$\begin{array}{ccc} S^m & \xrightarrow{f} & S^n \\ {\scriptstyle p_m}\downarrow & & \downarrow{\scriptstyle p_n} \\ P_m(\mathbb{R}) & \xrightarrow{\overline{f}} & P_n(\mathbb{R}). \end{array}$$

Les projections $p_n : S^n \to P_n(\mathbb{R})$ et $p_m : S^m \to P_m(\mathbb{R})$ sont des revêtements à 2 feuillets admettant des applications transfert notées respectivement T_n et

T_m. Vérifions la commutativité du diagramme suivant,

$$\begin{array}{ccc} S_*(S^m) & \xrightarrow{S_*(f)} & S_*(S^n) \\ {\scriptstyle T_m}\uparrow & & \uparrow{\scriptstyle T_n} \\ S_*(P_m(\mathbb{R}))) & \xrightarrow{S_*(\overline{f})} & S_*(P_n(\mathbb{R})). \end{array}$$

Par construction, pour tout $\sigma \in S_*(P_m(\mathbb{R}))$, le transfert est donné par $T_m(\sigma) = \sigma_a + \sigma_b$, où σ_b s'obtient en composant σ_a par l'application antipode, $\mathcal{A}$, i.e., $\sigma_b = \mathcal{A}\circ\sigma_a$. Il s'ensuit $(S_*(f)\circ T_m)(\sigma) = f\circ\sigma_a + f\circ\mathcal{A}\circ\sigma_a = f\circ\sigma_a + \mathcal{A}\circ f\circ\sigma_a$. Les égalités $p_n\circ f\circ\sigma_a = \overline{f}\circ p_m\circ\sigma_a = \overline{f}\circ\sigma$ impliquent que $f\circ\sigma_a$ est un relevé de $\overline{f}\circ\sigma$. On en déduit $f\circ\sigma_a + \mathcal{A}\circ f\circ\sigma_a = T_n(\overline{f}\circ\sigma)$, ce qui termine la vérification de la commutativité du carré ci-dessus.

Nous en déduisons un diagramme commutatif de suites exactes courtes de complexes de chaînes à coefficients dans $\mathbb{Z}/2\mathbb{Z}$,

$$\begin{array}{ccccccccc} 0 & \longrightarrow & S_*(P_m(\mathbb{R})) & \xrightarrow{T_m} & S_*(S^m) & \xrightarrow{S_*(p_m)} & S_*(P_m(\mathbb{R})) & \longrightarrow & 0 \\ & & {\scriptstyle S_*(\overline{f})}\downarrow & & {\scriptstyle S_*(f)}\downarrow & & \downarrow{\scriptstyle S_*(\overline{f})} & & \\ 0 & \longrightarrow & S_*(P_n(\mathbb{R})) & \xrightarrow{T_n} & S_*(S^n) & \xrightarrow{S_*(p_n)} & S_*(P_n(\mathbb{R})) & \longrightarrow & 0 \end{array}$$

et, par conséquent, des diagrammes commutatifs en homologie,

$$\begin{array}{ccc} H_q(P_m(\mathbb{R})) & \xrightarrow{\delta_q} & H_{q-1}(P_m(\mathbb{R})) \\ {\scriptstyle H_q(\overline{f})}\downarrow & & \downarrow{\scriptstyle H_{q-1}(\overline{f})} \\ H_q(P_n(\mathbb{R})) & \xrightarrow{\delta'_q} & H_{q-1}(P_n(\mathbb{R})). \end{array}$$

Notons que $\overline{f}$ induit un isomorphisme en homologie en degré 0 car les espaces considérés sont connexes par arcs. En utilisant le fait que les connectants sont des isomorphismes pour $q \leq n$ (cf. la preuve de la Proposition 6.38), il résulte du diagramme en homologie que $H_q(\overline{f})$ est un iso pour $q \leq n$. En degré $n+1$, avec $n+1 \leq m$, le connectant δ_{n+1} est un isomorphisme et le diagramme ci-dessus devient :

$$\begin{array}{ccc} \mathbb{Z}/2\mathbb{Z} \cong H_{n+1}(P_m(\mathbb{R})) & \underset{\cong}{\xrightarrow{\delta_{n+1}}} & H_n(P_m(\mathbb{R})) \\ \downarrow & & \cong\downarrow{\scriptstyle H_n(\overline{f})} \\ 0 = H_{n+1}(P_n(\mathbb{R})) & \xrightarrow{\delta'_{n+1}} & H_n(P_n(\mathbb{R})), \end{array}$$

ce qui est absurde.

Corollaire 6.40 *Soit $n \geq 1$. Pour toute application continue, $f\colon S^n \to \mathbb{R}^n$, vérifiant $f(-x) = -f(x)$ pour tout $x \in S^n$, il existe un élément $x_0 \in S^n$ tel que $f(x_0) = 0$.*

Démonstration. Si $f(x) \neq 0$ pour tout $x \in S^n$, nous pouvons construire une application continue, $g\colon S^n \to S^{n-1}$, en posant $g(x) = \dfrac{f(x)}{\|f(x)\|}$. Cette application vérifie $g(-x) = -g(x)$ pour tout x, ce qui contredit le Théorème 6.39.

L'énoncé du Théorème de Borsuk-Ulam démontré dans le Chapitre 1 correspond à la formulation suivante.

Corollaire 6.41 *Soit $n \geq 1$. Pour toute application continue, $f\colon S^n \to \mathbb{R}^n$, il existe un point $x_0 \in S^n$ tel que $f(x_0) = f(-x_0)$.*

Démonstration. Sinon, l'application $g(x) = f(x) - f(-x)$ vérifie $g(-x) = -g(x)$ pour tout x et ne s'annule pas sur S^n, ce qui contredit le Corollaire 6.40.

Théorème 6.42 (Théorème de Lusternik et Schnirelmann) *Si la sphère S^n est recouverte par $(n+1)$ fermés, $A_1, \ldots, A_{n+1}$, alors l'un d'entre eux contient deux points antipodaux.*

Démonstration. Le schéma de preuve est similaire à celui du Théorème 1.33. Nous formons l'application continue $f\colon S^n \to \mathbb{R}^n$ définie par

$$f(x) = (d(x, A_1), d(x, A_2), \cdots, , d(x, A_n)) .$$

D'après le Corollaire 6.41, il existe un point x_0 vérifiant $f(-x_0) = -f(x_0)$. Soit i, $i \leq n$, alors $x_0 \in A_i$ si, et seulement si, $d(x_0, A_i) = 0$, donc, si, et seulement si, $d(-x_0, A_i) = 0$ car $f(x_0) = f(-x_0)$. Si $i \leq n$, il s'ensuit $x_0 \in A_i$ si, et seulement si, $-x_0 \in A_i$.
Maintenant si x_0 n'appartient à aucun des A_i, pour $i \leq n$, alors il en est de même pour $-x_0$. En conséquence, x_0 et $-x_0$ appartiennent tous deux à A_{n+1}.

6.7 LE THÉORÈME DE BROUWER ET SES APPLICATIONS

Théorème 6.43 (Théorème de Brouwer) *Toute application continue de E^n dans E^n, avec $n \geq 0$, a un point fixe.*

Démonstration. Pour $n = 0$, il n'y a rien à démontrer. Soit $n \geq 1$. La preuve s'effectue par l'absurde, comme dans le cas $n = 2$, cf. Théorème 1.28. Soit $f\colon E^n \to E^n$ une application continue, telle que $f(x) \neq x$, pour tout

$x \in E^n$. Orientons de x vers $f(x)$ la droite passant par les points x et $f(x)$; elle rencontre le bord du disque E^n en deux points, l'un situé avant le point x, l'autre situé après le point $f(x)$. En notant $r(x)$ le point situé avant x, on construit une application continue $r\colon E^n \to S^{n-1}$. Si x est sur le bord de E^n, alors $x = r(x)$, ce qui signifie que le bord S^{n-1} est un rétracte de E^n. En conséquence, le groupe $\widetilde{H}_{n-1}(S^{n-1}; R) = R$ s'injecte dans le groupe $\widetilde{H}_n(E^n; R) = 0$, ce qui est absurde.

6.7.1 Un théorème des valeurs intermédiaires

Théorème 6.44 *Considérons des fonctions continues, $f_1, f_2, \dots, f_n\colon [0,1]^n \to \mathbb{R}$, telles que, pour tout i, on ait $f_i(x) \geq 0$, en tous les points x dont la i-ème coordonnée vaut* 0, *et $f_i(y) \leq 0$, en tous les points y dont la i-ème coordonnée vaut* 1. *Alors, il existe un point $(a_1, \dots, a_n) \in [0,1]^n$ en lequel toutes les fonctions f_i s'annulent.*

Démonstration. Si $h\colon [0,1]^n \to \mathbb{R}$ est une fonction continue, on pose $\overline{h(x)} = \min(1, \max(h(x), 0))$. À partir des fonctions $(f_i)_{1\leq i\leq n}$, on construit une application continue $\varphi\colon [0,1]^n \to [0,1]^n$, par

$$\varphi(x) = (\overline{f_1(x) + x_1}, \overline{f_2(x) + x_2}, \cdots, \overline{f_n(x) + x_n}),$$

si $x = (x_1, \dots, x_n) \in [0,1]^n$. Soit $a = (a_1, \dots, a_n)$ un point fixe pour φ.

• Si $0 < a_i < 1$, alors $\varphi(a) = a$ implique $\overline{f_i(a) + a_i} = a_i$ et $f_i(a) + a_i = a_i$, par définition du nombre $\overline{h(x)}$ associé à $h(x)$. Il s'ensuit, $f_i(a) = 0$.

• Si $a_i = 0$, alors $\overline{f_i(a)} = 0$, d'où l'on déduit $f_i(a) \leq 0$. Mais, par hypothèse, si $a_i = 0$, on a $f_i(a) \geq 0$. Il s'ensuit $f_i(a) = 0$.

• Si $a_i = 1$, alors $\overline{f_i(a) + 1} = 1$ entraîne $f_i(a) \geq 0$. Par hypothèse, $a_i = 1$ implique $f_i(a) \leq 0$, d'où $f_i(a) = 0$.

6.7.2 Matrice réelle inversible non négative

Une matrice réelle $A = (a_{ij})$ est dite *non-négative* si $a_{ij} \geq 0$, pour tout couple (i, j).

Théorème 6.45 *Toute matrice $n \times n$, réelle, non négative et inversible, a une valeur propre réelle $\lambda > 0$, admettant un vecteur propre $(a_1, \dots, a_n)$, avec $a_i \geq 0$ pour tout i.*

Démonstration. Rappelons que le simplexe standard Δ^{n-1} est homéomorphe à la boule E^{n-1}. En conséquence, toute application continue de Δ^{n-1} dans Δ^{n-1} admet un point fixe.

Tout vecteur $x = (x_1, \dots, x_n) \in \Delta^{n-1}$ a ses composantes positives ou nulles. Donc le vecteur$A(x) = (y_1, \dots, y_n)$ est tel que $y_i \geq 0$ pour tout i, car

$a_{ij} \geq 0$, pour tout (i, j). D'autre part, ce vecteur $A(x)$ est non nul car la matrice A est inversible. On peut donc diviser le vecteur $A(x)$ par le nombre $s(x) = \sum_i^n y_i$ et ainsi obtenir une application continue $f : \Delta^{n-1} \to \Delta^{n-1}$, $x \mapsto A(x)/s(x)$. Cette application admet un point fixe, a, qui est un vecteur propre de la matrice A, de valeur propre $s(a) > 0$.

6.7.3 Équilibre de Nash en théorie des jeux

Les jeux considérés dans cette section sont des jeux à deux joueurs, A et B, dans lesquels chaque joueur dispose d'un nombre de *stratégies* (dites pures), $S_1, \ldots, S_n$ pour A et $T_1, \ldots, T_m$ pour B. Dans toute partie, chaque joueur choisit une stratégie et les deux joueurs jouent simultanément, le résultat ne dépendant que des choix des stratégies. On suppose également que les deux joueurs ont la même information sur le jeu. On note $f_1(S_i, T_j)$ et $f_2(S_i, T_j)$ les gains respectifs des joueurs A et B, lorsque A choisit la stratégie S_i et B la stratégie T_j.

Illustrons ce vocabulaire avec le jeu bien connu (Pierre=P, Feuille=F, Ciseaux=C). Les statégies pures sont un choix entre C, F ou P. Le gain est 1 pour le gagnant, -1 pour le perdant, 0 en cas de nullité. Le diagramme suivant indique les gains (couples (f_1, f_2)) en fonction des stratégies choisies dans ce jeu.

$A\backslash B$	P	F	C
P	$(0, 0)$	$(-1, 1)$	$(1, -1)$
F	$(1, -1)$	$(0, 0)$	$(-1, 1)$
C	$(-1, 1)$	$(1, -1)$	$(0, 0)$

Un équilibre dans un jeu est une situation dans laquelle aucun des deux joueurs n'a intérêt à changer sa stratégie si l'autre joueur maintient la sienne. Avec des stratégies pures, l'exemple choisi n'a pas d'équilibre car si le joueur A joue continuellement F, le joueur B aura tout intérêt à jouer C. Nous envisageons donc des stratégies plus élaborées, appelées mixtes.

Une *stratégie mixte pour le joueur* A consiste à jouer la statégie pure S_1 avec une probabilité p_1, la statégie S_2 avec une probabilité p_2, ..., et la stratégie S_n avec une probabilité p_n. La somme $p_1 + \cdots + p_n$ étant égale à 1, une stratégie mixte pour A est un vecteur $p = (p_1, p_2, \ldots, p_n) \in \Delta^{n-1}$. De même, une stratégie mixte pour le joueur B consiste à jouer la stratégie T_j avec le probabilité q_j et correspond à un vecteur $q = (q_1, \ldots, q_m) \in \Delta^{m-1}$. Si A joue la stratégie mixte p et B la stratégie mixte q, les gains respectifs de A et B sont

$$e_1(p, q) = \sum_{i=1}^{n} \sum_{j=1}^{m} p_i q_j f_1(S_i, T_j) \text{ et } e_2(p, q) = \sum_{i=1}^{n} \sum_{j=1}^{m} p_i q_j f_2(S_i, T_j)\,.$$

Définition 6.46 *Un* équilibre de Nash *est une paire de stratégies mixtes* (p, q)*, telle qu'aucun joueur n'a intérêt à changer de stratégie si l'autre joueur maintient la sienne. Plus précisément,* (p, q) *est un équilibre de Nash si*

$$e_1(p,q) \geq e_1(\overline{p},q) \text{ pour tout } \overline{p} \in \Delta^{n-1} \text{ et } e_2(p,q) \geq e_2(p,\overline{q}) \text{ pour tout } \overline{q} \in \Delta^{m-1}.$$

Théorème 6.47 *Tout jeu à deux joueurs possède un équilibre de Nash.*

Démonstration. Si $(x, y) \in \Delta^{n-1} \times \Delta^{m-1}$, on pose :

$$\begin{aligned} g_i(x,y) &= \max\{0, e_1(S_i,y) - e_1(x,y)\} \text{ et} \\ h_j(x,y) &= \max\{0, e_2(x,T_j) - e_2(x,y)\}. \end{aligned}$$

Construisons une application continue $\varphi\colon \Delta^{n-1} \times \Delta^{m-1} \to \Delta^{n-1} \times \Delta^{m-1}$, $(x,y) \mapsto \varphi(x,y) = (x'_1, x'_2, \ldots, x'_n, y'_1, \ldots, y'_n)$, avec

$$x'_i = \frac{x_i + g_i(x,y)}{1 + \sum_{k=1}^{n} g_k(x,y)} \text{ et } y'_j = \frac{y_j + h_j(x,y)}{1 + \sum_{k=1}^{m} h_k(x,y)}.$$

Le produit $\Delta^{n-1} \times \Delta^{m-1}$ étant homéomorphe à la boule E^{n+m-2}, l'application φ a un point fixe, noté (a, b), avec $a = (a_1, \ldots, a_n)$ et $b = (b_1, \ldots, b_m)$. Si $e_1(S_i, b) > e_1(a, b)$ pour tout i, alors, par définition, on a $e_1(a,b) = \sum_{i=1}^{n} a_i e_1(S_i,b) > (\sum_{i=1}^{n} a_i) e_1(a,b) = e_1(a,b)$, ce qui est absurde. En conséquence, il existe un indice i pour lequel $g_i(a,b) = 0$. Ajoutée à l'égalité $(a,b) = \varphi(a,b)$, cette remarque implique $a_i = \dfrac{a_i + g_i(a,b)}{1 + \sum_k g_k(a,b)} = \dfrac{a_i}{1 + \sum_k g_k(a,b)}$. Il en résulte $g_k(a,b) = 0$ pour tout k, autrement dit $e_1(a,b) \geq e_1(S_k,b)$ pour tout k. Toute autre stratégie, $u = (u_1, \ldots, u_n)$ du joueur A, vérifie alors l'inégalité annoncée,

$$e_1(u,b) = \sum_{i=1}^{n} u_i e_1(S_i,b) \leq (\sum_{i=1}^{n} u_i) e_1(a,b) = e_1(a,b).$$

Le résultat similaire pour le joueur B se démontre de la même façon, ce qui montre que le couple (a, b) est un équilibre de Nash pour le jeu considéré.

Plus généralement, Nash a démontré que tout jeu avec un nombre fini de joueurs ayant chacun un nombre fini de stratégies, et ne coopérant pas entre eux, admet un équilibre de Nash, cf. [33] dont la preuve ci-dessus est extraite. Le théorème de Nash donne l'existence de l'équilibre mais il n'est pas constructif dans le sens qu'il ne permet pas d'expliciter les stratégies de cet équilibre. Pour plus de détails sur l'interaction entre le Théorème de Brouwer et les équilibres de Nash, et plus particulièrement avec le jeu *Hex*, inventé par le poète et scientifique danois Piet Hein (1942) et redécouvert par Nash (1948), nous renvoyons le lecteur à [19].

EXERCICES

Exercice 6.1 Si $0 \to V_n \to V_{n-1} \to \cdots \to V_0 \to 0$ est une suite exacte d'espaces vectoriels, montrer que $\sum_{p=0}^{n}(-1)^p \dim V_p = 0$.

Exercice 6.2 Soit $f : E^n \to E^n$ une application continue. Montrer qu'il existe un point $x \in E^n$ tel que $f(x) = 2x$.

Exercice 6.3 Construire un complexe des chaînes cellulaires pour $P_3(\mathbb{R})$ et en déduire $H_*(P_3(\mathbb{R}); \mathbb{Z})$.

Exercice 6.4 Montrer que l'homologie singulière d'un espace cellulaire, $X = \cup_{i=0}^{N} X_i$, vérifie les propriétés suivantes.

1) $H_q(X, X_{n+1}; R) = 0$, pour tout $q < n$.

2) $H_q(X_n, X_j; R) \cong H_q(X_{n+1}, X_j; R)$, pour tout $j < n$ et tout $q < n$.

3) $H_n(X, X_j; R) \cong H_n(X_{n+1}, X_j; R)$, pour tout $j \leq n - 2$.

4) $H_q(X, X_n; R) \cong H_q(X, X_{n-1}; R)$, pour tout $q > n + 1$.

5) $H_n(X, X_{n-2}; R) \cong H_n(X; R)$, pour tout $n > 0$.

6) $H_n(X; R) \cong H_n(X_{n+1}, X_{n-2}; R)$, pour tout n.

Exercice 6.5 (Homologie d'un complémentaire et Courbe de Jordan)

1) Soit $A \subset \mathbb{R}^n$ une partie fermée. Notons $i : \mathbb{R}^n \to \mathbb{R}^{n+1}$, $i(a_1, \ldots, a_n) = (a_1, \ldots, a_n, 0)$, l'injection canonique et $Z = \mathbb{R}^{n+1} \backslash i(A)$ le complémentaire de $i(A)$. On pose :

$$\begin{aligned} Z_+ &= \{(x, t) \in \mathbb{R}^n \times \mathbb{R} \mid t > 0 \text{ ou } x \in \mathbb{R}^n \backslash A\}, \\ Z_- &= \{(x, t) \in \mathbb{R}^n \times \mathbb{R} \mid t < 0 \text{ ou } x \in \mathbb{R}^n \backslash A\}. \end{aligned}$$

Montrer que Z_+ et Z_- sont contractiles. Utiliser ce recouvrement de Z pour montrer l'isomorphisme suivant, valable pour tout $q \geq 0$,

$$\widetilde{H}_{q+1}(\mathbb{R}^{n+1} \backslash i(A)) \cong \widetilde{H}_q(\mathbb{R}^n \backslash A)\,.$$

2) Considérons des parties fermées, A et B, de $\mathbb{R}^n$ et des homéomorphismes inverses l'un de l'autre, $\varphi\colon A \to B$ et $\psi\colon B \to A$. Montrer que φ et ψ s'étendent en des applications continues $\Phi, \Psi\colon \mathbb{R}^n \to \mathbb{R}^n$. (On pourra utiliser le Théorème de Tietze, contenant le cas particulier suivant : toute application continue, $f\colon A \to \mathbb{R}$, où A est un fermé de $\mathbb{R}^n$, s'étend en une application continue $F\colon \mathbb{R}^n \to \mathbb{R}$.)

3) Formons l'application $L\colon \mathbb{R}^n \times \mathbb{R}^n \to \mathbb{R}^n \times \mathbb{R}^n$, $L(x, y) = (x, y+\Phi(x))$. Utiliser L pour montrer que le complémentaire dans $\mathbb{R}^n \times \mathbb{R}^n$, du graphe de φ, est homéomorphe au complémentaire de $A \times \{0\}$.

4) Montrer que si A et B sont deux parties fermées homéomorphes de $\mathbb{R}^n$, alors les complémentaires de $A \times \{0\}$ et $\{0\} \times B$ dans $\mathbb{R}^n \times \mathbb{R}^n$ sont homéomorphes. En déduire, pour tout $q \geq 0$,

$$H_q(\mathbb{R}^n \backslash A) \cong H_q(\mathbb{R}^n \backslash B)\,.$$

5) Montrer que si C est une courbe du plan homéomorphe à un cercle, alors son complémentaire possède deux composantes connexes (Théorème de Jordan).

6) En injectant le cercle de deux façons différentes dans le tore $S^1 \times S^1$, construire deux parties fermées homéomorphes dont les complémentaires dans le tore n'ont pas la même homologie.

7) Soit A une partie de $\mathbb{R}^3$ homéomorphe à S^1. Calculer l'homologie du complémentaire $\mathbb{R}^3 \backslash A$. Comparer avec les résultats de l'Exercice 3.10.

Exercice 6.6 Soit K une triangulation d'une surface S, de caractéristique d'Euler $\chi(S)$. Notons s le nombre de sommets, a le nombre d'arêtes et t le nombre de triangles dans K.

1) Montrer que $3t = 2a$ et $a = 3(s - \chi(S))$.

2) Montrer que $s \geq \dfrac{7 + \sqrt{49 - 24\chi(S)}}{2}$. (On remarquera que C_s^2 majore a.)

3) En déduire que toute triangulation du tore admet au moins 7 sommets. Déterminer le nombre minimum de sommets pour les triangulations de la sphère et de $P_2(\mathbb{R})$. Comparer avec les triangulations trouvées au Chapitre 2.

Exercice 6.7 Considérons un polyèdre régulier $K \subset \mathbb{R}^3$, dont les faces ont p côtés et dans lequel chaque sommet appartient à q faces. On note f le nombre de faces, a le nombre d'arêtes et s le nombre de sommets de K. On remarquera qu'un tel polyèdre est homéomorphe à la sphère S^2.

1) Montrer que $s - a + f = 2$ et $pf = 2a = qs$.

2) En déduire $\frac{1}{p}+\frac{1}{q}>\frac{1}{2}$. Faire la liste des valeurs possibles p et q, en identifiant géométriquement chacun de ces couples.

Exercice 6.8 Soit $f\colon S^2 \to \mathbb{R}$ une fonction continue.

1) Supposons qu'il n'existe pas de base orthonormée (x_1, x_2, x_3) vérifiant $f(x_1) = f(x_2) = f(x_3)$. On rapporte $\mathbb{R}^3$ à sa base canonique (e_1, e_2, e_3) et on note Δ la droite d'équation $x = y = z$, P le plan d'équation $x + y + z = 0$, $E = P\backslash\{(0,0,0)\}$, S^1 le cercle unité de E et $\rho\colon E \to S^1$, $z \mapsto z/\|z\|$ la rétraction de E sur S^1. Soit $\varphi'\colon \mathrm{SO}(3) \to \mathbb{R}^3$ l'application définie par $\varphi'(R) = (f(R(e_1)), f(R(e_2)), f(R(e_3)))$. Construire des applications $\varphi\colon \mathrm{SO}(3) \to E$ et $\iota\colon S^1 \to \mathrm{SO}(3)$ telles que le composé $\psi = \rho\circ\varphi\circ\iota\colon S^1 \to S^1$ soit de degré $3m + 1$, pour un certain entier m.

2) Établir une contradiction à partir de $\pi_1(P_3(\mathbb{R})) = \mathbb{Z}/2\mathbb{Z}$.

3) Énoncer le résultat ainsi démontré.

Exercice 6.9 Si X est un espace, le *cône sur* X est l'espace quotient $C(X) = (X \times [0,1])/(X \times \{1\})$ et la *suspension de* X l'espace quotient de $C(X)$ par X, i.e., $\Sigma X = C(X)/(X \times \{0\})$. Toute application continue, $f\colon X \to Y$, induit une application continue, $\Sigma f\colon \Sigma X \to \Sigma Y$, envoyant $[x, t]$ sur la classe $[f(x), t]$.

1) Montrer que la suspension ΣS^n est homéomorphe à la sphère S^{n+1}.

2) Montrer que si $f\colon S^n \to S^n$ est de degré k, alors la suspension Σf est de degré k aussi.

3) Pour tout $k \in \mathbb{Z}$ et tout entier $n > 0$, construire une application $f\colon S^n \to S^n$ de degré k.

Exercice 6.10 Si X, A et B sont des espaces cellulaires tels que $X = A \cup B$ s'obtient par adjonction de cellules à partir de A et à partir de B, alors l'injection $(B, A\cap B) \to (X, A)$ induit un isomorphisme $H_*(B, A\cap B; R) \cong H_*(X, A; R)$.

Exercice 6.11 Déterminer explicitement l'application φ du Lemme 6.17.

Exercice 6.12 Montrer que toute application continue, homotopiquement triviale, $f\colon S^n \to S^n$, admet un point fixe.

SOLUTION DES EXERCICES

Exercice 6.1 Il s'agit d'un complexe de chaînes de longueur finie à homologie nulle. Le résultat découle de la Proposition 6.31.

Exercice 6.2 Il suffit d'appliquer le Théorème de Brouwer (Théorème 6.43) à l'application $f(x)/2$ de E^n dans E^n.

Exercice 6.3 L'espace $P_2(\mathbb{R})$ s'obtient à partir d'un cercle en recollant une 2-cellule selon une application de degré 2 de S^1 dans S^1. Une structure cellulaire est donc formée d'une 0-cellule e_0, d'une 1-cellule e_1 et d'une 2-cellule e_2. L'application bord du complexe des chaînes cellulaires associé, est donnée par :

$$\mathbb{Z}\,e_2 \xrightarrow{\text{mult}_2} \mathbb{Z}\,e_1 \xrightarrow{0} \mathbb{Z}e_0.$$

L'espace $P_3(\mathbb{R})$ s'obtient à partir de $P_2(\mathbb{R})$ en ajoutant une 3-cellule e_3. Son complexe des chaînes cellulaires est donc de la forme,

$$\mathbb{Z}\,e_3 \xrightarrow{d_3} \mathbb{Z}\,e_2 \xrightarrow{\text{mult}_2} \mathbb{Z}\,e_1 \xrightarrow{0} \mathbb{Z}e_0.$$

Comme il s'agit d'un complexe, on doit avoir $d_3 = 0$, d'où l'on déduit

$$H_3(P_3(\mathbb{R});\mathbb{Z}) = \mathbb{Z},\;\; H_2(P_3(\mathbb{R});\mathbb{Z}) = 0,\;\; H_1(P_3(\mathbb{R});\mathbb{Z}) = \mathbb{Z}/2\mathbb{Z},\;\; H_0(P_3(\mathbb{R});\mathbb{Z}) = \mathbb{Z}.$$

Exercice 6.4

1) Ajouter des cellules de dimension strictement plus grande que $n + 1$ ne modifie pas l'homologie en degré inférieur ou égal à n. La suite exacte longue de la paire (X, X_{n+1}) est donc de la forme

$$\longrightarrow H_{q+1}(X, X_{n+1}) \longrightarrow H_q(X_{n+1}) \xrightarrow{\cong} H_q(X) \longrightarrow H_q(X, X_{n+1}) \longrightarrow$$

pour $q \leq n$, d'où le résultat.

2) Dans la suite exacte longue du triplet (X_{n+1}, X_n, X_j),

$$\longrightarrow H_{q+1}(X_{n+1}, X_n) \longrightarrow H_q(X_n, X_j) \longrightarrow H_q(X_{n+1}, X_j) \longrightarrow H_q(X_{n+1}, X_n) \longrightarrow$$

on a $H_q(X_{n+1}, X_n) = \widetilde{H}_q(X_{n+1}/X_n) = 0$ pour $q < n + 1$, car X_{n+1}/X_n est un bouquet de sphères de dimension $n + 1$.

3) Le résultat précédent implique : $H_n(X_{n+1}, X_j; R) \cong H_n(X_{n+2}, X_j; R) \cong \ldots \cong H_n(X_N, X_j; R) = H_n(X, X_j; R)$.

4) Il suffit d'écrire la suite exacte longue du triplet (X, X_n, X_{n-1}) et d'utiliser $H_q(X_n, X_{n-1}; R) = 0$ pour $q > n$.

5) Le résultat précédent implique : $H_n(X, X_{n-2}; R) \cong H_n(X, X_{n-3}; R) \cong \ldots \cong H_n(X, X_0) = H_n(X)$. Cette dernière égalité provient de la suite exacte longue de la paire (X, X_0) et de $H_n(X_0) = 0$ pour $n > 0$.

6) Des résultats obtenus en **5)** et **3)**, on déduit : $H_n(X; R) \cong H_n(X, X_{n-2}; R) \cong H_n(X_{n+1}, X_{n-2}; R)$.

Exercice 6.5

1) Remarquons que $\mathbb{R}^n \times \{1\} \subset Z_+$. L'application $Z_+ \times [0,1] \longrightarrow \mathbb{R}^n \times \mathbb{R}$, $((x,t),u) \mapsto (x, u + (1-u)t)$ est une rétraction par déformation de Z_+ sur $\mathbb{R}^n \times \{1\}$. Il suffit ensuite de rétracter $\mathbb{R}^n \times \{1\}$ sur $\{(0,1)\}$. La preuve est similaire pour Z_-. La réunion $Z_+ \cup Z_-$ est l'espace $\mathbb{R}^{n+1} \backslash i(A)$. L'intersection $Z_+ \cap Z_-$ est $(\mathbb{R}^n \backslash A) \times \mathbb{R}$, du type d'homotopie de $\mathbb{R}^n \backslash A$. L'isomorphisme recherché provient alors directement de la suite exacte longue de Mayer-Vietoris.

2) On applique le Théorème de Tietze, composante par composante.

3) L'application L est un homéomorphisme d'inverse $L^{-1}(x,y) = (x, y - \Phi(x))$. Elle envoie $A \times \{0\}$ bijectivement sur le graphe de φ et induit donc un homéomorphisme entre leurs complémentaires.

4) Formons l'application $M : \mathbb{R}^n \times \mathbb{R}^n \longrightarrow \mathbb{R}^n \times \mathbb{R}^n$ définie par $M(x,y) = (x + \Psi(y), y)$. Comme ci-dessus pour l'application L, on constate que M induit un homéomorphisme entre le complémentaire du graphe de ψ et le complémentaire de $\{0\} \times B$. Remarquons finalement que l'application $\tau : \mathbb{R}^n \times \mathbb{R}^n \longrightarrow \mathbb{R}^n \times \mathbb{R}^n$ définie par $\tau(x,y) = (y,x)$ est un homéomorphisme, envoyant bijectivement le graphe de φ sur le graphe de ψ. Il induit donc un homéomorphisme entre leurs complémentaires, d'où, par composition, l'existence d'un homéomorphisme, $\mathbb{R}^n \times \mathbb{R}^n \backslash (A \times \{0\}) \cong \mathbb{R}^n \times \mathbb{R}^n \backslash (\{0\} \times B)$.

En appliquant **1)** de façon itérative, on a $\widetilde{H}_q(\mathbb{R}^n \backslash A) \cong \widetilde{H}_{q+n}(\mathbb{R}^n \times \mathbb{R}^n \backslash (A \times \{0\}))$ et $\widetilde{H}_q(\mathbb{R}^n \backslash B) \cong \widetilde{H}_{q+n}(\mathbb{R}^n \times \mathbb{R}^n \backslash (\{0\} \times B))$. L'homéomorphisme précédent fournit le résultat.

5) Le complémentaire du cercle S^1 de centre 0 et de rayon 1 ayant deux composantes connexes par arcs, on a $H_0(\mathbb{R}^2 \backslash S^1; \mathbb{Z}) = \mathbb{Z}^2$. Il en résulte que la dimension de $H_0(\mathbb{R}^2 \backslash C; \mathbb{R})$ est deux, ce qui signifie que le complémentaire de C dans $\mathbb{R}^2$ a deux composantes connexes.

6) Considérons la représentation classique du tore par un carré dont les côtés sont munis d'une identification. Tout cercle A situé à l'intérieur de ce carré a un complémentaire possédant deux composantes connexes. Par contre, si B est une arête du bord de ce carré, c'est un cercle dont le complémentaire est connexe et a le type d'homotopie d'un cercle.

7) On sait (cf. Page 5) que le complémentaire du cercle unité S^1 dans S^3 a le type d'homotopie de S^1. Pour toute partie A, homéomorphe à S^1, on a donc $\widetilde{H}_p(\mathbb{R}^3\backslash A; \mathbb{Z}) = 0$, pour tout $p \neq 1$ et $\widetilde{H}_1(\mathbb{R}^3\backslash A; \mathbb{Z}) = \mathbb{Z}$. Appelons nœud une courbe de $\mathbb{R}^3$ homéomorphe à un cercle. Nous venons de démontrer que les complémentaires des nœuds ont les même groupes d'homologie, une situation qui contraste fortement avec le groupe fondamental de ces complémentaires. Ceux-ci sont en général distincts, comme nous l'avons établi dans l'Exercice 3.10 pour les nœuds toriques.

Exercice 6.6

1) Chaque triangle ayant 3 arêtes et chaque arête appartenant à 2 triangles, on a $3t = 2a$. En combinant avec $\chi(S) = s + t - a$, on obtient $a = 3(s - \chi(S))$.

2) Une arête ayant deux sommets, le nombre maximum d'arêtes possibles est $C_s^2 = \dfrac{s!}{2!\,(s-2)!}$, d'où l'inégalité $a \leq C_s^2$. Cette inégalité équivaut à $s(s-1) \geq 2a$ et à $s(s-1) \geq 6(s - \chi(s))$ en utilisant le résultat précédent. Il reste à remarquer que la plus petite racine positive du polynôme $s^2 - 7s + 6\chi(S)$ est $n(S) = \dfrac{7 + \sqrt{49 - 24\chi(S)}}{2}$.

3) Le tore a pour caractéristique d'Euler 0, donc le nombre minimum de sommets est 7. Pour la sphère S^2, de caractéristique d'Euler 2, on trouve $n(S^2) = 4$ et pour le plan projectif $P_2(\mathbb{R})$, de caractéristique d'Euler 1, on a $n(P_2(\mathbb{R})) = 6$. Ces valeurs correspondent aux triangulations dessinées dans le Chapitre 2.

Exercice 6.7

1) En divisant chaque face en triangles, on constate que $s - a + f$ est égale à la caratéristique d'Euler de la sphère, d'où $s - a + f = 2$. Toute arête possède deux faces adjacentes, donc $pf = 2a$ et toute arête joint deux sommets, donc $qs = 2a$.

2) En remplaçant f et s par leur valeur en fonction de a dans l'égalité $s - a + f = 2$, on trouve $\dfrac{1}{p} + \dfrac{1}{q} = \dfrac{1}{2} + \dfrac{1}{a} > \dfrac{1}{2}$. Les nombres p et q devant être supérieurs ou égaux à 3, nous trouvons facilement la liste des couples possibles ainsi que le polyèdre correspondant.

(p,q)	Polyèdre
(3,3)	Tétraèdre
(4,3)	Cube
(3,4)	Octaèdre
(5,3)	Dodécaèdre
(3,5)	Icosaèdre

Exercice 6.8

1) Rappelons l'application continue $\varphi' \colon \mathrm{SO}(3) \to \mathbb{R}^3$, définie par $\varphi'(R) = (f(R(e_1)), f(R(e_2)), f(R(e_3)))$. Par hypothèse, la droite Δ n'est pas dans l'image de φ'. En notant proj_P la projection orthogonale de $\mathbb{R}^3$ sur le plan P, orthogonal à Δ, on obtient une application continue, $\varphi = \mathrm{proj}_P \circ \varphi' \colon \mathrm{SO}(3) \to E$.

Pour construire $\iota \colon S^1 \to \mathrm{SO}(3)$, on associe à tout $e^{2i\pi t} \in S^1$ la rotation R_t, d'axe Δ et d'angle t. Cette association est bien définie dès que l'on a orienté la droite Δ, ce que l'on fait de sorte que $\iota(e^{2i\pi/3})$ envoie e_1 sur e_2 (et donc e_2 sur e_3 et e_3 sur e_1). On pose $\psi = \mathrm{proj}_P \circ \varphi \circ \iota$. Il nous faut maintenant déterminer le degré de ψ. Pour cela, on remarque :

$$\begin{aligned} \psi\left(e^{2i\pi(t+\frac{1}{3})}\right) &= \mathrm{proj}_P\,(f(R_t(e_2)), f(R_t(e_3)), f(R_t(e_1))) \\ &= e^{2i\pi/3}\,\mathrm{proj}_P\,(f(R_t(e_1)), f(R_t(e_2)), f(R_t(e_3))) \\ &= e^{2i\pi/3}\,\psi\left(e^{2i\pi t}\right). \end{aligned}$$

Notons $p \colon \mathbb{R} \to S^1$, $t \mapsto e^{2i\pi t}$, le revêtement universel du cercle. L'application ψ se relève en une application $g \colon \mathbb{R} \to \mathbb{R}$, rendant commutatif le diagramme suivant

$$\begin{array}{ccc} \mathbb{R} & \xrightarrow{\;g\;} & \mathbb{R} \\ {\scriptstyle p}\downarrow & & \downarrow{\scriptstyle p} \\ S^1 & \xrightarrow{\;\psi\;} & S^1. \end{array}$$

Du calcul précédent, on déduit $g(1/3) - g(0) = m + (1/3)$ et $\deg \psi = g(1) - g(0) = 3m + 1$, c'est-à-dire : l'application $\psi_* \colon \mathbb{Z} \to \mathbb{Z}$, induite par ψ entre les groupes fondamentaux, est la multiplication par $3m + 1$.

2) Rappelons que $\mathrm{SO}(3)$ est homéomorphe à $P_3(\mathbb{R})$ (cf. Proposition 2.18) et $\pi_1(P_3(\mathbb{R})) = \mathbb{Z}/2\mathbb{Z}$ (cf. Exercice 3.5). L'application ψ, étant un composé de deux applications $S^1 \to \mathrm{SO}(3) \to S^1$, induit, entre les groupes fondamentaux, un homomorphisme ψ_* qui se décompose en $\mathbb{Z} \to \mathbb{Z}/2\mathbb{Z} \to \mathbb{Z}$. Ceci est en contradiction avec la détermination précédente de ψ_*.

3) On a montré : *Pour toute application continue, $f \colon S^2 \to \mathbb{R}$, il existe trois points, x_1, x_2, x_3, sur la sphère S^2, formant une base orthonormée, et tels que $f(x_1) = f(x_2) = f(x_3)$.*

Ce résultat est dû à S. Kakutani, cf. [25], qui l'utilise pour démontrer le résultat suivant : *Toute partie compacte convexe, K, de $\mathbb{R}^3$, peut être placée à l'intérieur d'un cube dont les faces sont tangentes à K.* (Le mot *cube* est pris au sens strict d'un parallélépipède rectangle dont toutes les arêtes ont même longueur.) La démonstration s'organise ainsi : pour tout point $x \in S^2$, on considère les deux plans tangents à K et orthogonaux au vecteur $\overrightarrow{Ox}$. On note $f(x)$ la distance de ces deux plans, ce qui permet de définir une application continue $f\colon S^2 \to \mathbb{R}$. D'après ce qui précède, il existe une base orthonormale (x_1, x_2, x_3) telle que $f(x_1) = f(x_2) = f(x_3)$. Les six plans tangents correspondants forment un cube qui contient K et dont chaque face est tangente à K.

Cette propriété a été étendue à toute fonction continue, $f\colon S^n \to \mathbb{R}$, et toute partie compacte, convexe de $\mathbb{R}^{n+1}$, $n \geq 2$, par H. Yamabe et Z. Yujobo dans [46].

Exercice 6.9

1) C'est une conséquence des deux propriétés établies dans la Proposition 2.2.

2) L'espace $C(S^n) = S^n \times [0,1]/(S^n \times \{0\}) \cong E^{n+1}$ s'obtient à partir de S^n en ajoutant une cellule, donc la Proposition 6.11 implique $H_*(C(S^n), S^n) \cong \widetilde{H}_*(\Sigma S^n) \cong \widetilde{H}_*(S^{n+1})$.

Soit $f\colon S^n \to S^n$ une application continue de degré k. L'espace $C(S^n)$ étant contractile, la suite exacte longue d'homologie de la paire $(C(S^n), S^n)$, alliée aux isomorphismes ci-dessus, donne un carré commutatif

$$\begin{array}{ccc} \mathbb{Z} \cong \widetilde{H}_n(S^n) & \xrightarrow{\cong} & \widetilde{H}_{n+1}(\Sigma S^n) \cong \mathbb{Z} \\ {\scriptstyle H_n(f)}\downarrow & & \downarrow{\scriptstyle H_{n+1}(\Sigma f)} \\ \mathbb{Z} \cong \widetilde{H}_n(S^n) & \xrightarrow{\cong} & \widetilde{H}_{n+1}(\Sigma S^n) \cong \mathbb{Z}, \end{array}$$

impliquant $\deg \Sigma f = k$.

3) Pour tout k, l'application $z \mapsto z^k$ est de degré k, de S^1 dans S^1. Il suffit de la suspendre n fois pour obtenir une application de degré k, de S^{n+1} dans S^{n+1}.

Exercice 6.10

On a un homéomorphisme entre les quotients, $B/A \cap B \cong X/A$, chacun étant formé des cellules nécessaires pour obtenir X à partir de A. La Proposition 6.11 termine la preuve.

Exercice 6.11

Il suffit de poser

$$\begin{aligned} \varphi\left(u((1-t)e_1 + te_2) + (1-u)\left(\frac{2-t}{2}e_1 + \frac{t}{2}e_2\right)\right) &= \omega(t), \\ \varphi\left(u((1-t)e_2 + te_3) + (1-u)\left(\frac{1-t}{2}e_1 + \frac{1+t}{2}e_2\right)\right) &= \omega'(t). \end{aligned}$$

Exercice 6.12

L'application f étant homotopiquement triviale, elle admet une extension continue, $\hat{f}: E^{n+1} \to S^n \subset E^{n+1}$. Le théorème de Brouwer implique l'existence d'un point fixe pour $\hat{f}$. Ce point appartient à S^n et est donc un point fixe pour f.

Chapitre 7

Homologie et homotopie

Ce chapitre commence avec la preuve du lien entre groupe fondamental et premier groupe d'homologie, le second étant l'abélianisé du premier. Nous poursuivons avec l'introduction des groupes d'homotopie d'ordre supérieur d'un espace X : généralisant le groupe fondamental, ils ont pour éléments les classes d'homotopie relative d'applications pointées de S^n dans X. Nous explicitons leur structure de groupe, abélien pour $n \geq 2$. Ensuite, nous étendons la notion de revêtement de deux façons, en définissant les fibrations et les fibrés localement triviaux, et nous montrons qu'un fibré localement trivial est toujours une fibration. Les groupes d'homotopie d'ordre supérieur se comportent très bien avec les fibrations, fournissant une suite exacte longue d'homotopie explicitée dans le Théorème 7.14. Plusieurs conséquences de l'existence de cette suite sont données, notamment dans le cas particulier des revêtements.

La fin du chapitre comporte des énoncés de théorèmes, dans la lignée de ceux que nous avons déjà établis, et la présentation de thèmes d'étude, incitant à prolonger cet apprentissage de la Topologie Algébrique.

7.1 GROUPE FONDAMENTAL ET PREMIER GROUPE D'HOMOLOGIE

Dans les chapitres antérieurs (cf. Théorème 1.21, Théorème 6.15, Corollaire 3.19, et l'exemple Page 176), nous avons obtenu :

$$\pi_1(S^1) = H_1(S^1;\mathbb{Z}) = \mathbb{Z},\ \pi_1(\#^2 P_2(\mathbb{R})) = \langle t_1, t_2; t_1^2 t_2^2\rangle \text{ et } H_1(\#^2 P_2(\mathbb{R})) = \mathbb{Z}\oplus\mathbb{Z}/2\mathbb{Z}.$$

Qu'il n'y ait pas toujours d'isomorphisme entre les deux groupes, n'est pas surprenant car le groupe d'homologie H_1 est toujours commutatif contrairement au groupe fondamental. Sur les exemples choisis, nous constatons qu'il y a égalité des groupes lorsque le groupe fondamental est commutatif et passage à l'abélianisé sinon (cf. Exercice 3.2). C'est en fait toujours le cas, un résultat dû à Poincaré mais appelé *Théorème de Hurewicz* car c'est un cas particulier d'un théorème plus général démontré par Hurewicz, cf. Théorème 7.18.

À tout chemin, $\alpha\colon [0,1] \to X$, on associe un 1-simplexe singulier, $h(\alpha)\colon \Delta^1 \to X$, défini par $h(\alpha)(te_1 + (1-t)e_2) = \alpha(t)$. Cette correspondance est le lien entre groupe fondamental et premier groupe d'homologie.

Théorème 7.1 (Théorème de Hurewicz) *Pour tout espace X connexe par arcs, la correspondance, $\alpha \mapsto h(\alpha)$, engendre un homomorphisme de groupes, $h\colon \pi_1(X) \to H_1(X;\mathbb{Z})$, appelé* homomorphisme de Hurewicz. *Il induit un isomorphisme entre l'abélianisé du groupe $\pi_1(X)$ et le groupe $H_1(X;\mathbb{Z})$.*

Démonstration. La preuve que nous présentons suit les grandes lignes de la preuve de Seifert et Threlfall dans le cas d'un complexe simplicial, cf. [40, Page 171].

Remarquons d'abord que si α est un lacet, alors $h(\alpha)$ est un cycle. Soit x_0 un point fixé de X. Pour vérifier *la compatibilité de h avec la relation d'homotopie,* nous considérons deux lacets, α et α', homotopes relativement à $\{x_0\}$, i.e., il existe une application continue, $F\colon [0,1]\times[0,1] \to X$, telle que $F(t,0) = F(t,1) = x_0$, $F(0,u) = \alpha(u)$ et $F(1,u) = \alpha'(u)$, pour tout $(t,u) \in [0,1]\times[0,1]$. Pour démontrer que $h(\alpha)$ et $h(\alpha')$ sont homologues, il nous faut construire une 2-chaîne $\sigma\colon \Delta^2 \to X$, dont le bord est la différence $h(\alpha) - h(\alpha')$. Posons

$$\sigma(t(ue_1 + (1-u)e_3) + (1-t)(ue_1 + (1-u)e_2) = F(t,u),$$

et calculons $d\sigma = \sigma_{|[e_2,e_3]} - \sigma_{|[e_1,e_3]} + \sigma_{|[e_1,e_2]}$. Le segment $[e_2,e_3]$ correspond à $u = 0$ et les segments $[e_1,e_3]$ et $[e_1,e_2]$ s'obtiennent avec $t = 1$ et $t = 0$, respectivement. Nous avons donc $d\sigma = c_{x_0} - \alpha' + \alpha$, où c_{x_0} est le chemin constant sur x_0. En notant aussi σ_{x_0} le 2-simplexe constant sur x_0, nous déduisons la relation cherchée de $d(\sigma - \sigma_{x_0}) = \alpha - \alpha'$. Ainsi, la correspondance h ci-dessus, induit une application,

$$h\colon \pi_1(X,x_0) \to H_1(X;\mathbb{Z}).$$

Cette association $\alpha \mapsto h(\alpha)$ est déjà apparue dans le Lemme 6.17, dont on déduit que, si α et α' sont des lacets de X, le lacet composé $\alpha.\alpha'$ est homologue à la chaîne $\alpha + \alpha'$. Ceci se traduit par : h est un homomorphisme de groupes.

Établissons maintenant *la surjectivité de h.* A priori, l'image d'un simplexe singulier quelconque de X ne contient pas le point x_0, il nous faut donc les connecter. Pour cela, nous choisissons, pour tout $x \in X$, un chemin ℓ_x de source x_0 et de but x. Le chemin choisi pour le point x_0 est le chemin constant sur x_0, noté c_{x_0}. À tout 1-simplexe, $\sigma\colon \Delta^1 \to X$, on associe un lacet basé en x_0, défini par le composé, $\ell(\sigma) = \ell_{\sigma(e_1)}.\sigma.\overline{\ell_{\sigma(e_2)}}$, où $\overline{\tau}$ désigne le chemin inverse du chemin τ, cf. Définition 1.11. Observons que, si α est un lacet basé en x_0, alors α est homotope à $\ell(h(\alpha))$, i.e., on a $\ell(h(\alpha)) = c_{x_0}.\alpha.\overline{c_{x_0}} \simeq \alpha$.

Considérons un 1-cycle, $\omega = \sum_1^k n_i\sigma_i$ de X. Si $\tau_i = h(\alpha_i)$, on a $h(\alpha_i^{n_i}) = n_i\tau_i$ et il suffit donc de considérer les 1-cycles de la forme $\sum_1^k \sigma_i$, avec $\sigma_i : \Delta^1 \to X$. Cette somme étant un 1-cycle, la somme formelle des bords doit s'annuler, ce qui entraîne l'existence d'un terme σ_{i_0} de cette somme, tel que σ_1 et σ_{i_0} sont composables. Comme nous sommes intéressés par une surjectivité sur l'homologie, nous pouvons remplacer la somme $\sigma_1 + \sigma_{i_0}$ par le composé $\sigma_1.\sigma_{i_0}$ qui lui est homologue. Par itération, on ramène donc le cycle ω de départ à un lacet $\sigma\colon \Delta^1 \to X$, basé en un point $x = \sigma(e_1) = \sigma(e_2)$. Le composé $\ell(\sigma) = \ell_x.\sigma.\overline{\ell_x}$ est un lacet basé en x_0, dont l'image par h est homologue à la chaîne $h(\ell_x) + h(\sigma) + h(\overline{\ell_x}) = h(\ell_x) + \sigma - h(\ell_x) = \sigma$, ce qui démontre la surjectivité de l'homomorphisme de Hurewicz.

Déterminons le *noyau de l'homomorphisme de Hurewicz.* Le groupe $H_1(X;\mathbb{Z})$ étant abélien, ce noyau contient le sous-groupe des commutateurs et h induit un homomorphisme $\overline{h}\colon \pi_1(X,x_0)_{\text{ab}} = \pi_1(X,x_0)/[\pi_1(X,x_0),\pi_1(X,x_0)] \to H_1(X;\mathbb{Z})$. Le groupe $S_1(X;\mathbb{Z})$ des chaînes singulières étant le groupe abélien libre engendré par les 1-simplexes, grâce à la propriété universelle du groupe abélien libre, nous avons un homomorphisme de groupes, $\ell\colon S_1(X;\mathbb{Z}) \to \pi_1(X,x_0)_{\text{ab}}$, défini par l'association décrite ci-dessus. (Le lecteur remarquera que cette propriété universelle nécessite la commutativité des groupes intervenant ; un tel homomorphisme, à valeurs dans le groupe fondamental lui-même, n'existe donc pas nécessairement.) Déterminons l'image par ℓ du bord d'un 2-simplexe $\sigma\colon \Delta_2 \to X$. Rappelons $d\sigma = \sigma_{|[e_2,e_3]} - \sigma_{|[e_1,e_3]} + \sigma_{|[e_1,e_2]}$, d'où $\ell(d\sigma) \simeq \ell_{\sigma(e_2)}.\sigma_{|[e_2,e_3]}.\overline{\sigma_{|[e_1,e_3]}}.\sigma_{|[e_1,e_2]}.\overline{\ell_{\sigma(e_2)}}$. Le lacet composé $\sigma_{|[e_2,e_3]}.\overline{\sigma_{|[e_1,e_3]}}.\sigma_{|[e_1,e_2]}$ est un lacet défini sur le bord de Δ^2 admettant l'extension σ sur Δ^2 ; il est donc homotope à un lacet constant c_x et on obtient $\ell(d\sigma) \simeq \ell_{\sigma(e_2)}.c_x.\overline{\ell_{\sigma(e_2)}} \simeq c_{x_0}$. En conséquence, l'homomorphisme $\ell\colon S_1(X;\mathbb{Z}) \to \pi_1(X,x_0)_{\text{ab}}$ s'étend en un homomorphisme $\ell\colon H_1(X;\mathbb{Z}) \to \pi_1(X,x_0)_{\text{ab}}$. Si α est un lacet en x_0, nous avons déjà remarqué $l(h(\alpha)) \simeq \alpha$, ce qui, pour les applications induites au niveau des groupes d'homologie et d'homotopie, entraîne $\ell \circ \overline{h} = \text{id}$ et l'injectivité de $\overline{h}$.

7.2 GROUPES D'HOMOTOPIE D'ORDRE SUPÉRIEUR

Les notions d'applications continues entre paires topologiques et d'homotopie associée ont été introduites dans la Section 6.1. Rappelons que l'ensemble des classes d'homotopie d'applications entre les paires (X, A) et (Y, B) est noté $[(X, A), (Y, B)]$.

Un *espace topologique pointé* (X, x_0) est une paire topologique $(X, \{x_0\})$, où x_0 est un point de X. La sphère S^n est toujours pointée par $s_0 = (1, 0, \dots, 0) \in \mathbb{R}^{n+1}$. Si (X, x_0) est un espace topologique pointé, nous notons $\pi_n(X, x_0)$ l'ensemble défini par

$$\pi_n(X, x_0) = [(S^n, s_0), (X, x_0)] .$$

Pour tout $n \geq 1$, nous allons munir ces ensembles d'une structure de groupe, coïncidant avec celle du groupe fondamental dans le cas $n = 1$. Pour ce faire, exprimons différemment cet ensemble de classes d'homotopie.

Proposition 7.2 *Soit I^n le cube unité de $\mathbb{R}^n$, de bord ∂I^n. Le quotient $I^n/\partial I^n$ est homéomorphe à la sphère S^n et l'application quotient $\rho\colon I^n \to I^n/\partial I^n \cong S^n$ induit une bijection $\overline{\rho}\colon \pi_n(X, x_0) \xrightarrow{\cong} [(I^n, \partial I^n), (X, x_0)]$, $[f] \mapsto [f \circ \rho]$.*

Démonstration. L'homéomorphisme entre le cube I^n et la boule unité E^n induit un homéomorphisme entre les quotients $I^n/\partial I^n$ et E^n/S^{n-1}, et ce dernier espace est homéomorphe à la sphère S^n, d'après la Proposition 2.2. L'application $\overline{\rho}$ est surjective car toute application $f\colon I^n \to X$, envoyant le bord ∂I^n sur le point de base x_0, se factorise à travers ρ en une application $I^n/\partial I^n \cong S^n \to X$, envoyant s_0 sur x_0. Pour démontrer l'injectivité de $\overline{\rho}$, nous considérons deux applications, $f, g\colon (S^n, s_0) \to (X, x_0)$, donnant des applications homotopes, $f\circ\rho$ et $g\circ\rho$, de $(I^n, \partial I^n)$ dans (X, x_0). L'homotopie, $F\colon (I^n \times [0,1], \partial I^n \times [0,1]) \to (X, x_0)$, entre $f \circ \rho$ et $g \circ \rho$, induit une application continue

$$\overline{F}\colon (I^n \times [0,1])/(\partial I^n \times [0,1]) \cong (I^n/\partial I^n) \times [0,1] \cong S^n \times [0,1] \to X,$$

qui est une homotopie entre f et g, cf. Exercice A.3 pour le premier isomorphisme.

Nous pouvons donc interpréter les éléments de $\pi_n(X, x_0)$ comme des classes d'homotopie d'applications du cube I^n dans X, qui envoient le bord ∂I^n sur le point de base x_0. Ceci permet de munir $\pi_n(X, x_0)$ d'une addition définie sur un couple d'applications, $f, g\colon (I^n, \partial I^n) \to (X, x_0)$, par :

$$(f+g)(t_1, \dots, t_n) = \begin{cases} f(2t_1, t_2, \dots t_n), & \text{si } t_1 \leq 1/2, \\ g(2t_1 - 1, t_2, \dots, t_n), & \text{si } t_1 \geq 1/2. \end{cases}$$

Théorème 7.3 *Les propriétés suivantes sont vérifiées.*

1. *La loi + fait de $\pi_n(X, x_0)$ un groupe. Pour $n = 1$, elle coïncide avec celle introduite sur le groupe fondamental dans le Chapitre 1.*
2. *Le groupe $\pi_n(X, x_0)$ est un groupe commutatif pour $n \geq 2$.*
3. *Si X est connexe par arcs, pour tout $x \in X$, on a $\pi_n(X, x_0) \cong \pi_n(X, x)$.*
4. *Pour tout $i \in \{1, \dots, n\}$, on peut définir une loi $+_i$ sur $\pi_n(X, x_0)$ par :*

$$(f +_i g)(t_1, \dots, t_n) = \begin{cases} f(t_1, \dots, t_{i-1}, 2t_i, t_{i+1}, \dots, t_n), & \text{si } t_i \leq 1/2, \\ g(t_1, \dots, t_{i-1}, 2t_i - 1, t_{i+1}, \dots, t_n), & \text{si } t_i \geq 1/2. \end{cases}$$

Toutes les lois $+_i$ définissent la même structure de groupe sur $\pi_n(X, x_0)$.

Démonstration

1. Dans la définition de la loi +, seule la première composante intervient et la preuve de la structure de groupe est identique à celle faite dans le cas $n = 1$, cf. Proposition 1.12. Par définition, la loi + coïncide avec celle introduite dans la Définition 1.11 pour $n = 1$.
2. Soit $n \geq 2$. Un sous cube de I^n est un cube $J = [a_1, b_1] \times [a_2, b_2] \times \cdots \times [a_n, b_n]$, dans lequel chaque intervalle $[a_i, b_i]$ est contenu dans $I = [0, 1]$. Si $J \subset I^n$ est un sous-cube de I^n, il existe une bijection affine $j_J \colon J \to I^n$. Toute application $f \colon (I^n, \partial I^n) \to (X, x_0)$ induit alors une nouvelle application $f_J \colon (I^n, \partial I^n) \to (X, x_0)$, obtenue par $f_J = f \circ j_J$ sur J et $f_J(t_1, \dots, t_n) = x_0$ sur $I \backslash J$. Comme le cube J peut s'étendre continûment pour remplir I^n, l'application f_J est homotope à f. Si $J = [a_1, b_1] \times [a_2, b_2] \times [0, 1] \times \cdots \times [0, 1]$ est un sous-cube où seuls les deux premiers facteurs sont dans des intervalles différents de $[0, 1]$, on le représente par $\boxed{\square}$, l'application f_J étant alors représentée par

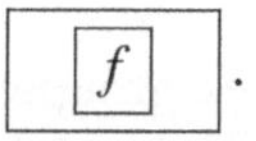

La somme de f et de g, représentée par $\boxed{f|g}$, est en particulier homotope à

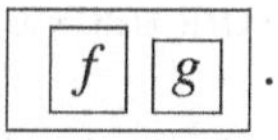

On peut maintenant faire glisser les différents blocs les uns par rapport aux autres en ne faisant intervenir que les deux premières variables, ce qui montre la commutativité de l'addition.

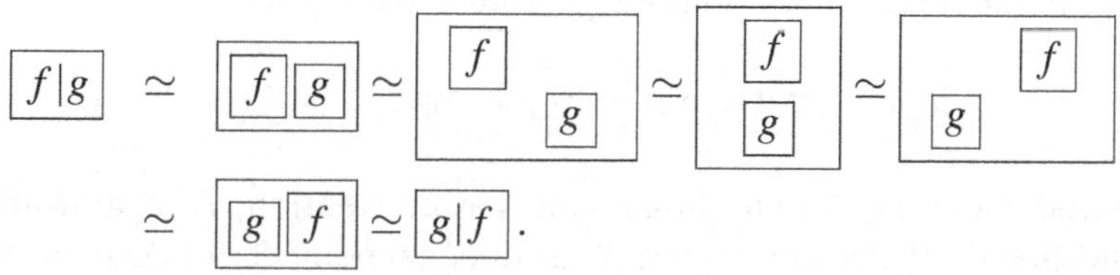

3. Soit α un chemin de source x_0 et de but x et $f\colon (I^n, \partial I^n) \to (X, x_0)$ une application continue. Notons J le sous-cube de I^n défini par $J = \left[\frac{1}{3}, \frac{2}{3}\right] \times \cdots \times \left[\frac{1}{3}, \frac{2}{3}\right]$ et $m = \left(\frac{1}{2}, \frac{1}{2}, \ldots, \frac{1}{2}\right)$ le centre du cube. Définissons une application $f'\colon (I^n, \partial I^n) \to (X, x)$ par $f' = f \circ j_J$ sur J et par α sur le complémentaire de J, de la façon suivante : toute demi-droite issue de m rencontre $I^n \setminus \mathrm{Int}\,(J)$ en un segment $[a, b]$, $a \in J$, isomorphe par une application affine au segment $[0, 1]$. On compose cette bijection affine avec l'application α pour envoyer $[a, b]$ dans X. Le résultat est une application continue f', envoyant le bord ∂I^n sur le point x. Cette construction est compatible avec les homotopies et définit une bijection entre $\pi_n(X, x_0)$ et $\pi_n(X, x)$.
4. La relation

$$\boxed{f|g} \simeq \boxed{\begin{array}{c}\boxed{f}\\[4pt] \boxed{g}\end{array}}$$

montre que l'addition $+_2$ donne la même loi de groupe que $+$. Le raisonnement est similaire pour les autres lois $+_i$.

Définition 7.4 *Le groupe $\pi_n(X, x_0)$ s'appelle le n-*ème groupe d'homotopie de l'espace pointé *(X, x_0). Lorsque X est connexe par arcs, on le note simplement $\pi_n(X)$.*

En utilisant l'homéomorphisme $(E^n, S^{n-1}) \cong (I^n, \partial I^n)$, les groupes d'homotopie s'expriment aussi par :

$$\pi_n(X, x_0) \cong [(E^n, S^{n-1}), (X, x_0)].$$

Comme dans le cas $n = 1$, ces groupes sont des invariants du type d'homotopie d'espaces pointés. Par exemple, $\mathbb{R}^n$ et E^n ayant le type d'homotopie d'un point, leurs groupes d'homotopie sont tous nuls. Observons aussi que, comme dans le Corollaire 1.16, si (X, x_0) et (Y, y_0) sont deux espaces topologiques pointés, on a :

$$\pi_n(X \times Y, (x_0, y_0)) \cong \pi_n(X, x_0) \oplus \pi_n(Y, y_0), \text{ si } n \geq 2.$$

Si $f\colon (X, x_0) \to (Y, y_0)$ est une application continue pointée, alors pour tout $n \geq 1$, f induit par composition un homomorphisme de groupes

$$\pi_n(f)\colon \pi_n(X, x_0) \to \pi_n(Y, y_0), \qquad \pi_n(f)[g] = [f \circ g].$$

Introduisons $\pi_0(X)$ en choisissant, par convention, I^0 égal à un singleton. Une application de I^0 dans un espace X est donc un point de X. De plus, deux applications

a et b, de I^0 dans X, sont homotopes, s'il existe une application continue $f\colon [0,1] \to X$, telle que $f(0) = a$ et $f(1) = b$, autrement dit si, et seulement si, les points a et b sont dans la même composante connexe par arcs. En conséquence, $\pi_0(X, x_0)$ est l'ensemble des composantes connexes par arcs de X. C'est un ensemble pointé, le point de base étant la composante connexe du point x_0. Toute application continue pointée, $f\colon (X, x_0) \to (Y, y_0)$, induit au niveau π_0 un morphisme d'ensembles pointés, c'est-à-dire une application envoyant le point de base de $\pi_0(X, x_0)$ sur le point de base de $\pi_0(Y, y_0)$.

Définition 7.5 *Soit $n \geq 1$. Un espace X est dit* n-connexe, *s'il est connexe par arcs et si $\pi_q(X) = 0$ pour $q \leq n$.*

Les espaces 1-connexes sont donc les espaces simplement connexes introduits dans la Définition 1.20.

7.3 FIBRATIONS – FIBRÉS LOCALEMENT TRIVIAUX

Une particularité des revêtements est que la fibre, au-dessus d'un point de la base, est un espace topologique discret. Dans cette section, nous élargissons cette situation en autorisant des espaces topologiques quelconques comme fibre. Commençons par une définition centrée sur la propriété de relèvement des applications continues de source un cube.

Définition 7.6 *Une application continue, $p\colon E \to B$, est une* fibration *si, pour tout $n \geq 0$ et pour tout diagramme commutatif d'applications continues,*

$$\begin{array}{ccc} I^n \times \{0\} & \xrightarrow{f_0} & E \\ {\scriptstyle j_0}\downarrow & \overset{\tilde f}{\nearrow} & \downarrow{\scriptstyle p} \\ I^n \times I & \xrightarrow{f} & B, \end{array}$$

il existe une application continue $\tilde f\colon I^n \times I \to E$ telle que $p \circ \tilde f = f$ et $\tilde f \circ j_0 = f_0$.

En appliquant la propriété de relèvement pour $n = 0$, on constate que l'image $p(E)$ est une réunion de composantes connexes par arcs. Ainsi, l'application p est surjective si l'espace B est connexe par arcs.

Exemples :

1. Notons $p_F\colon B \times F \to F$ et $p_B\colon B \times F \to B$ les deux projections canoniques d'un produit. Pour tout espace F, la projection p_B est une fibration, de fibre F, appelée *fibration triviale,* le relèvement $\tilde f$ étant définie par $\tilde f(x,t) = (f(x,t), p_F(f_0(x,0)))$.

2. Tout revêtement est une fibration, d'après la Proposition 4.6.
3. Soit (X, x_0) un espace topologique pointé. Notons PX l'espace des applications continues $\alpha\colon [0,1] \to X$ telles que $\alpha(0) = x_0$, muni de la topologie compacte ouverte, cf. Exercice A.7. L'application continue $p\colon PX \to X$, $\alpha \mapsto \alpha(1)$, est une fibration. Pour justifier ceci, donnons-nous le diagramme commutatif,

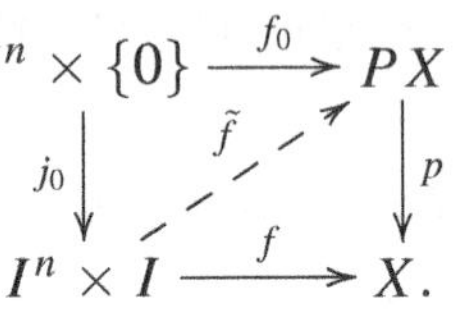

Nous construisons une application $F'\colon I^n \times I \times I \to X$ par

$$F'(x,t,s) = \begin{cases} f_0(x)(s(t+1)), & \text{si } 0 \le s \le \dfrac{1}{t+1}, \\ f(x, s(t+1)-1), & \text{si } \dfrac{1}{t+1} \le s \le 1. \end{cases}$$

Cette application est continue et définit une application continue (cf. Exercice A.7) $\tilde{f}\colon I^n \times I \to X^I$, qui envoie (x,t) sur le chemin $\tilde{f}(x,t)$ défini par $\tilde{f}(x,t)(s) = F'(x,t,s)$. Ce chemin vérifie :

- $\tilde{f}(x,t)(0) = f_0(x)(0) = x_0$, donc $\tilde{f}(x,t) \in PX$,
- $\tilde{f}(x,0)(s) = f_0(x)(s)$, donc $\tilde{f} \circ j_0 = f_0$,
- $p(\tilde{f}(x,t)) = F'(x,t,1) = f(x,t)$, donc $p \circ \tilde{f} = f$.

Dans la définition de fibration, le relèvement demandé concerne les applications de source la paire $(I^n \times I, I^n \times \{0\})$. Nous pouvons lui substituer des paires homéomorphes qui se révèlent mieux adaptées aux espaces cellulaires, cf. Proposition 7.10. Notons $J^n \subset \partial I^{n+1}$ la partie définie par $J^n = (I^n \times \{0\}) \cup_{\partial I^n \times \{0\}} (\partial I^n \times I)$, si $n \ge 1$. Autrement dit, $J^n = \partial I^{n+1} \backslash (I^n \times \{1\})$. (En particulier, J^2 est une boîte sans couvercle.) De même, si E^n est la boule unité, nous introduisons l'espace $J'^n = E^n \times \{0\} \cup_{S^{n-1} \times \{0\}} S^{n-1} \times I$.

Proposition 7.7 *Les paires topologiques* $(I^n \times I, J^n)$, $(I^n \times I, I^n \times \{0\})$, $(E^n \times I, E^n \times \{0\})$ *et* $(E^n \times I, J'^n)$ *sont homéomorphes.*

Démonstration. L'homéomorphisme entre I^n et E^n induit un homéomorphisme entre leurs bords, ∂I^n et S^{n-1}. Nous avons donc des homéomorphismes $(I^n \times I, I^n \times \{0\}) \cong (E^n \times I, E^n \times \{0\})$ et $(I^n \times I, J^n) \cong (E^n \times I, J'^n)$. Il nous reste à construire un homéomorphisme entre $(E^n \times I, J'^n)$ et $(E^n \times I, E^n \times \{0\})$. Notons Z l'ensemble des couples $(x,t) \in E^n \times \mathbb{R}$ tels que,

– $t \in [0, 2]$, si $\|x\| \leq \frac{1}{2}$,
– $0 \leq t \leq 3 - 2\|x\|$, si $\|x\| > \frac{1}{2}$.

Notons x_0 le point $(0, 3) \in E^n \times \mathbb{R}$ et D la boule, de dimension n, contenue dans Z et définie par

$$D = \left\{ (x, 2) \mid \|x\| \leq \frac{1}{2} \right\}.$$

Si $y \in D$, la droite passant par les points x_0 et y rencontre J'^n en un point noté $\varphi(y)$. L'application $\psi\colon E^n \times [0, 1] \to Z$ définie par,

$$\psi(x, t) = (1 - t)\varphi\left(\frac{x}{2}, 2\right) + t\left(\frac{x}{2}, 2\right),$$

est alors un homéomorphisme envoyant $E^n \times \{0\}$ sur J'^n. Pour l'essentiel, cette application ne fait intervenir que la norme des éléments de E^n ; elle peut se visualiser comme ci-dessous, la base du carré de gauche (symbolisant $E^n \times \{0\}$) étant envoyée sur la partie hachurée de la figure de droite (symbolisant J'^n).

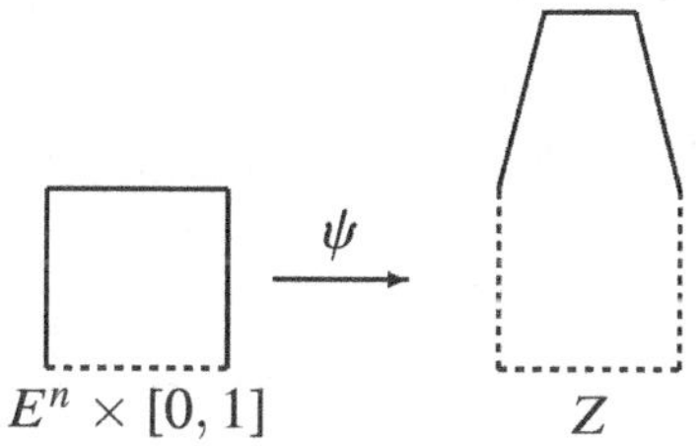

Considérons alors l'homéomorphisme $\phi\colon Z \to E^n \times [0, 1]$, défini par

$$\phi(x, t) = \begin{cases} \left(x, \dfrac{t}{2}\right), & \text{si } \|x| \leq \dfrac{1}{2}, \\ \left(x, \dfrac{t}{3 - 2\|x\|}\right), & \text{si } |x\| \geq \dfrac{1}{2}. \end{cases}$$

Cette application induit l'identité sur J'^n et le composé $\phi \circ \psi$ est l'homéomorphisme cherché.

Corollaire 7.8 *Si $p\colon E \to B$ est une fibration et si on a un diagramme commutatif de la forme,*

$$\begin{array}{ccc} J^n = (I^n \times \{0\}) \cup_{\partial I^n \times \{0\}} (\partial I^n \times I) & \xrightarrow{g} & E \\ {\scriptstyle j}\downarrow & \overset{\tilde{f}}{\nearrow} & \downarrow{\scriptstyle p} \\ I^n \times I & \xrightarrow{f} & B, \end{array}$$

alors, il existe une application continue $\tilde{f}\colon I^n \times I \to E$ *telle que* $p \circ \tilde{f} = f$ *et* $\tilde{f} \circ j = g$.

> *Démonstration.* Notons $\varphi\colon (I^n \times I, I^n \times \{0\}) \to (I^n \times I, J^n)$ l'homéomorphisme de paires construit dans la section précédente. On forme le diagramme :
>
> $$\begin{array}{ccccc} I^n \times \{0\} & \xrightarrow{\varphi_{|I^n \times \{0\}}} & J^n & \xrightarrow{g} & E \\ {\scriptstyle j_0}\downarrow & & \downarrow{\scriptstyle j} & & \downarrow{\scriptstyle p} \\ I^n \times I & \xrightarrow{\varphi} & I^n \times I & \xrightarrow{f} & B. \end{array}$$
>
> Par définition de fibration, il existe une application $\tilde{f}'\colon I^n \times I \to E$, telle que $p \circ \tilde{f}' = f \circ \varphi$ et $\tilde{f}' \circ j_0 = g \circ \varphi_{|I^n \times \{0\}}$. Le relèvement cherché est alors $\tilde{f} = \tilde{f}' \circ \varphi^{-1}$.

Une démonstration similaire permet de remplacer $(I^n \times I, J^n)$ par $(E^n \times I, J'^n)$.

Corollaire 7.9 *Si* $p\colon E \to B$ *est une fibration et si on a un diagramme commutatif de la forme,*

$$\begin{array}{ccc} J'^n = E^n \times \{0\} \cup_{S^{n-1} \times \{0\}} S^{n-1} \times I & \xrightarrow{g} & E \\ {\scriptstyle j}\downarrow & \overset{\tilde{f}}{\nearrow} & \downarrow{\scriptstyle p} \\ E^n \times I & \xrightarrow{f} & B, \end{array}$$

alors, il existe une application continue $\tilde{f}\colon E^n \times I \to E$ *telle que* $p \circ \tilde{f} = f$ *et* $\tilde{f} \circ j = g$.

La propriété requise dans la définition de fibration permet de relever des applications plus générales que celles de source un cube de $\mathbb{R}^n$.

Proposition 7.10 *Si l'espace* X *est obtenu à partir de* Y *par l'ajout d'un nombre fini de cellules, et si* $p\colon E \to B$ *une fibration, alors pour tout diagramme commutatif,*

$$\begin{array}{ccc} X \times \{0\} \cup_{Y \times \{0\}} Y \times [0,1] & \xrightarrow{f_0} & E \\ {\scriptstyle i}\downarrow & & \downarrow{\scriptstyle p} \\ X \times [0,1] & \xrightarrow{f} & B, \end{array}$$

il existe une application continue $\tilde{f}\colon X \times [0,1] \to E$, *telle que* $p \circ \tilde{f} = f$ *et* $\tilde{f} \circ i = f_0$.

Démonstration. Il suffit de montrer le résultat pour $X = Y \cup_{\varphi} e^n$. Rappelons (Définition 2.7) que l'espace X est la somme amalgamée suivante,

$$\begin{array}{ccc} S^{n-1} & \xrightarrow{\varphi} & Y \\ \downarrow & & \downarrow \\ E^n & \xrightarrow{q} & X, \end{array}$$

et formons le diagramme commutatif

$$\begin{array}{ccc} J'^n = E^n \times \{0\} \cup_{S^{n-1}\times\{0\}} S^{n-1} \times I & \xrightarrow{g} & E \\ \downarrow j & & \downarrow p \\ E^n \times I & \xrightarrow{f\circ(q\times \mathrm{id})} & B, \end{array}$$

où $g(x,0) = f_0(q(x),0)$, si $x \in E^n$, et $g(y,t) = f_0(\varphi(y),t)$ si $y \in S^{n-1}$. Le Corollaire 7.9 implique l'existence d'une application $\tilde{f}' \colon E^n \times [0,1] \to E$, étendant g et telle que $p \circ \tilde{f}' = f \circ (q \times \mathrm{id})$. Définissons maintenant une application continue, $\tilde{f} \colon X \times [0,1] \to E$, par $\tilde{f} = f_0$ sur $Y \times [0,1]$ et $\tilde{f}(q(x),t) = \tilde{f}'(x,t)$, pour $x \in E^n$. Cette application vérifie $p \circ \tilde{f} = f$ et $\tilde{f} \circ i = f_0$.

Revenons à la définition de revêtement du Chapitre 4 : tout point de la base admet un voisinage U, avec $p^{-1}(U)$ homéomorphe au produit de U par la fibre F, et pour lequel la restriction de p à $p^{-1}(U)$ correspond à la projection canonique $p_U \colon U \times F \to U$. Cette définition amène naturellement l'extension suivante.

Définition 7.11 *Soit* (B, b_0) *un espace pointé.* Un fibré localement trivial de base B et de fibre F *est une application continue* $p \colon E \to B$ *vérifiant la propriété suivante : il existe un recouvrement ouvert* $(U_i)_{i\in I}$ *de* B *et des homéomorphismes* $\Phi_i \colon p^{-1}(U_i) \to U_i \times F$*, tels que* $p_{U_i} \circ \Phi_i = p$*,*

$$\begin{array}{ccc} p^{-1}(U_i) & \xrightarrow{\Phi_i} & U_i \times F \\ & {\scriptstyle p}\searrow \quad \swarrow{\scriptstyle p_{U_i}} & \\ & U_i & \end{array}$$

Les ouverts U_i *sont dits* trivialisants. *L'espace* E *s'appelle* l'espace total, *l'espace* B la base, *l'espace* F la fibre *et l'application* p la projection.

Exemple : *L'application* $q_n \colon S^{2n+1} \to P_n(\mathbb{C})$*, introduite dans la Proposition 2.20, est un fibré localement trivial, de fibre* S^1. La sphère S^{2n+1} est incluse dans $\mathbb{C}^{n+1}$. Ses éléments sont notés $(z_0, \ldots, z_n)$ avec $z_i \in \mathbb{C}$, la classe d'équivalence associée dans $P_n(\mathbb{C})$ étant désignée par $[z_0, \ldots, z_n]$. Nous considérons le recouvrement de $P_n(\mathbb{C})$ par les ouverts $U_i = \{[z_0, \ldots, z_n] \in P_n(\mathbb{C}) \mid z_i \neq 0\}$, avec $i \in \{0, \ldots, n\}$. L'homéomorphisme $\Phi_i : q_n^{-1}(U_i) \to U_i \times S^1$, défini par

$$\Phi_i(z_0, \ldots, z_n) = \left([z_0, \ldots, z_n], \frac{z_i}{\|z_i\|}\right),$$

d'inverse

$$([z_0, \ldots, z_n], z) \mapsto z\, \|z_i\|(z_i^{-1} z_0, \ldots, z_i^{-1} z_n),$$

trivialise localement l'application q_n. Le cas $n = 1$ correspond à un fibré localement trivial, $q_1 : S^3 \to S^2$, de fibre S^1, appelé *fibré (ou fibration) de Hopf.*

La géométrie fournit de nombreux autres exemples de fibrés localement triviaux. Par exemple, associer à chaque matrice orthogonale d'ordre n sa première colonne est un fibré localement trivial $p\colon O(n) \to S^{n-1}$, de fibre $O(n-1)$, comme le montre la proposition suivante.

Proposition 7.12 *La surjection canonique, $p\colon \mathrm{O}(n) \to \mathrm{O}(n)/\mathrm{O}(n-k)$, associant à chaque matrice orthogonale ses k premières colonnes, est un fibré localement trivial, de fibre* $\mathrm{O}(n-k)$.

Démonstration. Rappelons que $V_{k,n}(\mathbb{R}) = \mathrm{O}(n)/\mathrm{O}(n-k)$ est la variété de Stiefel introduite dans la Définition 2.21. Soit $(e_i)_{1 \le i \le n}$ la base canonique de $\mathbb{R}^n$. Pour chaque suite $I = (i_1, \ldots, i_{n-k})$ avec $1 \le i_1 < \cdots < i_{n-k} \le n$, on note

$$U_I = \{(v_1, \ldots, v_k) \in (\mathbb{R}^n)^k \mid \text{la suite } (v_1, \ldots, v_k, e_{i_1}, \ldots, e_{i_{n-k}}) \text{ est libre}\}.$$

Considérons alors $\theta_I\colon U_I \to \mathrm{O}(n)$, l'application qui associe à la suite $(v_1, \ldots, v_k)$ l'orthonormalisation de Gram-Schmidt de la suite $(v_1, \ldots, v_k, e_{i_1}, \ldots, e_{i_{n-k}})$. Un homéomorphisme,

$$\Phi_I\colon U_I \times \mathrm{O}(n-k) \to p^{-1}(U_I),$$

est alors défini par

$$\Phi_I((v_1, \ldots, v_k), A) = \theta_I(v_1, \ldots, v_k) \cdot \left(\begin{array}{c|c} I & 0 \\ \hline 0 & A \end{array}\right).$$

Les conditions de la Définition 7.11 sont ainsi satisfaites et p est un fibré localement trivial.

On établit de même que la surjection $\mathrm{U}(n) \to \mathrm{U}(n)/\mathrm{U}(n-k)$ est un fibré localement trivial. Plus généralement, si $k \leq l$, on peut montrer que l'application

$$\mathrm{O}(n)/\mathrm{O}(n-l) \to \mathrm{O}(n)/\mathrm{O}(n-k)$$

est un fibré localement trivial, de fibre $\mathrm{O}(n-k)/\mathrm{O}(n-l)$, et des résultats analogues avec les groupes $\mathrm{SO}(n)$, $\mathrm{U}(n)$, $\mathrm{SU}(n)$. Il existe des exemples de fibrations qui ne sont pas des fibrés localement triviaux, comme la fibration des chemins $PX \to X$, mais la réciproque est toujours vraie.

Théorème 7.13 *Tout fibré localement trivial est une fibration.*

Démonstration. Soit $p\colon E \to B$ un fibré localement trivial de fibre F et

$$\begin{array}{ccc} [0,1]^n \times \{0\} & \xrightarrow{f_0} & E \\ {\scriptstyle j_0}\downarrow & & \downarrow{\scriptstyle p} \\ [0,1]^n \times [0,1] & \xrightarrow{f} & B \end{array}$$

un diagramme commutatif, il nous faut construire une application continue $\tilde{f}\colon [0,1]^n \times [0,1] \to E$, telle que $p \circ \tilde{f} = f$ et $\tilde{f} \circ j_0 = f_0$. Considérons un recouvrement de B par des ouverts trivialisants, $(U_i)_{i\in I}$. L'espace $[0,1]^n \times I$ étant compact, il existe (cf. Proposition 1.22) une subdivision de $[0,1]$ en $0 = t_0 < t_1 < \ldots < t_k = 1$, et une triangulation de $[0,1]^n$ en simplexes, telles que l'image $f(\Delta^l \times [t_i, t_{i+1}])$, du produit d'un simplexe par une subdivision de $[0,1]$, soit incluse dans un des ouverts U_i.

Nous raisonnons par récurrence, en supposant que le relèvement $\tilde{f}$ a été construit sur $[0,1]^n \times [0,t_j]$ et nous l'étendons à $[0,1]^n \times [t_j, t_{j+1}]$. Si x_0 est un sommet de la triangulation de $[0,1]^n$, et U l'ouvert trivialisant tel que $f(\{x_0\} \times [t_j, t_{j+1}]) \subset U$, nous considérons le diagramme commutatif suivant,

$$\begin{array}{ccccc} \{x_0\} \times \{0\} & \xrightarrow{f_0} & p^{-1}(U) & \underset{\psi}{\overset{\varphi}{\rightleftarrows}} & U \times F \\ {\scriptstyle j_0}\downarrow & & \downarrow{\scriptstyle p} & \swarrow{\scriptstyle p_U} & \\ \{x_0\} \times [t_j, t_{j+1}] & \xrightarrow{f} & U, & & \end{array}$$

où φ et ψ sont des homéomorphismes inverses l'un de l'autre, commutant avec p et p_U. En suivant un raisonnement utilisé à plusieurs reprises dans ce livre, nous construisons un relèvement, $\tilde{f}\colon \{x_0\} \times [t_j, t_{j+1}] \to p^{-1}(U)$, en composant f avec les applications $x \mapsto (x, p_F(\varphi(f_0(x_0, 0))))$, de U dans $U \times F$, et ψ de $U \times F$ dans $p^{-1}(U)$. Il vérifie $p \circ \tilde{f} = f$ et $\tilde{f} \circ j_0 = f_0$.

Supposons maintenant avoir un relèvement $\tilde{f}$ sur le produit $X_{(l-1)} \times [t_j, t_{j+1}]$, où $X_{(l-1)}$ est le $(l-1)$-squelette de la triangulation de $[0,1]^n$. Si $\sigma\colon \Delta^l \to I^n$ est un l-simplexe, le relèvement $\tilde{f}$ existe donc sur $\partial\Delta^l \times [t_j, t_{j+1}] \cup \Delta^l \times \{t_j\}$ et nous avons un diagramme commutatif,

$$\begin{array}{ccccc}
\partial\Delta^l \times [t_j, t_{j+1}] \cup \Delta^l \times \{t_j\} & \xrightarrow{\tilde{f}} & p^{-1}(U) & \underset{\psi}{\overset{\varphi}{\rightleftarrows}} & U \times F \\
\downarrow & & \downarrow p & \swarrow p_U & \\
\Delta^l \times [t_j, t_{j+1}] & \xrightarrow{f} & U. & &
\end{array}$$

L'existence d'un homéomorphisme de paires, $(\Delta^l \times [t_j, t_{j+1}], \partial\Delta^l \times [t_j, t_{j+1}] \cup \Delta^l \times \{t_j\}) \cong (I^l \times [0,1], J_l)$, fournit une rétraction $\rho\colon \Delta^l \times [t_j, t_{j+1}] \to \partial\Delta^l \times [t_j, t_{j+1}] \cup \Delta^l \times \{t_j\}$. Nous définissons alors le relèvement $\tilde{f}$ sur $\Delta^l \times [t_j, t_{j+1}]$ par

$$(x,t) \mapsto \psi(f(x,t), p_F(\varphi(\tilde{f}(\rho(x,t))))),$$

ce qui termine la preuve.

7.4 SUITE EXACTE LONGUE D'HOMOTOPIE D'UNE FIBRATION

Soit $p\colon E \to B$ une fibration et b_0 un point fixé de B. L'image inverse de b_0, $p^{-1}(b_0)$, s'appelle la fibre au dessus de b_0 et se note F. Soit $e_0 \in F$, nous cherchons à construire un homomorphisme de groupes,

$$\partial\colon \pi_n(B, b_0) \to \pi_{n-1}(F, e_0),$$

appelé connectant.

➤ Construction du connectant

Représentons $[f] \in \pi_n(B, b_0)$ par une application continue $f\colon (I^n, \partial I^n) \to (B, b_0)$ et considérons le diagramme commutatif suivant, dans lequel e_0 désigne l'application constante sur le point e_0,

$$\begin{array}{ccc}
J^{n-1} = I^{n-1} \times \{0\} \cup \partial I^{n-1} \times I & \xrightarrow{e_0} & E \\
\downarrow & & \downarrow p \\
I^n & \xrightarrow{f} & B
\end{array}$$

Avec la propriété de relèvement, il existe une application, $\ell_f\colon I^n \to E$, dont la restriction à J^{n-1} est constante sur e_0 et telle que $p \circ \ell_f = f$. La restriction de ℓ_f

à $I^{n-1} \times \{1\}$ est une application $\tilde{f}\colon (I^{n-1}, \partial I^{n-1}) \to (E, e_0)$. On note $[\tilde{f}]$ la classe d'homotopie associée et on pose $\partial(f) = [\tilde{f}]$. Montrons que cette association est compatible avec l'homotopie d'applications entre paires.

Soit $H\colon (I \times I^n, I \times \partial I^n) \to (B, b_0)$ une homotopie entre f et g, i.e., $H(0,x) = f(x)$, $H(1,x) = g(x)$ et $H_{|I\times \partial I^n} = b_0$. Nous considérons le diagramme commutatif, dans lequel l'application G est définie ci-dessous,

$$\begin{array}{ccc} J^n = (\{0\} \times I^n) \cup_{\{0\}\times \partial I^n} (I \times \partial I^n) & \xrightarrow{G} & E \\ \downarrow & & \downarrow p \\ I \times I^n & \xrightarrow{H} & B. \end{array}$$

On pose alors, $G(0,x) = \ell_f(x)$, $G(1,x) = \ell_g(x)$ et $G = e_0$ sur les autres faces. La propriété de relèvement donne une application $\ell_H\colon I \times I^n \to E$, dont la restriction à $I^n \times \{1\}$ est une homotopie entre $\tilde{f}$ et $\tilde{g}$.

Finalement, si $f, g\colon (I^n, \partial I^n) \to (B, b_0)$ sont des applications continues, de relevés ℓ_f et ℓ_g, on vérifie facilement que $f + g$ se relève en $\ell_f + \ell_g$. L'application $\partial\colon \pi_n(B, b_0) \to \pi_{n-1}(F, e_0)$ est donc un homomorphisme de groupes. Il s'insère dans une suite exacte détaillée dans le théorème suivant, et appelée *suite exacte longue d'homotopie d'une fibration.*

Théorème 7.14 *Si $p\colon E \to B$ est une fibration, on a une suite exacte longue,*

$$\ldots \longrightarrow \pi_n(F, e_0) \xrightarrow{\pi_n(i)} \pi_n(E, e_0) \xrightarrow{\pi_n(p)} \pi_n(B, b_0) \xrightarrow{\partial} \pi_{n-1}(F, e_0) \longrightarrow \ldots$$

dans laquelle $e_0 \in E$, $b_0 \in B$, $p(e_0) = b_0$ et i est l'injection canonique de $F = p^{-1}(b_0)$ dans E.

Remarquons que cette suite se termine par

$$\pi_1(B, e_0) \longrightarrow \pi_0(F, 0) \longrightarrow \pi_0(E, e_O) \longrightarrow \pi_0(B, b_0),$$

où les trois derniers éléments sont des ensembles et non des groupes. Par définition, l'exactitude d'une suite d'ensembles pointés $(A, a) \xrightarrow{f} (B, b) \xrightarrow{g} (C, c)$ signifie $\operatorname{Im} f = g^{-1}(c)$.

Démonstration. La démonstration s'articule en trois étapes.

- *Exactitude en $\pi_n(E, e_0)$.* L'application $p \circ i$ étant constante sur b_0, on a $\pi_n(p) \circ \pi_n(i) = 0$ et $\operatorname{Im} \pi_n(i) \subset \operatorname{Ker} \pi_n(p)$. D'autre part, si $[f] \in \pi_n(E, e_0)$ est tel que $\pi_n(p)([f]) = 0$, on choisit une homotopie, $H\colon (I^n \times I, J^n) \to (B, b_0)$, entre $p \circ f$ et l'application constante sur b_0, i.e., $H(x, 0) = p(f(x))$,

$H(x,1) = b_0$ et $H_{|J^n} = b_0$. On considère alors le diagramme commutatif

$$\begin{array}{ccc} J^n & \xrightarrow{G} & E \\ \downarrow & & \downarrow p \\ I^{n+1} & \xrightarrow{H} & B, \end{array}$$

dans lequel $G(x,0) = f(x)$ et $G = e_0$ sur les autres faces. Avec la définition de fibration, il existe une application $\ell_H \colon I^{n+1} \to E$ qui étend G et vérifie $p \circ \ell_H = H$. En particulier, la restriction de ℓ_H à $I^n \times \{1\}$ est une application à valeurs dans la fibre F et homotope à f. Il s'ensuit $[f] \in \operatorname{Im} \pi_n(i)$.

• *Exactitude en* $\pi_{n-1}(F, e_0)$. Soit $[f] \in \pi_n(B, b_0)$, l'image $(\pi_{n-1}(i) \circ \partial)([f]) = \pi_{n-1}(i)([\tilde{f}])$ est nulle, car le relèvement ℓ_f définit une homotopie dans E, entre $\tilde{f}$ et e_0, ce qui entraîne $\operatorname{Im} \partial \subset \operatorname{Ker} \pi_{n-1}(i)$. D'autre part, si $[g] \in \pi_{n-1}(F, e_0)$ se trouve dans le noyau de $\pi_{n-1}(i)$, il existe une homotopie $H \colon (I^{n-1} \times I, J^{n-1}) \to (E, e_0)$ vérifiant $H(x,0) = e_0$, $H(x,1) = g(x)$ et $H_{|J^{n-1}} = e_0$. La projection $p \circ H$ est une application de $(I^n, \partial I^n)$ dans (B, b_0). Par définition, H est un relevé de $p \circ H$ et l'on a $\partial[p \circ H] = [H(-,1)] = [g]$. Il s'ensuit $\operatorname{Ker} \pi_{n-1}(i) \subset \operatorname{Im} \partial$.

• *Exactitude en* $\pi_n(B, b_0)$. Si $[f] \in \pi_n(E, e_0)$, alors f est un relevé de $p \circ f$ et, par conséquent, $\partial[p \circ f] = [e_0] = 0$, ce qui entraîne $\operatorname{Im} \pi_n(p) \subset \operatorname{Ker} \partial$. Soit maintenant $f \colon (I^n, \partial I^n) \to (B, b_0)$ telle que l'application définie dans la construction du connectant, $\tilde{f} \colon (I^{n-1}, \partial I^{n-1}) \to (F, e_0)$, soit homotopiquement triviale. Il existe donc une application continue $H \colon I^n \to F$ telle que $H(x,0) = \tilde{f}(x)$ et $H = e_0$ sur toutes les autres faces. Construisons une application continue $G \colon (I^n, \partial I^n) \to (E, e_0)$ en posant

$$G(x,t) = \begin{cases} \ell_f(x, 2t), & \text{si } t \leq \frac{1}{2}, \\ H(x, 2t-1), & \text{si } t \geq \frac{1}{2}. \end{cases}$$

L'image de l'homotopie H étant incluse dans la fibre F, l'application G définit un élément de $\pi_n(E, e_0)$ tel que $\pi_n(p)([G]) = [b_0] + [f] = [f]$. Ceci entraîne $\operatorname{Ker} \partial \subset \operatorname{Im} \pi_n(p)$ et termine la preuve de l'exactitude de la longue suite exacte.

Le Théorème 7.14 ne dépend pas de la fibre F choisie. On peut d'ailleurs montrer que, si l'espace B est connexe par arcs, les espaces $p^{-1}(b)$, avec $b \in B$, ont tous le même type d'homotopie, cf. [22, Proposition 4.61].

Dans un revêtement, la fibre étant discrète, ses groupes d'homotopie sont tous nuls en dimension supérieure ou égale à 1. La suite exacte précédente donne donc directement le résultat suivant.

Corollaire 7.15 *Si $p: E \longrightarrow B$ est un revêtement, alors $\pi_n(p): \pi_n(E, e_0) \longrightarrow \pi_n(B, b_0)$ est un isomorphisme pour $n \geq 2$.*

Exemples : Détaillons quelques conséquences, à partir de trois exemples.

- L'existence du revêtement universel $p: \mathbb{R} \longrightarrow S^1$ implique $\pi_n(S^1) = 0$, pour tout $n \geq 2$.
- Le revêtement $p: S^r \longrightarrow P_r(\mathbb{R})$ donne les isomorphismes $\pi_n(S^r) \cong \pi_n(P_r(\mathbb{R}))$, pour tout $n \geq 2$.
- La longue suite exacte d'homotopie du fibré localement trivial $p: S^{2r+1} \longrightarrow P_r(\mathbb{C})$, fournit les isomorphismes $\pi_n(S^{2r+1}) \cong \pi_n(P_r(\mathbb{C}))$, pour tout $n > 2$.

Proposition 7.16 *L'espace PX des chemins sur X, d'origine un point fixé, est contractile.*

Démonstration. Soit x_0 l'origine des chemins de PX. L'application $H': PX \times I \times I \longrightarrow X$, définie par $H'(\alpha, t, s) = \alpha(s(1-t))$, induit une application continue $H: PX \times I \longrightarrow PX$, vérifiant $H(\alpha, 0)(s) = \alpha(s)$, $H(\alpha, 1)(s) = \alpha(0) = x_0$, $H(c_{x_0}, t)(s) = c_{x_0}(s(1-t)) = x_0 = c_{x_0}(s)$. L'application identité sur PX est ainsi homotope à l'application constante sur le chemin constant c_{x_0}.

Observons de plus que l'homotopie précédente est relative à c_{x_0}, la paire (PX, c_{x_0}) a donc même type d'homotopie que la paire $(*, *)$ et les groupes d'homotopie de PX sont tous nuls. La fibre de la projection $p: PX \longrightarrow X$ étant l'espace ΩX formé des lacets de X centrés en x_0, la longue suite exacte d'homotopie de p implique alors $\pi_n(\Omega X) \cong \pi_{n+1}(X)$, pour tout $n \geq 0$ et tout espace X, connexe par arcs.

Proposition 7.17 *Pour tout $n \geq 1$, on a $\pi_n(S^n) \neq 0$.*

Démonstration. Toute application $f: S^n \longrightarrow S^n$, homotope à une application constante, induit une application nulle en homologie. L'application induite par l'identité sur S^n étant l'identité sur $H_n(S^n) = \mathbb{Z}$, on conclut que l'identité sur S^n n'est pas homotopiquement nulle. A fortiori, elle n'est pas homotopiquement nulle en tant qu'application de paires, de (S^n, s_0) dans (S^n, s_0). Le groupe $\pi_n(S^n)$ contient donc des éléments non nuls.

Appliquons ce résultat à la fibration de Hopf, $p: S^3 \longrightarrow S^2$, de fibre S^1. La suite exacte longue associée et la détermination ci-dessus des groupes d'homotopie de S^1 impliquent

$$\pi_3(S^2) = \pi_2(S^2) \neq 0.$$

Ainsi, les groupes d'homotopie d'un espace cellulaire de dimension n ne sont pas nuls au delà de la dimension, contrairement aux groupes d'homologie.

7.5 QUELQUES RÉSULTATS SANS DÉMONSTRATION

L'étude des groupes d'homotopie est plus délicate que celle des groupes d'homologie, notamment parce qu'il n'existe pas de théorème d'excision dans ce cadre. Nous présentons ici quelques propriétés des groupes d'homotopie, avec une référence explicite pour chaque preuve.

Commençons en reliant les n-èmes groupes d'homologie et d'homotopie. Toute application continue $f\colon (S^n, s_0) \to (X, x_0)$ induit une application en homologie $H_n(f) : \mathbb{Z} = H_n(S^n; \mathbb{Z}) \to H_n(X; \mathbb{Z})$. En fixant un générateur $[\iota_n]$ de $H_n(S^n)$, on associe à $[f] \in \pi_n(X, x_0)$, l'élément $\mathrm{Hur}([f]) = H_n(f)[\iota_n] \in H_n(X; \mathbb{Z})$. Pour $n = 1$, nous avons étudié cette application dans le Théorème 7.1 en la notant h. Nous y avons montré que, si l'espace X est connexe par arcs, alors $h\colon \pi_1(X) \to H_1(X; \mathbb{Z})$ est surjectif et son noyau est le sous-groupe des commutateurs de $\pi_1(X)$. En dimension plus grande, le résultat est dû à Hurewicz.

Théorème 7.18 (Théorème de Hurewicz) *L'association* $f \mapsto \mathrm{Hur}(f)$ *induit un homomorphisme de groupes,* $\mathrm{Hur}_n(X)\colon \pi_n(X) \to H_n(X; \mathbb{Z})$*, appelé* homomorphisme de Hurewicz.
S'il existe $n > 1$*, tel que* $\pi_k(X, x_0) = 0$ *pour* $k < n$*, alors on a* $\widetilde{H}_k(X; \mathbb{Z}) = 0$*, pour* $k < n$ *et* $\mathrm{Hur}_n(X)\colon \pi_n(X) \to H_n(X; \mathbb{Z})$ *est un isomorphisme.*
Réciproquement, si X *est simplement connexe et s'il existe* $n \geq 2$ *tel que* $\widetilde{H}_k(X; \mathbb{Z}) = 0$ *pour* $k < n$*, alors on a* $\pi_k(X, x_0) = 0$ *pour* $k < n$ *et* $\mathrm{Hur}_n(X)\colon \pi_n(X) \to H_n(X; \mathbb{Z})$ *est un isomorphisme.*

Une preuve se trouve dans [43, Chapter 7, & 5], ou [22, Theorem 4.32]. Le calcul (cf. Théorème 6.15) des groupes d'homologie d'une sphère S^n et ce théorème donnent immédiatement les groupes d'homotopie des sphères en degré inférieur ou égal à n.

Corollaire 7.19 *Pour tout* n*, on a* $\pi_k(S^n) = 0$ *pour* $k < n$*, et* $\pi_n(S^n) = \mathbb{Z}$*. En conséquence, deux applications pointées de la sphère* S^n *dans elle-même sont homotopes si, et seulement si, elles ont le même degré.*

En reprenant l'exemple de la fibration de Hopf, de S^3 dans S^2, nous pouvons préciser maintenant $\pi_3(S^2) = \mathbb{Z}$.

> **Exemple :** *Les espaces* $S^2 \vee S^4$ *et* $P_2(\mathbb{C})$ *ont les mêmes groupes d'homologie mais pas les mêmes groupes d'homotopie.* Les groupes d'homologie ont été déterminés au Chapitre 6 :
> $\widetilde{H}_2(S^2 \vee S^4; \mathbb{Z}) = \widetilde{H}_2(P_2(\mathbb{C}); \mathbb{Z}) = \mathbb{Z}$, $\widetilde{H}_4(S^2 \vee S^4; \mathbb{Z}) = \widetilde{H}_4(P_2(\mathbb{C}); \mathbb{Z}) = \mathbb{Z}$, et tous les autres groupes d'homologie réduites sont nuls.

Quant aux groupes d'homotopie, d'une part, la suite exacte longue d'homotopie du fibré localement trivial, $S^5 \to P_2(\mathbb{C})$, de fibre S^1, implique $\pi_4(P_2(\mathbb{C})) \cong \pi_4(S^5) = 0$. D'autre part, le bouquet $S^2 \vee S^4$ se rétracte sur S^4, i.e., il existe des applications $S^4 \to S^2 \vee S^4 \to S^4$, dont le composé est l'identité. Comme $\pi_4(S^4) = \mathbb{Z}$, ceci implique $\pi_4(S^2 \vee S^4) \neq 0$.

Il existe une version du théorème de Hurewicz pour les applications, cf. [43, Page 399] ou [22, Theorem 4.37].

Théorème 7.20 *Soit $f\colon (X, x_0) \to (Y, y_0)$ une application pointée entre espaces connexes par arcs.*
S'il existe $n \geq 1$ tel que $\pi_k(f)\colon \pi_k(X, x_0) \to \pi_k(Y, y_0)$ est un isomorphisme pour $k < n$ et une surjection pour $k{=}n$, alors $H_k(f)\colon H_k(X, x_0; \mathbb{Z}) \to H_k(Y, y_0; \mathbb{Z})$ est un isomorphisme pour $k < n$ et une surjection pour $k = n$.
Réciproquement, si X et Y sont simplement connexes et si $H_k(f)$ est un isomorphisme pour $k < n$ et une surjection pour $k = n$, alors $\pi_k(f)$ est un isomorphisme pour $k < n$ et une surjection pour $k = n$.

Le théorème suivant, dû à Whitehead, a comme conséquence que les groupes d'homotopie sont un invariant suffisant pour détecter une équivalence d'homotopie entre deux espaces cellulaires, cf [29, Page 300] ou [22, Theorem 4.5].

Théorème 7.21 (Théorème de Whitehead) *Si une application continue, $f\colon (X, x_0) \to (Y, y_0)$, entre espaces cellulaires, induit un isomorphisme entre les groupes d'homotopie, alors c'est une équivalence d'homotopie.*

Les deux derniers théorèmes fournissent le résultat suivant, d'un intérêt très pratique car les groupes d'homologie sont assez faciles à déterminer.

Corollaire 7.22 *Si une application continue $f\colon (X, x_0) \to (Y, y_0)$, entre espaces cellulaires simplement connexes, induit un isomorphisme entre les groupes d'homologie, alors c'est une équivalence d'homotopie.*

Comme nous l'avons déjà écrit, il n'y a pas de théorème d'excision pour les groupes d'homotopie. Une version avec des restrictions assez fortes existe ; elle est due à Blakers et Massey. Pour en trouver une démonstration, il faut consulter [45, Page 366] ou [22, Theorem 4.23]. Nous ne l'énonçons pas ici, considérant seulement un cas particulier, le théorème de Freudenthal.

Si (X, x_0) est un espace pointé, sa suspension réduite $(\widetilde{\Sigma} X, [x_0])$ est l'espace

$$\widetilde{\Sigma} X = X \times [0,1]/(X \times \{0,1\} \cup \{x_0\} \times [0,1]),$$

pointé par la classe de x_0 dans ce quotient. Cette suspension réduite a le même type d'homotopie que la suspension introduite dans l'Exercice 6.9 ; elle s'en déduit par $\widetilde{\Sigma} X = \Sigma X/(\{x_0\} \times [0,1])$. En particulier, on peut montrer que $\widetilde{\Sigma} S^n$ a le type d'homotopie de S^{n+1}. Au niveau des groupes d'homologie, cette suspension est un isomorphisme. Énonçons ce qu'il en est au niveau des groupes d'homotopie, cf. [43, Page 458] ou [22, Corollary 4.24].

Théorème 7.23 (Théorème de Freudenthal) *Si X est un espace cellulaire n-connexe, alors, pour tout k tel que $k \leq 2n$, l'application de suspension $\pi_k(X, x_0) \to \pi_{k+1}(\Sigma X, [x_0])$ est un isomorphisme.*

La limitation $k \leq 2n$ ne peut être éliminée : en effet, on peut montrer $\pi_4(S^3) = \mathbb{Z}/2\mathbb{Z}$ (cf. [43, Page 459]) à rapprocher de l'égalité $\pi_3(S^2) = \mathbb{Z}$ mentionnée précédemment. Par contre, le Théorème 7.23 s'applique en dimension plus grande et donne $\pi_{n+1}(S^n) = \pi_4(S^3) = \mathbb{Z}/2\mathbb{Z}$, pour $n \geq 3$. Mentionnons que la détermination des groupes d'homotopie des sphères est toujours un problème ouvert.

Terminons avec un important résultat de structure, dû à Jean-Pierre Serre, cf. [43, Page 509] ou l'article originel, [41].

Théorème 7.24 (Théorème de Serre) *Les groupes d'homotopie d'un espace cellulaire fini, simplement connexe, sont finiment engendrés.*

En fait, dans le cas particulier des sphères, on peut même préciser que les groupes d'homotopie sont tous finis, exceptés $\pi_n(S^n) = \mathbb{Z}$ et $\pi_{2n-1}(S^{2n}) = \mathbb{Z}$, pour tout n.

7.6 CHOIX SOCIAL OU MOYENNE

Ce thème trouve sa motivation à l'extérieur de la Topologie Algébrique. Ce qui suit est, dans une large part, extrait d'un article de synthèse de B. Eckmann, [15].

Considérons une société de n individus se voyant offrir des choix regroupés dans un ensemble X. On s'intéresse à la réalisation du choix collectif p, en fonction des choix $(p_1, \ldots, p_n)$ faits par les n individus de la population. Un tel choix est donc une application f de X^n (espace dont les éléments représentent le choix fait par chaque individu) à valeurs dans X (représentant le choix décidé pour la société des n individus). Appelons *social* un tel choix, lorsqu'il est soumis aux contraintes suivantes :

– une petite variation des choix de chacun se traduit par une petite variation du choix global,

– si tous les individus optent pour le même choix p, alors le choix social sera p aussi,

– tous les individus sont égaux dans leur influence sur le choix global.

Traduisons mathématiquement cette situation. Comme nous l'avons déjà constaté, un choix social est une application $f\colon X^n \to X$.

– La première condition signifie que l'on se donne une topologie sur l'ensemble X, disons une métrique pour simplifier, et que l'association f est continue de X^n dans X.

– La deuxième condition équivaut à demander que f soit égale à l'identité sur la diagonale de X, i.e., $f(p,\dots,p) = p$, pour tout $p \in X$.

– Enfin, si la place de l'individu dans la société n'influe pas sur le résultat, on a $f(p_1,\dots,p_n) = f(p_{\sigma(1)},\dots,p_{\sigma(n)})$, pour tout permutation $\sigma \in \mathcal{S}_n$ du groupe symétrique à n éléments.

La définition suivante exprime donc les propriétés mathématiques d'un choix social sur une population de n individus avec un espace X de choix offerts..

Définition 7.25 *Soit X un espace topologique. Une* moyenne *pour les suites de n objets issus de X est une fonction continue, $f\colon X^n \to X$, vérifiant,*

1. *$f(x,x,\dots,x) = x$, pour tout $x \in X$, i.e., $f \circ \Delta_X = \mathrm{id}$, où $\Delta_X\colon X \to X^n$, $x \mapsto (x,\dots,x)$ est l'application diagonale,*
2. *$f(x_{\sigma(1)},x_{\sigma(2)},\dots,x_{\sigma(n)}) = f(x_1,x_2,\dots,x_n)$, pour tout $\sigma \in \mathcal{S}_n$.*

Par exemple, si $X = \mathbb{R}$, la moyenne arithmétique $(p_1,\dots,p_n) \mapsto (p_1+\dots+p_n)/n$ est une moyenne au sens ci-dessus. Si on s'intéresse à l'existence d'un choix social pour un espace des choix X fixé, en faisant varier le nombre d'individus n de la société, on s'aperçoit que la réponse dépend du type d'homotopie de X.

Proposition 7.26 *Si X est un espace cellulaire fini, simplement connexe, muni d'une moyenne, $f\colon X^n \to X$, pour tout $n \geq 2$, alors X a le type d'homotopie d'un point.*

Démonstration. Si f est une telle moyenne, alors, pour tout $r \geq 2$, l'application $\pi_r(f)\colon \pi_r(X) \oplus \dots \oplus \pi_r(X) \to \pi_r(X)$ vérifie

$$\pi_r(f)(a,0,\dots,0) = \pi_r(f)(0,a,0,\dots,0)$$

et

$$\pi_r(f)(a,a,\dots,a) = \pi_r(f \circ \Delta_X)(a) = a,$$

pour tout $a \in \pi_r(X)$. On en déduit $a = n\,\pi_r(f)(a,0,\dots,0)$, pour tout $a \in \pi_r(X)$, tout $r \geq 2$ et tout $n \geq 2$, c'est-à-dire, tout élément de tout groupe d'homotopie doit être divisible par n, pour tout $n \geq 2$.

D'après le théorème de Serre, Théorème 7.24, pour chaque $r \geq 2$, le groupe $\pi_r(X)$ s'écrit $\pi_r(X) = \mathbb{Z}^k \oplus T$, où T est un groupe fini. Clairement, le générateur de chaque composante $\mathbb{Z}$ n'est divisible par aucun entier $n > 1$, donc les groupes $\pi_r(X)$ sont réduits à leur composante de torsion $\pi_r(X) = T = \oplus_i \mathbb{Z}/p_i^{n_i}\mathbb{Z}$. Le générateur de $\mathbb{Z}/p_i^{n_i}\mathbb{Z}$ n'étant pas divisible par p_i, cette composante de torsion doit aussi être triviale et l'on a $\pi_r(X) = 0$, pour tout $r \geq 1$.

En conséquence, l'injection d'un point dans X induit un isomorphisme sur les groupes d'homotopie. C'est donc une équivalence d'homotopie, d'après le théorème de Whitehead, cf. Théorème 7.21.

Si X est un espace cellulaire fini, en utilisant des résultats plus élaborés de Topologie Algébrique, on peut en fait montrer que l'existence *d'une* moyenne sur X pour un nombre n_0 d'individus suffit à entraîner X contractile. C'est une sérieuse contrainte à l'existence d'un choix social.

Par contre, si on enlève l'hypothèse "espace cellulaire fini", on peut trouver des espaces X admettant un choix social, mais ils sont très particuliers et présentent un défaut majeur : on peut démontrer que, pour tout réel $d > 0$, il existe des choix $(p_1, \ldots, p_n)$, tels que la distance entre le choix social $f(p_1, \ldots, p_n)$ et le choix p_j fait par le j-ème individu, soit supérieur à d, pour tout $j = 1, \ldots, n$. Ce qui signifie que chaque individu se trouve devant un choix social qui n'est pas une approximation de son propre choix et montre qu'il n'est certainement pas facile d'y déterminer un choix social par consensus.

7.7 PRODUITS SYMÉTRIQUES ET CONFIGURATIONS

Terminons par des exemples concrets sur un thème comportant des questions non résolues et dont les attendus sont assez faciles d'accès.

➤ Produits symétriques

Si (X, a) est un espace topologique pointé, le groupe symétrique à n lettres, $\mathcal{S}_n$, agit par permutation sur l'espace $X^n = X \times \ldots \times X$, par $\sigma \cdot (x_1, \ldots, x_n) = (x_{\sigma 1)}, \ldots, x_{\sigma(n)})$. L'espace topologique quotient se note $\mathrm{Sp}^n X$ et s'appelle le *n-ème produit symétrique de X ;* la classe de $(x_1, \ldots, x_n) \in X^n$ est désignée par $[x_1, \ldots, x_n]$. L'existence du point de base permet de définir une injection canonique, $\mathrm{Sp}^n X \hookrightarrow \mathrm{Sp}^{n+1} X$, $[x_1, \ldots, x_n] \mapsto [a, x_1, \ldots, x_n]$. La réunion des espaces ainsi obtenu, $\mathrm{Sp}(X) = \cup_n \mathrm{Sp}^n X$, s'appelle le *produit symétrique infini de X*.

L'espace $\mathrm{Sp}^n X$ est un invariant du type d'homotopie de X, i.e., si X et Y ont même type d'homotopie, alors $\mathrm{Sp}^n X$ et $\mathrm{Sp}^n Y$ ont aussi même type d'homotopie. Détaillons quelques cas particuliers.

Désignons par $\varphi \colon \mathrm{Sp}^n(\mathbb{C}) \to \mathbb{C}^n$ l'homéomorphisme qui associe à $[a_1, \ldots, a_n]$ la suite $(b_0, \ldots, b_{n-1})$ telle que $z^n + \sum_{i=0}^{n-1} b_i z^i = \prod_{i=1}^n (z - a_i)$. Remarquons maintenant que la condition "$a_i \neq 0$ pour tout i" correspond à $b_0 = \prod_{i=1}^n a_i \neq 0$. Nous obtenons donc par restriction un homéomorphisme, $\mathrm{Sp}^n(\mathbb{C}\backslash\{0\}) \cong (\mathbb{C}\backslash\{0\}) \times \mathbb{C}^{n-1}$. L'espace $\mathbb{C}\backslash\{0\}$ ayant le type d'homotopie de S^1, on en déduit $\mathrm{Sp}^n(S^1) \simeq S^1$, cf. Exercice 2.11 pour le cas $n = 2$. Signalons que, dans [34], B.W. Ong détermine le type d'homotopie des produits symétriques de bouquets de cercles.

Les produits symétriques infinis sont importants en topologie. Ils vérifient, en particulier, la propriété $\pi_n(\mathrm{Sp}(X)) = \widetilde{H}_n(X;\mathbb{Z})$, pour tout espace X connexe par arcs. Ceci est à la base d'une définition de l'homologie à partir de l'homotopie, développée dans l'ouvrage de M. Aguilar, S. Gitler et C. Prieto, cf. [3].

➤ Espace des configurations ordonnées

L'espace des configurations ordonnées de n points dans un espace X est l'espace formé des n-uples de points de X, distincts deux à deux,

$$F(X,n) = \{(x_1,\ldots,x_n) \mid x_i \neq x_j \text{ pour } i \neq j\},$$

muni de la topologie induite par la topologie produit. Clairement, on a $F(X,1) = X$ et si deux espaces X et Y sont homéomorphes, alors il en est de même pour leurs espaces de configurations à n points. Comment les espaces de configurations se comportent-ils avec le type d'homotopie ?

En associant à (x,y) la paire $(x,x-y)$, on définit un homéomorphisme entre l'espace des configurations de deux points sur $\mathbb{R}^n$, $F(\mathbb{R}^n,2)$, et le produit $\mathbb{R}^n \times (\mathbb{R}^n\backslash\{0\})$. L'espace $F(\mathbb{R}^n,2)$ a donc le type d'homotopie de S^{n-1}. Il en résulte que le type d'homotopie de $F(X,n)$ ne dépend pas uniquement du type d'homotopie de X. En effet, $\mathbb{R}^n$ et $\mathbb{R}^m$ ont même type d'homotopie pour $n \neq m$, mais leurs espaces de configurations, S^{n-1} et S^{m-1}, n'ont pas même type d'homotopie.

Restreignons, pour un moment, la question au cadre des variétés différentiables compactes : si M et N sont deux variétés compactes, connexes, de même dimension et ayant même type d'homotopie, en est-il de même pour leurs espaces de configurations à n points ? Si les espaces ne sont pas simplement connexes, un contre-exemple a été donné par R. Longoni et P. Salvatore ([27]). Pour les espaces simplement connexes, la question reste ouverte.

Dans l'Exercice 1.14, nous avons déterminé $F(S^1,2)$; considérons maintenant les premiers espaces de configurations de la sphère S^2. Si l'on considère deux points distincts x et y sur cette sphère, on peut déplacer le point y, de façon continue le long d'un grand cercle, jusqu'au point $-x$ tout en laissant x fixe. L'espace $F(S^2,2)$ a donc le type d'homotopie de S^2. Pour le cas de trois points, notons $T(S^2)$ le fibré tangent unitaire à la sphère S^2,

$$T(S^2) = \{(x,\vec{v}) \mid x \in S^2,\ \vec{v} \text{ est un vecteur tangent unitaire en } x \text{ à } S^2\}.$$

Notons $\exp_x \vec{v}$ le point situé sur l'arc de grand cercle issu de x, dans la direction $\vec{v}$, à une distance 1 de x. On peut alors montrer que l'application $\psi\colon T(S^2) \to F(S^2,3)$, $(x,\vec{v}) \mapsto (x,-x,\exp_x(\vec{v}))$ est une équivalence d'homotopie. D'autre part, on a démontré dans l'Exercice 2.6 que l'espace $T(S^2)$ est homéomorphe à $P_3(\mathbb{R})$. En utilisant le revêtement $S^3 \to P_3(\mathbb{R})$, on en déduit :

$$\pi_1(F(S^2,3)) = \mathbb{Z}/2\mathbb{Z} \text{ et } \pi_n(F(S^2,3)) = \pi_n(S^3) \text{ pour } n \geq 2.$$

L'étude des espaces de configurations est facilitée par le théorème suivant de E. Fadell et L. Neuwirth ([16]) : Si X est une variété, l'application de restriction aux p premières composantes, $F(X,n) \to F(X,p)$, $(x_1,\dots,x_n) \mapsto (x_1,\dots,x_p)$, est un fibré localement trivial, de fibre l'espace de configurations $F(X\backslash\{(a_1,\dots,a_p)\},n-p)$, les points a_i étant des points quelconques de X. S'il souhaite poursuivre l'étude des espaces de configurations, le lecteur pourra consulter le livre de E. Fadell et S. Husseini, cf. [17].

➤ **Espace des configurations non ordonnées**

Le groupe symétrique $\mathcal{S}_n$ agit de manière libre sur $F(X,n)$, ce qui définit le revêtement

$$F(X,n) \to C(X,n) = F(X,n)/\Sigma_n\,.$$

L'espace $C(X,n)$ s'appelle l'espace des configurations non ordonnées de n points dans X.

Déterminons, à titre d'exemple, l'espace $C(\mathbb{R}^2,n)$. En restreignant l'application $\varphi\colon \mathrm{Sp}^n(\mathbb{C}) \to \mathbb{C}^n$, définie au début de cette section, à l'espace $C(\mathbb{C},n)$, on obtient un homéomorphisme entre $C(\mathbb{R}^2,n)$ et l'espace des polynômes de degré n, de la forme $z^n + \sum_{i=0}^{n-1} b_i z^i$ avec toutes ses racines distinctes. Si $s_j(a_1,\dots,a_n)$ dénote le j-ème polynôme symétrique élémentaire en les variables a_i, alors on a $b_j = (-1)^j s_j$. Tout polynôme symétrique en les variables a_i étant un polynôme en les variables s_i, le polynôme $\prod_{i\neq j}(a_i - a_j)^2$ est un polynôme Δ en les variables b_i, i.e., $\Delta(b_0,\dots,b_{n-1}) = \prod_{i\neq j}(a_i - a_j)^2$. Ce polynôme s'appelle *le discriminant* et, par définition, on a $\Delta(b_0,\dots,b_{n-1}) \neq 0$ si, et seulement si, les racines a_i sont toutes distinctes. En particulier, l'application φ ci-dessus induit un homéomorphisme,

$$C(\mathbb{R}^2,n) \xrightarrow[\cong]{\varphi} \mathbb{C}^n\backslash\{b=(b_0,\dots,b_{n-1}) \text{ tels que } \Delta(b)=0\}.$$

Le groupe fondamental de l'espace $C(\mathbb{R}^2,n)$ est d'intérêt propre ; il s'agit du groupe des tresses à n brins. Sa description est, par exemple, donnée dans l'ouvrage de V.L. Hansen, cf. [21].

Annexe A

Un peu de Topologie générale

Cet appendice est un rappel des propriétés de base des espaces topologiques, apparaissant dans ce livre et présentées ici sous forme d'exercices. Les propriétés des espaces compacts font l'objet de l'Exercice A.3, celles des espaces connexes et localement connexes sont dans l'Exercice A.4 et celles des espaces connexes par arcs et localement connexes par arcs dans l'Exercice A.5.

Rappelons qu'un espace topologique X est *connexe* si ses seules parties à la fois ouvertes et fermées sont X et l'ensemble vide. Une partie A de X est connexe, si la topologie induite l'est. Ceci s'exprime aussi de la façon suivante : pour tout couple (U, V) d'ouverts de X, vérifiant $A \subset U \cup V$ avec $A \cap U \neq \varnothing$ et $A \cap V \neq \varnothing$, alors on a $A \cap U \cap V \neq \varnothing$.

La plupart des propriétés développées ici, se trouvent dans le livre de Hervé Queffelec ([36]) et nous n'avons fourni de solutions détaillées que pour les questions les plus délicates ou pour les notions vraiment nouvelles, comme les espaces fonctionnels de l'Exercice A.7 utilisés seulement dans le Chapitre 7. La topologie Y^X définie dans cet exercice s'appelle *topologie compacte ouverte.* Si l'espace X est discret, elle coïncide avec la topologie produit de la famille $(Y_i)_{i\in X}$, $Y_i = Y$, encore appelée *topologie de la convergence simple.* Si l'espace topologique Y est un espace métrique et l'espace X un espace topologique compact, elle coïncide avec la topologie de la convergence uniforme définie par :

$$d(f, g) = \sup_{x\in X} d(f(x), g(x)).$$

En général, la topologie compacte ouverte est plus fine que la topologie de la convergence simple et moins fine que la topologie de la convergence uniforme, cf [6, Page 14].

EXERCICES

Exercice A.1 Soit X un espace topologique. Montrer que les propriétés suivantes sont équivalentes :

(1) pour tout couple de points distincts, x et x' de X, il existe un voisinage V de x et un voisinage V' de x' tels que $V \cap V' = \varnothing$;

(2) la diagonale Δ est un fermé de l'espace topologique produit $X \times X$.

Exercice A.2 Soit X un espace topologique. Montrer que les propriétés suivantes sont équivalentes :

(1) pour tout point $x \in X$ et tout voisinage V de x, il existe un voisinage fermé W de x tel que $W \subseteq V$;

(2) pour tout fermé F de X et tout point $x \notin F$, il existe des ouverts U et V tels que $x \in U$, $F \subseteq V$ et $U \cap V = \varnothing$.

Exercice A.3

1) Dans un espace topologique séparé X, montrer qu'une réunion finie de compacts est un compact et qu'une partie ayant un nombre fini d'éléments est compacte.

2) Montrer qu'un espace topologique séparé est compact si, et seulement si, de toute famille de fermés de X dont l'intersection est vide on peut extraire une sous-famille finie ayant la même propriété.

3) Soit X un espace topologique séparé et soit F_1 et F_2 deux compacts de X d'intersection vide. Montrer qu'il existe deux ouverts U_1 et U_2 tels que $F_1 \subset U_1$, $F_2 \subset U_2$ et $U_1 \cap U_2 = \varnothing$.

4) Montrer qu'une partie compacte dans un espace séparé est fermée.

5) Montrer qu'un fermé dans un espace compact est compact.

6) Soit $f \colon X \to Y$ une application continue de source un espace compact, montrer que $f(X)$ est compact.

7) Montrer que l'espace topologique produit $X \times Y$ est compact si, et seulement si, X et Y le sont.

8) Montrer que tout suite de points d'une partie compacte A d'un espace topologique séparé possède une valeur d'adhérence appartenant à A.

9) Montrer qu'une bijection continue de source un espace compact et de but un espace séparé est un homéomorphisme.

10) Si l'espace X est compact, montrer que la projection $p_Y : X \times Y \longrightarrow Y$ envoie un fermé de $X \times Y$ sur un fermé de Y.

11) Soit $q : X \longrightarrow X/R$ une surjection canonique sur un espace quotient et Y un espace séparé, localement compact (i.e., pour tout point $y \in Y$ et tout voisinage V de y, il existe un voisinage *compact* K de y tel que $K \subseteq V$). Montrer que l'espace $(X/R) \times Y$ est muni de la topologie quotient définie par l'application $q \times \mathrm{id} : X \times Y \longrightarrow (X/R) \times Y$. En déduire l'existence d'un homéomorphisme

$$(X \times [0,1])/(A \times [0,1]) \cong (X/A) \times [0,1],$$

pour tout $A \subset X$.

Exercice A.4 Soit X un espace topologique.

1) Montrer que X est connexe si, et seulement si, toute application continue de X vers $\mathbb{Z}$ est constante.

2) Soit C une partie connexe de X. Montrer que toute partie D, telle que $C \subseteq D \subseteq \overline{C}$, est connexe.

3) Soit $(C_i)_{i \in I}$ une famille de parties connexes de X dont l'intersection est non vide. Montrer que la réunion $\cup_{i \in I} C_i$ est connexe.

4) Par définition, *la composante connexe de* $x \in X$ désigne le plus grand connexe de X contenant x. Montrer que cette définition a un sens et qu'une composante connexe est fermée. Montrer que les composantes connexes sont disjointes deux à deux.

5) Montrer que l'image par une application continue d'une partie connexe est connexe.

6) Montrer qu'un produit de deux espaces est connexe si, et seulement si, chacun d'eux l'est.

Exercice A.5 Soit X un espace topologique.

1) Soit $(C_i)_{i \in I}$ une famille de parties connexes par arcs de X dont l'intersection est non vide. Montrer que la réunion $\cup_{i \in I} C_i$ est connexe par arcs.

2) Montrer qu'une partie connexe par arcs est connexe. Donner un exemple d'une partie connexe, non connexe par arcs.

3) Par définition, *la composante connexe par arcs de* $x \in X$ désigne le plus grand connexe par arcs de X contenant x. Montrer que cette définition a un sens.

4) Un espace est dit *localement connexe par arcs* si tout point de X admet une base de voisinages connexes par arcs. Soit X un espace localement connexe par arcs. Montrer qu'une composante connexe par arcs est ouverte et fermée. En déduire que les composantes connexes et les composantes connexes par arcs coïncident.

5) Montrer que l'image par une application continue d'une partie connexe par arcs est connexe par arcs.

6) Montrer qu'un produit de deux espaces est connexe par arcs si, et seulement si, chacun d'eux l'est.

7) Donner un exemple d'espace connexe par arcs et non localement connexe par arcs.

Exercice A.6 Soit X un espace topologique. Un ensemble d'ouverts $(U_i)_{i\in I}$ est appelé *une sous-base* de X si tout ouvert de X est une réunion quelconque d'intersections finies d'éléments U_i. Montrer qu'une application $f\colon X' \to X$ est continue si, et seulement si, pour tout élément U_i d'une sous-base de X, l'ensemble $f^{-1}(U_i)$ est un ouvert de X'.

Exercice A.7 *Tous les espaces topologiques de cet exercice sont supposés séparés et localement compacts.* Si X et Y sont deux espaces topologiques, pour tout couple (K, U) d'un compact K de X et d'un ouvert U de Y, on note :

$$\langle K, U\rangle = \{f \mid f\colon X \to Y \text{ continue et } f(K) \subseteq U\}\,.$$

On désigne par Y^X l'espace topologique des applications continues de X dans Y ayant les parties $\langle K, U\rangle$ comme sous-base (cf Exercice A.6).

1) Montrer que l'application d'évaluation $\mathrm{ev}\colon Y^X \times X \to Y$, définie par $\mathrm{ev}(f, x) = f(x)$, est continue.

2) Pour toute application continue $f\colon X \times Y \to Z$, nous définissons une application $\tilde{f}\colon X \to Z^Y$ par $\tilde{f}(x)(y) = f(x, y)$ pour tout $(x, y) \in X \times Y$. Montrer que $\tilde{f}\colon X \to Z^Y$ est continue. (On pourra utiliser le résultat de l'Exercice A.6.)

3) Réciproquement, à toute application continue $\tilde{f}\colon X \to Z^Y$, on associe une application $f\colon X \times Y \to Z$ définie par $f(x, y) = \tilde{f}(x)(y)$ pour tout $(x, y) \in X \times Y$. Montrer que $f\colon X \times Y \to Z$ est continue.

4) Remarquons que l'application $\tilde{\rho}\colon Z^{X\times Y} \to \left(Z^Y\right)^X$, définie par $\tilde{\rho}(f) = \tilde{f}$, existe et est bijective. En utilisant les résultats des questions précédentes, montrer les propriétés suivantes :

a) $\tilde{\rho}\colon Z^{X\times Y} \to \left(Z^Y\right)^X$ est continue ;

b) son inverse $\tilde{\rho}^{-1}\colon \left(Z^Y\right)^X \to Z^{X\times Y}$ est continue ;

c) l'application $\psi\colon Z^Y \times Y^X \to Z^X$, définie par $\psi(g, f) = g \circ f$, est continue.

SOLUTION DES EXERCICES

Exercice A.1 Soit $V \subset X$ et $V' \subset X$. Le résultat est une conséquence de l'équivalence suivante,

$$V \cap V' = \varnothing \iff (V \times V') \cap \Delta = \varnothing$$

Exercice A.2 Pour (1) $\Rightarrow$ (2), on applique (1) à x et $X \backslash F$. Pour la réciproque, si V est un voisinage ouvert de x, il existe, d'après (2), deux ouverts, W_1 et W_2, tels que $x \in W_1$, $X \backslash V \subset W_2$ et $W_1 \cap W_2 = \varnothing$. Il s'ensuit, $x \in W_1 \subset X \backslash W_2 \subset V$ et, car $X \backslash W_2$ est un fermé, $\overline{W}_1 \subset X \backslash W_2 \subset V$.

Exercice A.3

1) Découle immédiatement de la définition de compact.

2) Découle de la définition par un passage au complémentaire.

3) Soit $x \in F_2$. Pour tout $y \in F_1$, il existe un voisinage ouvert U_y de y et un voisinage ouvert V_y de x tels que $U_y \cap V_y = \varnothing$. Les voisinages $(U_y)_{y \in F_1}$ forment un recouvrement de F_1, il existe donc un ensemble J fini tel que $F_1 \subset \cup_{y \in J} U_y$. On pose $V_x = \cap_{y \in J} V_y$ et $U_x = \cup_{y \in J} U_y$. On a obtenu deux ouverts U_x et V_x tels que $F_1 \subset U_x$, $x \in V_x$ et $U_x \cap V_x = \varnothing$. Les ouverts $(V_x)_{x \in F_2}$ recouvrent F_2 ; il existe donc un ensemble J' fini tel que $F_2 \subset \cup_{x \in J'} V_x$. On pose $U = \cap_{x \in J'} U_x$ et $V = \cup_{x \in J'} V_x$.

4) Si A est compacte et $x \notin A$, on applique le résultat précédent à A et $\{x\}$.

5) Si $(U_i)_{i \in I}$ est un recouvrement ouvert de F, alors $(X \backslash F, (U_i)_{i \in I})$ est un recouvrement ouvert de X dont on peut extraire un recouvrement fini.

6) Si $(U_i)_{i \in I}$ est une famille d'ouverts de Y, recouvrant $f(X)$, alors $(f^{-1}(U_i))_{i \in I}$ est un recouvrement ouvert de X, dont on extrait un recouvrement fini, $X = \cup_{i \in J} f^{-1}(U_i)$. Il s'ensuit $f(X) = \cup_{i \in J} f f^{-1}(U_i) \subset_{i \in J} U_i$.

7) Supposons X et Y compacts. Soit $(U_i \times V_i)_{i \in I}$ un recouvrement ouvert de $X \times Y$ et soit $x \in X$ fixé. Du recouvrement ouvert $(\{x\} \times V_i)_{i \in I}$ de $\{x\} \times Y$, on extrait un recouvrement fini, $\{x\} \times Y = \cup_{i \in J_x} \{x\} \times V_i \subset \cup_{i \in J_x} U_i \times V_i$. Notons $U_x = \cap_{i \in J_x} U_i$. Les sous-ensembles $(U_x)_{x \in X}$ forment un recouvrement ouvert de X dont on extrait un recouvrement fini, $(U_x)_{x \in K}$. Observons que $J = \cup_{x \in K} J_x$ est fini et que $X \times Y \subset \cup_{x \in K} \cup_{i \in J_x} U_x \times V_i \subset \cup_{x \in K, i \in J_x} U_i \times V_i$. L'implication réciproque découle de **6)**.

8) Si la suite (x_n) est sans valeur d'adhérence, alors tout voisinage V de tout point $x \in X$ ne contient qu'un nombre fini de termes de la suite. Par compacité, on extrait un recouvrement fini $(V_1, \ldots, V_k)$ de X. La suite (x_n) ne prend donc qu'un nombre fini de valeurs, ce qui contredit l'hypothèse faite au départ.

9) Des questions précédentes, découle le fait que l'image par f d'un fermé de X est un fermé de Y.

10) Soit $F \subset X \times Y$ un fermé et $y \in Y \backslash p_Y(F)$, i.e., $(x, y) \notin F$, pour tout $x \in X$. Il existe donc des ouverts U_x et V_x, avec $x \in U_x$, $y \in V_x$ et $(U_x \times V_x) \cap F = \varnothing$. L'espace X étant compact, il existe J fini tel que $X = \cup_{i \in J} U_{x_i}$. Posons $V = \cap_{i \in J} V_{x_i}$. Par construction V est un ouvert contenant y et tel que $(X \times V) \cap F = \varnothing$ d'où $y \in V \subset Y \backslash p_Y(F)$. On a établi la fermeture de $p_Y(F)$.

11) Soit $g\colon X/R \times Y \to Z$ une application telle que $g \circ (q \times \mathrm{id})$ est continue. Pour obtenir le résultat annoncé, il suffit de démontrer la continuité de l'application g, cf. Proposition 2.1. Soit U un ouvert de Z avec $g([x_0], y_0) = (g \circ (q \times \mathrm{id}))(x_0, y_0) \in U$. Par continuité de $g \circ (q \times \mathrm{id})$ et compacité locale de Y, il existe un voisinage compact V de y_0 tel que $(g \circ (q \times \mathrm{id}))(x_0 \times V) \subset U$. Posons

$$K = \{[x] \in X/R \mid g([x] \times V) \subset U\}\,.$$

On a $x_0 \in K$; montrons que K est ouvert, ce qui terminera la preuve. Pour cela, par définition de la topologie quotient, il suffit de démontrer que $q^{-1}(K)$ est ouvert. Remarquons

$$q^{-1}(K) = \{x \in X \mid g([x] \times V) \subset U\},$$

d'où

$$X \backslash q^{-1}(K) = p_X((q \times \mathrm{id})^{-1}(Z \backslash U) \cap (X \times V)).$$

Comme V est compact, c'est un fermé d'après la question précédente.

Soit $A \subset X$. Remarquons l'existence d'une bijection ensembliste $g\colon (X/A) \times [0, 1] \to (X \times [0, 1])/(A \times [0, 1])$. L'application g^{-1} est continue par la propriété universelle de la topologie quotient. La continuité de g découle de ce qui précède.

Exercice A.4

1) Découle directement de la définition.

2) S'il existe deux ouverts U et V tels que $D \subset U \cup V$, $D \cap U \neq \varnothing$, $D \cap V \neq \varnothing$ et $D \cap U \cap V = \varnothing$, alors on a également $C \subset U \cup V$, $C \cap U \neq \varnothing$, $C \cap V \neq \varnothing$ et $C \cap U \cap V = \varnothing$.

3) C'est une conséquence du résultat établi en **1**).

4) D'après ce qui précède, la réunion de tous les connexes contenant x est un connexe. La question **2**) implique qu'une composante connexe est fermée. Si les composantes connexes C_x et C_y de x et y ont un point commun, alors leur réunion est connexe, donc $C_x \cup C_y = C_x = C_y$.

5) S'il existe deux ouverts U et V tels que $f(A) \subset U \cup V$, $f(A) \cap U \neq \varnothing$, $f(A) \cap V = \varnothing$ et $f(A) \cap U \cap V = \varnothing$, alors on obtient un recouvrement de A par deux ouverts disjoints, $f^{-1}(U)$ et $f^{-1}(V)$.

6) Soit $x_0 \in X$ fixé et soit $f\colon X \times Y \to \mathbb{Z}$ continue. L'application de Y dans $\mathbb{Z}$, $y \mapsto f(x_0, y)$ est constante sur n_{x_0}. Pour tout $y \in Y$, l'application de X dans $\mathbb{Z}$, $x \mapsto f(x, y)$, est constante sur $m_y = n_{x_0}$. Ainsi f est constante sur $X \times Y$.

Exercice A.5

2) L'adhérence du graphe de la fonction $x \mapsto \sin \dfrac{1}{x}$, pour $x > 0$, est un exemple de partie connexe, non connexe par arcs.

4) Soit $x_0 \in X$ fixé et considérons la partie U de X formée des extrémités des chemins d'origine x_0. Montrons d'abord que U est ouvert. Soit $y \in U$. Si V est un voisinage connexe par arcs de y, tout point de V peut être joint à y par un chemin, donc tout point de V peut être joint à x_0 par un chemin. Il s'ensuit $V \subset U$ et U est ouvert. Soit maintenant y un point adhérent à U. Si V est un voisinage connexe par arcs de y, il contient un point z de U et y peut être joint à z par un chemin et donc aussi à x_0. On a montré $\overline{U} = U$ et U fermé. L'ensemble U est à la fois ouvert, fermé, non vide et inclus dans une composante connexe ; il coïncide donc avec cette composante connexe.

7) L'espace $\mathbb{R} \times \{0\} \cup \mathbb{Q} \times \mathbb{R}$ est un exemple d'espace connexe par arcs et non localement connexe par arcs.

Exercice A.6

C'est une conséquence directe des deux propriétés suivantes :

$$f^{-1}\left(\bigcup_{j\in J} U_j\right) = \bigcup_{j\in J} f^{-1}(U_j)\,;\; f^{-1}\left(U_{j_0} \bigcap U_{j_1}\right) = f^{-1}\left(U_{j_0}\right) \bigcap f^{-1}\left(U_{j_1}\right).$$

Exercice A.7

1) L'espace X étant localement compact et l'application $f\colon X \to Y$ continue, pour tout voisinage ouvert U d'un point $f(x) \in Y$, il existe un voisinage compact K de $x \in X$ tel que $f(K) \subseteq U$. Le produit $\langle K, U\rangle \times K$ est un voisinage de (f, x) dans $Y^X \times X$ et son image par l'application d'évaluation, $\mathrm{ev}(\langle K, U\rangle \times K)$, est incluse dans U. L'application d'évaluation est donc continue de $Y^X \times X$ vers Y.

2) Soit x_0 un point fixé de X. Considérons un voisinage ouvert $\langle K, U\rangle$ de $\tilde{f}(x_0)$ dans Z^Y. Pour tout $y \in K$, on a $f(x_0, y) \in U$ et, par continuité de f, il existe un voisinage V_y de x_0 dans X et un voisinage W_y de y dans Y tels que $f(V_y \times W_y) \subseteq U$.

Lorsque y parcourt K, les voisinages W_y forment un recouvrement ouvert de K dont on peut extraire un recouvrement fini $(W_{y_1}, \ldots, W_{y_n})$. Posons $V = \bigcap_{i=1}^{n} V_{y_i}$ et remarquons que V est un voisinage ouvert de x_0 vérifiant $f(V \times K) \subseteq U$, d'où $\tilde{f}(V) \subseteq \langle K, U \rangle$. On a ainsi démontré la continuité de l'application $\tilde{f} \colon X \to Z^Y$.

3) Remarquons que l'application f est la composée des applications continues,

$$X \times Y \xrightarrow{\tilde{f} \times \mathrm{id}_Y} Z^Y \times Y \xrightarrow{\mathrm{ev}} Y.$$

4) a) La continuité de $\tilde{\rho}$ découle d'applications successives de résultats précédents. L'application d'évaluation $Z^{X \times Y} \times X \times Y \to Z$ étant continue, l'application $Z^{X \times Y} \times X \to Z^Y$ est continue d'après la question **2)**. Avec le même argument, on obtient la continuité de l'application $\tilde{\rho} \colon Z^{X \times Y} \to \left(Z^Y\right)^X$.

b) Les applications d'évaluation $\mathrm{ev}_1 \colon \left(Z^Y\right)^X \times X \to Z^Y$ et $\mathrm{ev}_2 \colon Z^Y \times Y \to Z$ étant continues, l'application composée

$$\left(Z^Y\right)^X \times X \times Y \xrightarrow{\mathrm{ev}_1 \times \mathrm{id}_Y} Z^Y \times Y \xrightarrow{\mathrm{ev}_2} Z$$

est continue. Il s'ensuit la continuité de l'application $\tilde{\rho}^{-1} \colon \left(Z^Y\right)^X \to Z^{X \times Y}$.

c) On procède comme dans la question précédente. Les applications d'évaluation $\mathrm{ev}_1 \colon Y^X \times X \to Y$ et $\mathrm{ev}_2 \colon Z^Y \times Y \to Z$ étant continues, l'application composée

$$\left(Z^Y\right) \times \left(Y^X\right) \times X \xrightarrow{\mathrm{id} \times \mathrm{ev}_1} Z^Y \times Y \xrightarrow{\mathrm{ev}_2} Z$$

est continue. Il s'ensuit la continuité de l'application $\psi \colon \left(Z^Y\right) \times \left(Y^X\right) \to Z^X$.

Bibliographie

[1] ADAMS J. F., « On the non-existence of elements of Hopf invariant one », *Ann. of Math. (2)* **72** (1960), p. 20-104.

[2] ———, « Vector fields on spheres », *Ann. of Math. (2)* **75** (1962), p. 603-632.

[3] AGUILAR M., GITLER S. & PRIETO C., *Algebraic topology from a homotopical viewpoint*, Universitext, Springer-Verlag, New York, 2002, Translated from the Spanish by Stephen Bruce Sontz, xxx+478 pages.

[4] BOURBAKI N., *Éléments de mathématique. Livre II : Algèbre. Chapitre VI : Groupes et corps ordonnés. Chapitre VII : Modules sur les anneaux principaux*, Actualités Sci. Ind., no. 1179, Hermann et Cie, Paris, 1952, ii+159+iii pages.

[5] ———, *Éléments de mathématique. Livre III : Topologie générale. Chapitre 9 : Utilisation des nombres réels en topologie générale*, Deuxième édition revue et augmentée. Actualités Scientifiques et Industrielles, No. 1045, Hermann, Paris, 1958, 169 pages.

[6] ———, *Éléments de mathématique. Livre III : Topologie générale. Chapitre 10 : Espaces fonctionnels*, Deuxième édition, entièrement refondue, Actualités Sci. Indust., No. 1084. Hermann, Paris, 1961, 96 pages.

[7] BOURGAIN J. & KOZMA G., « One cannot hear the winding number », *J. Eur. Math. Soc. (JEMS)* **9** (2007), no. 4, p. 637-658.

[8] BOY W., « Über die Curvatura integra und die Topologie geschlossener Flächen », *Math. Ann.* **57** (1903), no. 2, p. 151-184.

[9] BREDON G. E., *Topology and geometry*, Graduate Texts in Mathematics, vol. 139, Springer-Verlag, New York, 1997, Corrected third printing of the 1993 original, xiv+557 pages.

[10] BREZIS H., « New questions related to the topological degree », in *The unity of mathematics*, Progr. Math., vol. 244, Birkhäuser Boston, Boston, MA, 2006, p. 137-154.

[11] COHEN M. M., *A course in simple-homotopy theory*, Springer-Verlag, New York, 1973, Graduate Texts in Mathematics, Vol. 10, x+144 pages.

[12] CONNETT J. E., « Degree of maps and periodic maps on S^1 », *Amer. Math. Monthly* **82** (1975), p. 149-151.

[13] DIEUDONNÉ J., *A history of algebraic and differential topology 1900–1960*, Modern Birkhäuser Classics, Birkhäuser Boston Inc., Boston, MA, 2009, Reprint of the 1989 edition [MR0995842], xxii+648 pages.

[14] DOYLE P. H. & MORAN D. A., « A short proof that compact 2-manifolds can be triangulated », *Invent. Math.* **5** (1968), p. 160-162.

[15] ECKMANN B., « Social choice and topology : a case of pure and applied mathematics », *Expo. Math.* **22** (2004), no. 4, p. 385-393.

[16] FADELL E. & NEUWIRTH L., « Configuration spaces », *Math. Scand.* **10** (1962), p. 111-118.

[17] FADELL E. R. & HUSSEINI S. Y., *Geometry and topology of configuration spaces*, Springer Monographs in Mathematics, Springer-Verlag, Berlin, 2001, xvi+313 pages.

[18] FREEDMAN M. H., « The topology of four-dimensional manifolds », *J. Differential Geom.* **17** (1982), no. 3, p. 357-453.

[19] GALE D., « The game of Hex and the Brouwer fixed-point theorem », *Amer. Math. Monthly* **86** (1979), no. 10, p. 818-827.

[20] GODBILLON C., *Éléments de topologie algébrique*, Hermann, Paris, 1971, 249 pages.

[21] HANSEN V. L., *Braids and coverings : selected topics*, London Mathematical Society Student Texts, vol. 18, Cambridge University Press, Cambridge, 1989, With appendices by Lars Gæde and Hugh R. Morton, x+191 pages.

[22] HATCHER A., *Algebraic topology*, Cambridge University Press, Cambridge, 2002, xii+544 pages.

[23] HILTON P. J. & WYLIE S., *Homology theory : An introduction to algebraic topology*, Cambridge University Press, New York, 1960, xv+484 pages.

[24] Johnson D. L., *Topics in the theory of group presentations*, London Mathematical Society Lecture Note Series, vol. 42, Cambridge University Press, Cambridge, 1980, vii+311 pages.

[25] Kakutani S., « A proof that there exists a circumscribing cube around any bounded closed convex set in R^3 », *Ann. of Math. (2)* **43** (1942), p. 739-741.

[26] Lawson T., *Topology : a geometric approach*, Oxford Graduate Texts in Mathematics, vol. 9, Oxford University Press, Oxford, 2003, xvi+388 pages.

[27] Longoni R. & Salvatore P., « Configuration spaces are not homotopy invariant », *Topology* **44** (2005), no. 2, p. 375-380.

[28] Massey W. S., *A basic course in algebraic topology*, Graduate Texts in Mathematics, vol. 127, Springer-Verlag, New York, 1991, xvi+428 pages.

[29] Maunder C. R. F., *Algebraic topology*, Cambridge University Press, Cambridge, 1980, ix+375 pages.

[30] Milnor J., « Groups which act on S^n without fixed points », *Amer. J. Math.* **79** (1957), p. 623-630.

[31] Milnor J. W. & Stasheff J. D., *Characteristic classes*, Princeton University Press, Princeton, N. J., 1974, Annals of Mathematics Studies, No. 76, vii+331 pages.

[32] Moise E. E., *Geometric topology in dimensions* 2 *and* 3, Springer-Verlag, New York, 1977, Graduate Texts in Mathematics, Vol. 47, x+262 pages.

[33] Nash J., « Non-cooperative games », *Ann. of Math. (2)* **54** (1951), p. 286-295.

[34] Ong B. W., « The homotopy type of the symmetric products of bouquets of circles », *Internat. J. Math.* **14** (2003), no. 5, p. 489-497.

[35] Petit J.-P., *Le topologicon*, Les Aventures d'Anselme Lanturlu, Belin, Paris, 1985, 72 pages.

[36] Queffelec H., *Topologie*, Sciences Sup, Dunod, Paris, 2007, 288 pages.

[37] Radó T., « Über den Begriff der Riemannschen Fläche. », *Acta Szeged* **2** (1925), p. 101-121 (German).

[38] Rudin W., *Analyse réelle et complexe*, Masson, Paris, 1980, Translated from the first English edition by N. Dhombres and F. Hoffman, Third printing, x+397 pages.

[39] SCHWARTZ L., *Algèbre*, Sciences Sup, Dunod, Paris, 2003, 304 pages.

[40] SEIFERT H. & THRELFALL W., *Lehrbuch der Topologie.*, Leipzig und Berlin : B. G. Teubner. VII, 353 S., 132 Fig. , 1934 (German).

[41] SERRE J.-P., « Homologie singulière des espaces fibrés. Applications », *Ann. of Math. (2)* **54** (1951), p. 425-505.

[42] SMALE S., « The generalized Poincaré conjecture in higher dimensions », *Bull. Amer. Math. Soc.* **66** (1960), p. 373-375.

[43] SPANIER E. H., *Algebraic topology*, Springer-Verlag, New York, 1981, Corrected reprint, xvi+528 pages.

[44] STRØM A., « Note on cofibrations », *Math. Scand.* **19** (1966), p. 11-14.

[45] WHITEHEAD G. W., *Elements of homotopy theory*, Graduate Texts in Mathematics, vol. 61, Springer-Verlag, New York, 1978, xxi+744 pages.

[46] YAMABE H. & YUJOBÔ Z., « On the continuous function defined on a sphere », *Osaka Math. J.* **2** (1950), p. 19-22.

Liste des figures

Index

Dépôt légal : juin 2022

imprimé en France par Dupliprint en février 2026
N° d'impression : 2026023660 - N° d'édition : 7553754/01